艺境

U0230171

陈晓龙◎编著

中文版 Illustrator
矢量图形设计与制作
全视频实践228例（溢彩版）

清華大学出版社
北京

内 容 简 介

　　本书是一本全方位、多角度讲解如何使用Illustrator进行矢量图形设计的案例式教材。全书共设置228个精美、实用的案例，按照技术+行业应用统一进行划分，内容清晰、有序，可以方便零基础的读者由浅入深地学习，从而循序渐进地提升Illustrator图形设计能力。

　　本书包括15章，第1章主要讲解软件的入门操作，是最简单、最需要完全掌握的基础知识；第2～7章主要讲解按照技术门类划分的高级案例的具体操作，并有针对性地展示了矢量图形设计中的常用技巧；第8～15章主要讲解完整的项目案例，通过综合案例的讲解，使读者的专业能力得以提升。

　　本书不仅可以作为大、中专院校和培训机构相关专业的教材，还可以作为图形设计爱好者的自学参考资料。

图书在版编目(CIP)数据

中文版 Illustrator 矢量图形设计与制作全视频实践
228 例：溢彩版 / 陈晓龙编著 . -- 北京：清华大学出
版社 , 2024. 7. -- (艺境). -- ISBN 978-7-302
-66565-6

　Ⅰ . TP391.413

中国国家版本馆 CIP 数据核字第 2024VM8348 号

责任编辑： 韩宜波
封面设计： 李　坤
责任校对： 桑任松
责任印制： 杨　艳

出版发行： 清华大学出版社
　　　　　　网　　　址：https://www.tup.com.cn，https://www.wqxuetang.com
　　　　　　地　　　址：北京清华大学学研大厦 A 座　　　　邮　　编：100084
　　　　　　社 总 机：010-83470000　　　　　　　　　　邮　　购：010-62786544
　　　　　　投稿与读者服务：010-62776969，c-service@tup.tsinghua.edu.cn
　　　　　　质 量 反 馈：010-62772015，zhiliang@tup.tsinghua.edu.cn
印 装 者： 小森印刷（北京）有限公司
经　　销： 全国新华书店
开　　本： 210mm×260mm　　　**印　张：** 23.5　　　**字　数：** 752 千字
版　　次： 2024 年 8 月第 1 版　　　**印　次：** 2024 年 8 月第 1 次印刷
定　　价： 118.00 元

产品编号：100207-01

llustrator

前言
PREFACE

　　Illustrator是由Adobe公司开发的一款优秀的图形制作软件，被广泛应用于平面设计、印刷出版、广告设计、书籍排版、插画绘图、网页设计、图形创意设计等方面。基于Illustrator在图形设计方面的应用度之高，我们选择了图形设计中最为实用的228个案例编写了本书，基本涵盖了图形设计需要应用到的Illustrator基础操作和常用技术。

　　与同类书籍介绍大量软件操作的编写方式相比，本书最大的特点是更加注重以案例为核心，按照技术+行业应用相结合划分，既讲解了基础入门操作和常用技术，又讲解了行业中综合案例的制作。

本书共分为15章，具体安排如下。

　　第1章为Illustrator基础操作，介绍Illustrator的基本操作。

　　第2章为绘制简单图形，主要讲解形状绘图工具、线条绘图工具等基础的绘图工具的使用方法。

　　第3章为高级绘图，主要介绍变形工具组、剪切蒙版、符号工具组及图表工具等可以对图形进行复杂编辑操作的工具的使用。

　　第4章为填充与描边设置，主要介绍不同的填充方式及描边的设置。

　　第5章为文字，主要讲解使用"文字工具"制作各种类型的文字。

　　第6章为透明度与混合模式，主要讲解"透明度"面板中的功能。

　　第7章为效果，主要讲解"效果"菜单中各种命令的使用方法。

　　第8～15章为综合项目案例，其中包括标志设计、卡片设计、海报与招贴设计、书籍画册设计、包装设计、网页设计、UI设计、VI与导视系统设计等实用设计类型。

crucian   salmon   mackerel

本书特色如下。

内容丰富 除了包含228个精美案例外，还在书中提供了大量"要点速查"，以便读者能够快速掌握和应用理论知识。

章节合理 第1章主要讲解软件的入门操作——超简单；第2～7章主要讲解按照技术门类划分的高级案例的具体操作——超实用；第8～15章主要讲解完整的项目案例——超精美。

实用性强 精选228个实用性强的案例，可应对图形设计方面的不同设计工作。

流程方便 本书案例设置了操作思路、案例效果、操作步骤等模块，使读者在学习案例之前就可以非常清晰地了解如何进行学习。

本书是采用Illustrator 2023版本进行编写的，请各位读者使用该版本或相近版本进行练习。如果使用过低的版本，可能会造成源文件打开时发生个别内容无法正确显示的问题。

本书提供了案例的素材文件、源文件、效果文件及视频文件，通过扫描下面的二维码，推送到自己的邮箱后下载获取。

本书由三亚学院的陈晓龙老师编著，其他参与编写的人员有杨力、王萍、李芳、孙晓军、杨宗香等。

由于编者水平有限，书中难免存在欠妥之处，敬请广大读者批评、指正。

编　者

目录
CONTENTS

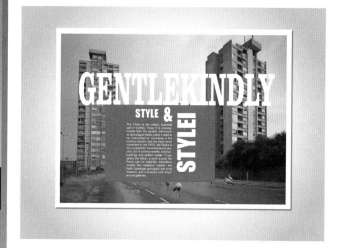

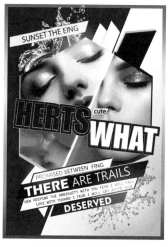

中文版Illustrator矢量图形设计与制作全视频

实践228例

溢彩版

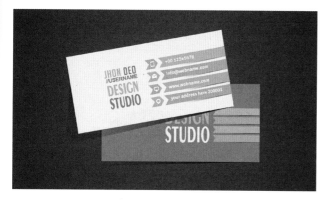

第10章　海报与招贴设计 ………… 181

第13章 网页设计 ·············· 281

Love never dies

浪漫元素

甜美&可爱=公主礼物

LOVE
PROMISED BETWEEN THE FINGERS
FINGER RIFT
TWISTED IN THE LOVE

第1章

Illustrator基础操作

本章概述

　　Illustrator是由Adobe公司开发的一款优秀的图形制作软件。通过对本章内容的学习，读者可以了解Illustrator的操作界面，并学习Illustrator的基础操作，为后面进行绘图工作打下基础。

本章重点

● 使用"新建""置入""存储"等命令

● 打开已有的文档

实例001　认识Illustrator的各个部分

文件路径	第1章\认识Illustrator的各个部分
难易指数	★★★★★
技术掌握	● 打开Illustrator ● 认识Illustrator的各个部分 ● 掌握菜单栏、工具箱、控制栏、面板、文档窗口的使用方法

🔍扫码深度学习

💡操作思路

　　在学习Illustrator的各项功能之前，首先认识一下Illustrator操作界面中的各个部分。Illustrator的操作界面并不复杂，主要包括菜单栏、控制栏、工具箱、文档窗口、状态栏及面板。本案例主要尝试使用各个部分。

🎙️操作步骤

01 安装Illustrator之后，单击桌面左下角的"开始"按钮，打开程序菜单，选择Adobe Illustrator启动选项；如果桌面上有Illustrator的快捷方式，也可以双击桌面上的快捷方式图标，启动Illustrator，如图1-1所示。如果要退出Illustrator，可以像退出其他应用程序一样，单击操作界面右上角的关闭按钮 ×；也可以执行"文件>退出"命令。Illustrator操作界面如图1-2所示（为了显示完整的操作区，可以先在Illustrator中打开一个文档）。

图1-1

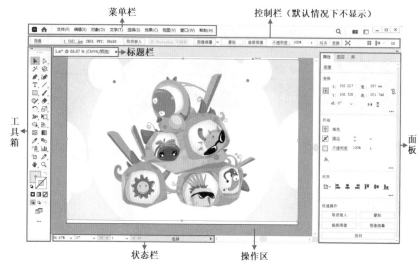
图1-2

02 Illustrator的菜单栏中包含多个菜单，每个菜单包含多个菜单项（也称命令），部分命令还有相应的子菜单命令。在菜单栏中执行菜单命令的方法十分简单，只要单击某个菜单，然后从弹出的下拉菜单中选择相应的命令，即可执行该菜单命令；执行子菜单的方法与此类似，如图1-3所示。

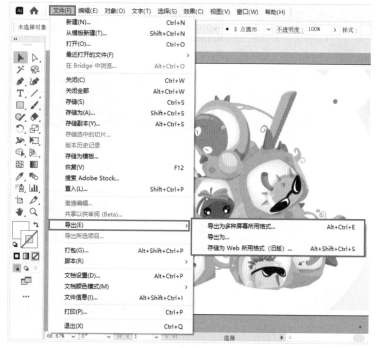
图1-3

03 将鼠标指针移动到工具箱中某工具图标上停留片刻，将会出现该工具的名称和操作快捷键。其中，工具图标的右下角带有三角形图标的，表示这是一个工具组，每个工具组中包含多个工具；在工具组上右击，即可弹出隐藏的工具，如图1-4所示。用鼠标左键单击工具箱中的某一个工具图标，即可选择该工具。

图1-4

04 文档窗口是Illustrator中最主要的区域，主要用来显示和编辑图形。文档窗口由标题栏、操作区、状态栏组成。打开一个文档后，Illustrator会自动创建一个标题栏。在标题栏中会显示这个文件的名称、格式、缩放比例及颜色模式等信息，单击标题栏中的 × （关闭）按钮，可以关闭当前文档，如图1-5所示。

图1-5

05 默认状态下，在操作界面的右侧会显示多个面板或面板的图标，如图1-6所示。面板的主要功能是配合图形的编辑、对操作进行控制及设置参数等。如果想要打开某个面板，单击"窗口"菜单，然后在弹出的下拉菜单中选择该面板对应的命令，即可调出相应的面板，如图1-7所示。

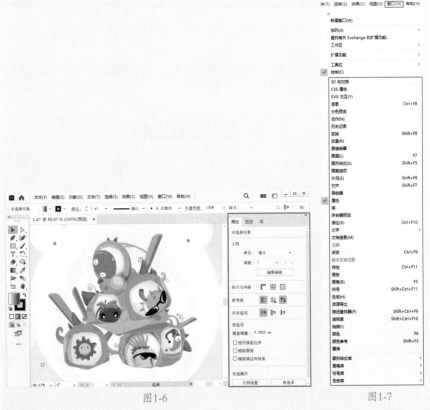

图1-6

图1-7

提示
如何打开控制栏

执行"窗口>控制"命令可以打开控制栏，控制栏和属性面板的作用相同，用户可以根据需求进行使用。

实例002 使用"新建""置入""存储"命令制作甜美广告

文件路径	第1章\使用"新建""置入""存储"命令制作甜美广告
难易指数	★★★★★
技术掌握	● "新建"命令 ● "置入"命令 ● "存储"命令

Q 扫码深度学习

操作思路

本案例讲解的是制作一件作品的完整流程，同时讲解了新建、置入、存储等基础操作。本案例虽然简单，但涉及的知识点比较多，这些知识点很基础却很重要。

案例效果

案例效果如图1-8所示。

图1-8

操作步骤

01 执行"文件>新建"命令，弹出"新建文档"对话框。选择"打印"选项卡，在"空白文档预设"列表框中选择"A4"纸张，单击"横向"按钮，设置"颜色模式"为"CMYK颜色"，单击"创建"按钮，如图1-9所示。创建新的文档，如图1-10所示。

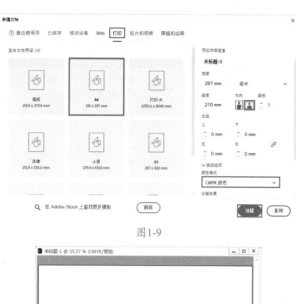

图1-9

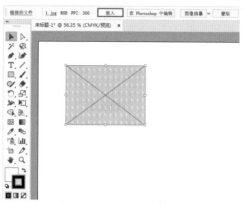

图1-12

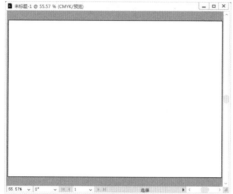

图1-10

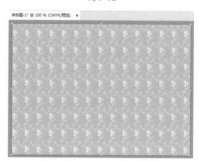

图1-13

02 执行"文件>置入"命令，在弹出的"置入"对话框中选择素材"1.jpg"，单击"置入"按钮，如图1-11所示。

图1-11

图1-14

03 在绘图区按鼠标左键（即单击某处），选中的素材会被置入文档。单击控制栏中的"嵌入"按钮，如图1-12所示。

04 将鼠标指针放在置入的素材的定界框一角处，按住鼠标左键拖动，将素材放大到完整画面大小，效果如图1-13所示。

05 将素材"2.png"置入文档，单击控制栏中的"嵌入"按钮，效果如图1-14所示。

06 使用同样的方法置入其他的素材，并将其放置在合适位置，效果如图1-15所示。

图1-15

07 作品制作完成后需要保存，执行"文件>存储"命令或者按快捷键Ctrl+S，弹出"存储为"对话框，在该对话框中选择合适的存储位置，然后在"文件名"下拉列表框中输入合适的文档名称，单击"保存类型"下拉按钮，在其下拉列表中选择"*.AI"格式。AI格式是Illustrator默认的存储格式，可以保存Illustrator文档中的全部对象及其他特殊内容，方便以后对文档进行进一步编辑。单击"保存"按钮，完成保存操作，如图1-16所示。在弹出的对话框中单击"确定"按钮，如图1-17所示。

图1-16

图1-19

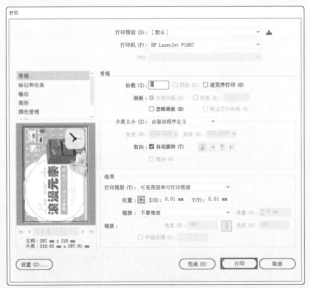

Illustrator 选项

版本：Illustrator 2020
与 Illustrator 24 及以上版本兼容。

字体
子集化嵌入字体，若使用的字符百分比 ①
小于 (S)：100%

选项
☑ 创建 PDF 兼容文件 (C)
☐ 包含链接文件 (L)
☑ 嵌入 ICC 配置文件 (P)
☑ 使用压缩 (R)
☐ 将每个画板存储为单独的文件 (V)
　◉ 全部 (A)　○ 范围 (G)：

透明度
○ 保留路径（放弃透明度）(T)
○ 保留外观和叠印 (T)
预设 (R)：高...

警告
① 仅包含适当许可位的字体才能被嵌入。

确定　　取消

图1-17

08 默认情况下，AI格式的文档是无法进行预览的，通常会存储为JPG格式的文档用于预览。执行"文件>导出>导出为"命令，弹出"导出"对话框，在该对话框中设置"保存类型"为"*.JPG"，然后单击"导出"按钮，如图1-18所示。在弹出的"JPEG选项"对话框中设置合适的图像品质，然后单击"确定"按钮，完成保存的操作，如图1-19所示。

图1-18

提示 常用的文档格式

".png"是一种可以存储透明像素的文档格式。".gif"是一种可以带有动画效果的文档格式，也是通常所说的制作动图时所用的格式。".tif"由于其具有可以保存分层信息且图片质量无压缩的优势，可以存储用于打印的文档。

09 通常一幅作品制作完成后需要进行打印输出。执行"文件>打印"命令，在弹出的"打印"对话框中进行设置，设置完成后，单击"打印"按钮进行打印，如图1-20所示。

图1-20

实例003　打开已有的文档

文件路径	第1章＼打开已有的文档
难易指数	⭐⭐⭐⭐⭐
技术掌握	"打开"命令

🔲 扫码深度学习

💡 操作思路

当想要处理一个已经存储过但尚未制作完成的文档时，就需要在Illustrator中打开已有的文档，本案例就来讲解如何打开已有的文档。

🖱 案例效果

案例效果如图1-21所示。

图1-21

🎤 操作步骤

01 执行"文件>打开"命令，弹出"打开"对话框。在"打开"对话框中定位到需要打开的文档所在的位置，然后选中该文档，单击"打开"按钮，如图1-22所示，在Illustrator中即可打开选中的文档，如图1-23所示。

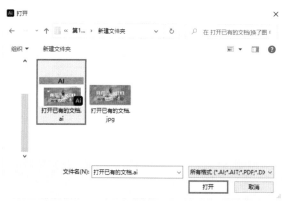

图1-22

图1-23

02 也可以直接打开图像文件。执行"文件>打开"命令，选择JPG格式的文档，单击"打开"按钮，如图1-24所示，即可打开该文档，如图1-25所示。

图1-24

图1-25

实例004	调整文档的显示比例与显示区域
文件路径	第1章\调整文档的显示比例与显示区域
难易指数	⭐⭐⭐⭐⭐
技术掌握	● 缩放工具 ● 抓手工具

🔍 扫码深度学习

💡 操作思路

当想要将画面中的某个区域放大显示时，就需要使用"缩放工具" 🔍。如果显示比例过大，会出现无法显示全部画面内容的情况，这时需要使用"抓手工具" 🖑 平移画面中的内容，以方便在窗口中查看。

🖱 案例效果

案例对比效果如图1-26～图1-28所示。

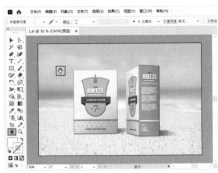

图1-26

图1-27

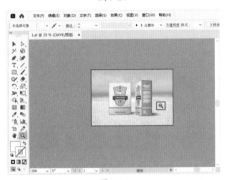

图1-28

操作步骤

01 在Illustrator中打开素材文档，如图1-29所示。

图1-29

02 选择工具箱中的"缩放工具" <kbd>🔍</kbd>，然后将鼠标指针移至画面中，当鼠标指针变为一个中心带有加号的放大

镜<kbd>🔍</kbd>时，在画面中单击，即可放大显示比例，如图1-30所示。如果要缩小显示比例，可以按住Alt键，这时鼠标指针会变为中心带有减号的缩小镜<kbd>🔍</kbd>，单击要缩小的区域的中心，每单击一次，显示比例便会缩小至上一个预设的百分比，如图1-31所示。

图1-30

图1-31

提示 **快速调整文档显示比例的方法**

若要快速放大文档的显示比例，可以按住Alt键，向前滚动鼠标中轮；若要快速缩小文档的显示比例，可以按住Alt键，向后滚动鼠标中轮。

03 当显示比例放大到一定程度后，窗口会无法显示全部画面内容，如果要查看被隐藏的区域，就需要平移画面内容。选择工具箱中的"抓手工具" ✋或者按住Space键，当鼠标指针变为✋形状后，按住鼠标左键拖动，即可进行画面内容的平移，如图1-32所示。

图1-32

实例005　对齐与分布以整齐排列对象

文件路径	第1章\对齐与分布以整齐排列对象
难易指数	★★★★★
技术掌握	● 对齐与分布 ● 复制对象 ● 移动对象

🔍扫码深度学习

💡操作思路

　　本案例主要使用对齐功能与分布功能，使复制出的对象能够有序地分布在画面中。

🖱案例效果

　　案例效果如图1-33所示。

图1-33

🎤操作步骤

01 新建一个文档，置入需要的素材，效果如图1-34所示。

图1-34

02 使用"选择工具"选择对象，执行"编辑>复制"命令或者按快捷键Ctrl+C进行复制，然后执行"编辑>粘贴"命令或者按快捷键Ctrl+V进行粘贴。将素材移动到合适的位置，效果如图1-35所示。

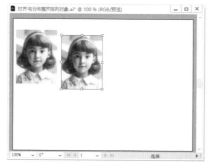

图1-35

03 继续复制两个对象，效果如图1-36所示。

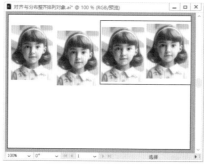

图1-36

04 选中需要对齐的对象，在控制栏中有一排对齐按钮 ，单击相应的按钮即可进行对齐操作。在这里单击"垂直居中对齐"按钮，效果如图1-37所示。

图1-37

05 如果在控制栏中没有显示对齐按钮，可以单击控制栏中的"对齐"按钮，在弹出的面板中选择合适的对齐方式，如图1-38所示。

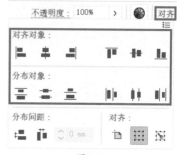

图1-38

06 此时对象虽然已经对齐，但是各个对象之间的距离是不相等的。可以在选中对象后，在控制栏中设置合适的分布方式，如单击"水平居中分布"按钮，效果如图1-39所示。

图1-39

07 在四个对象同时选中的状态下，将其复制一份，然后向下移动。在向下移动时可以按住Shift键，以保证移动的方向是垂直的，效果如图1-40所示。

图1-40

第2章

绘制简单图形

本章概述

　　Illustrator提供了能够绘制简单图形的绘图工具。例如，能够绘制长方形或正方形的"矩形工具"，能够绘制椭圆形和正圆形的"椭圆工具"，还有能够绘制星形的"星形工具"。这些工具的使用方法非常简单，也非常相似。本章案例还会使用到"钢笔工具""美工刀工具""铅笔工具""橡皮擦工具"等。

本章重点

- 熟练掌握"直线段工具"的使用方法
- 熟练掌握"矩形工具""圆角矩形工具""椭圆工具""多边形工具"的使用方法
- 能够绘制精确尺寸的线段、弧线、矩形、圆形、多边形等常见图形

实例006 使用矩形工具制作美食版面

文件路径	第2章\使用矩形工具制作美食版面
难易指数	★★★★★
技术掌握	● 矩形工具 ● 选择工具 ● "置入"命令

扫码深度学习

操作思路

"矩形工具"可被用于绘制长方形和正方形，在设计作品时应用非常广泛，是一款常用的绘图工具。本案例使用"矩形工具"将画面划分为几个板块，使整个版面看起来规整有序。

案例效果

案例效果如图2-1所示。

FULL OF VIGOR

Fresh feeling

WHENEVER
YOU GO
I GO YOUR WAY

图2-1

操作步骤

01 执行"文件>新建"命令，弹出"新建文档"对话框。设置"单位"为像素（px）、"宽度"为972px、"高度"为1206px，单击"纵向"按钮，设置"颜色模式"为"RGB颜色"，单击"创建"按钮，如图2-2所示，创建新的文档。

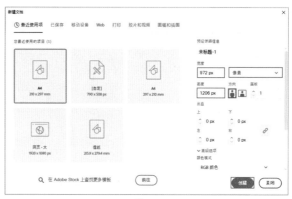

图2-2

02 选择工具箱中的"矩形工具"，在控制栏中设置"描边"为无，在工具箱的底部设置"填充类型"为"颜色"，然后双击"填色"按钮，在弹出的"拾色器"对话框中设置颜色为黄色，单击"确定"按钮，如图2-3所示。按住鼠标左键并拖动，在画面的左侧绘制一个矩形，效果如图2-4所示。

03 使用同样的方法，在画面中的其他位置绘制黄色的矩形，效果如图2-5所示。

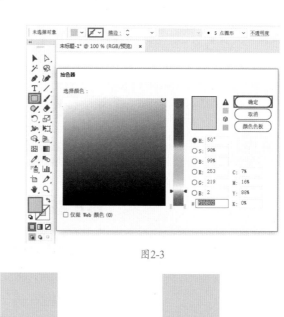

图2-3

图2-4   图2-5

04 执行"文件>置入"命令，在弹出的"置入"对话框中选择素材"1.jpg"，单击"置入"按钮，如图2-6所示。按住鼠标左键并在画面下方合适的位置拖动，控制置入对象的大小，释放鼠标左键完成置入操作。在控制栏中单击"嵌入"按钮，将素材嵌入文档，效果如图2-7所示。

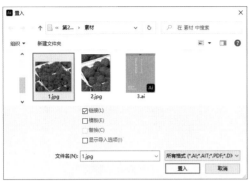

图2-6

图2-7

05 使用同样的方法，在画面的右下角置入素材"2.jpg"，效果如图2-8所示。

图2-8

06 执行"文件>打开"命令，在弹出的"打开"对话框中选择素材"3.ai"，单击"打开"按钮，如图2-9所示。选择工具箱中的"选择工具"，将鼠标指针移动到文字上方单击将其选中，如图2-10所示。

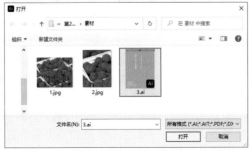

图2-9

图2-10

07 在选中文字的状态下，按快捷键Ctrl+C进行复制，切换到刚才操作的文档中，按快捷键Ctrl+V进行粘贴，并将文字移动到适当的位置，最终效果如图2-11所示。

图2-11

要点速查："矩形工具"的使用方法

在绘制的过程中，按住Shift 键的同时拖动鼠标，可以绘制正方形，效果如图2-12所示。按住 Alt键的同时拖动鼠标，可以绘制以鼠标指针落点为中心点向四周延伸的矩形，效果如图2-13所示。同时按住Shift键和Alt键并拖动鼠标，可以绘制以鼠标指针落点为中心点向四周延伸的正方形，效果如图2-14所示。

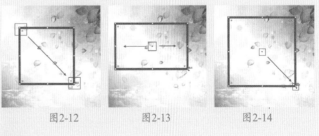

图2-12   图2-13   图2-14

提示 **绘制"正"图形的方法是通用的**

绘制正方形的方法，对于绘图工具组中的"椭圆工具""圆角矩形工具"同样适用。也就是说，想要绘制正圆形、正圆角矩形，都可以配合Shift键。

实例007　使用圆角矩形工具制作滚动图

文件路径	第 2 章 \ 使用圆角矩形工具制作滚动图
难易指数	★★★★★
技术掌握	● 圆角矩形工具 ● 星形工具

扫码深度学习

操作思路

　　"圆角矩形工具"在设计作品时应用非常广泛。圆角矩形不像矩形那样锐利、棱角分明，而是给人一种圆润、柔和的感觉，更具亲和力。本案例使用"圆角矩形工具"制作滚动图效果。

案例效果

　　案例效果如图2-15所示。

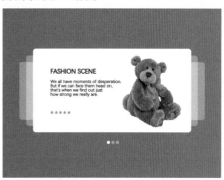

图2-15

操作步骤

01 执行"文件>新建"命令，弹出"新建文档"对话框。设置"单位"为像素（px）、"宽度"为800px、"高度"为600px，单击"横向"按钮，设置"颜色模式"为"CMYK颜色"，单击"创建"按钮，如图2-16所示，创建新的文档。

图2-16

02 下面绘制一个填充红橙色渐变的矩形。选择工具箱中的"矩形工具"，在工具箱的底部单击"填色"按

钮，使之置于前面，双击工具箱中的"渐变工具"按钮，在弹出的"渐变"面板中设置"类型"为"线性"渐变，编辑一个红橙色系的渐变，如图2-17所示。

图2-17

03 在使用"矩形工具"的状态下，按住鼠标左键并拖动，在画面中绘制一个与画板等大的矩形，效果如图2-18所示。释放鼠标左键，效果如图2-19所示。

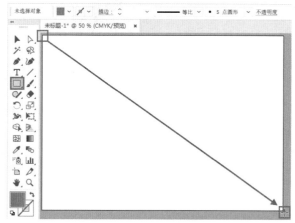

图2-18

图2-19

04 选择工具箱中的"圆角矩形工具"，在控制栏中设置"填充"为亮灰色，"描边"为无，在画面中单击，在弹出的"圆角矩形"对话框中设置"宽度"为620px、"高度"为250px、"圆角半径"为10px，单击"确定"按钮，如图2-20所示。将绘制好的圆角矩形移动到合适的位置，效果如图2-21所示。

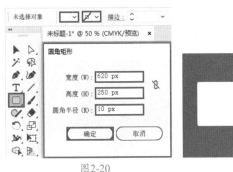

图2-20

图2-21

> **提示**
>
> **绘制圆角矩形的小技巧**
>
> 　　拖动鼠标的同时按住方向键←和→，可以设置是否绘制圆角矩形。
>
> 　　按住Shift键的同时拖动鼠标，可以绘制正圆角矩形。
>
> 　　按住Alt键的同时拖动鼠标，可以绘制以鼠标指针落点为中心点向四周延伸的圆角矩形。
>
> 　　同时按住Shift键和Alt键并拖动鼠标，可以绘制以鼠标指针落点为中心点向四周延伸的正圆角矩形。

05 选择圆角矩形，单击控制栏中的"不透明度"按钮，在弹出的下拉面板中设置"混合模式"为"正常"、"不透明度"为40%，如图2-22所示。效果如图2-23所示。

06 使用同样的方法，在画面中绘制多个圆角矩形，设置最前方圆角矩形的"不透明度"为100%，效果如图2-24所示。

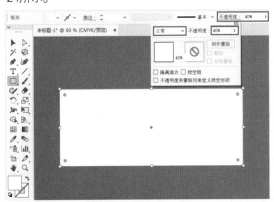

图2-22

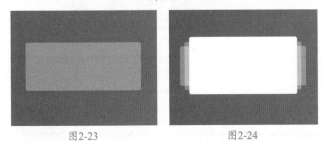

图2-23　　　　　　　　　图2-24

07 执行"文件>打开"命令，在弹出的"打开"对话框中选择素材"1.ai"，单击"打开"按钮，如

图2-25所示。选择工具箱中的"选择工具"，将鼠标指针移动到文字上单击将其选中，如图2-26所示。按快捷键Ctrl+C进行复制，切换到刚才操作的文档中，按快捷键Ctrl+V进行粘贴，并将文字移动到适当的位置，效果如图2-27所示。

图2-25

图2-26

图2-27

08 选择工具箱中的"星形工具"，在工具箱的底部设置"填色"为橘黄色、"描边"为无，然后在画面中单击，在弹出的"星形"对话框中设置"半径1"为6px、"半径2"为3px、"角点数"为5，单击"确定"按钮，如图2-28所示。效果如图2-29所示。

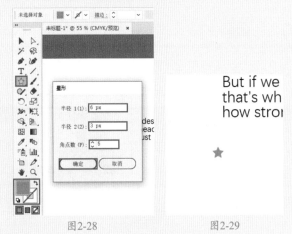

图2-28　　　　　　　　　图2-29

09 使用工具箱中的"选择工具"选择星形，按住Shift键和Alt键的同时向右拖动星形，进行平移并复制，效果如图2-30所示。使用同样的方法，在画面中复制出其他星形，效果如图2-31所示。

图2-30　　　　　　　图2-31

10 选择工具箱中的"椭圆工具"，在工具箱的底部设置"填色"为白色、"描边"为无，在画面中单击，在弹出的"椭圆"对话框中设置"宽度"为10px、"高度"为10px，单击"确定"按钮，如图2-32所示。效果如图2-33所示。

图2-32　　　　　　　图2-33

11 使用同样的方法，在画面中绘制其他两个正圆形，在控制栏中设置"不透明度"为50%，效果如图2-34所示。

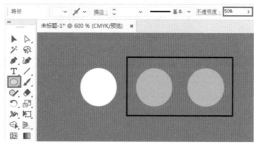

图2-34

12 执行"文件>置入"命令，置入素材"2.png"，在控制栏中单击"嵌入"按钮，将素材嵌入文档，如图2-35所示。最终完成效果如图2-36所示。

图2-35

图2-36

要点速查：绘制精确尺寸的圆角矩形

想要绘制特定参数的圆角矩形，可以使用"圆角矩形工具"在要绘制圆角矩形的一个角点位置单击，此时会弹出"圆角矩形"对话框，如图2-37所示。在该对话框中进行相应设置，单击"确定"按钮，即可创建精确的圆角矩形，效果如图2-38所示。

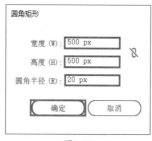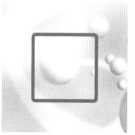

图2-37　　　　　　　图2-38

➢ 宽度：在此文本框中输入相应的数值，可以定义绘制的矩形网格对象的宽度。

➢ 高度：在此文本框中输入相应的数值，可以定义绘制的矩形网格对象的高度。

➢ 圆角半径：在此文本框中输入的半径数值越小，得到的圆角矩形的圆角弧度越小；反之，输入的半径数值越大，得到的圆角矩形的圆角弧度越大。当输入的数值为0时，得到的是矩形。对应的效果如图2-39所示。

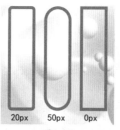

20px　　50px　　0px

图2-39

实例008　使用椭圆工具制作流程图

文件路径	第2章\使用椭圆工具制作流程图
难易指数	★★★★★
技术掌握	椭圆工具

扫码深度学习

操作思路

使用"椭圆工具"可以绘制椭圆形和正圆形。在设计作品中，圆形既可以作为一个点，也可以作为一个面。圆形的排列与组合不同，给人的感觉也不同。在本案例中利用"椭圆工具"创建多个正圆形，来完成流程图的制作。

案例效果

案例效果如图2-40所示。

图2-40

操作步骤

01 执行"文件>新建"命令或按快捷键Ctrl+N，在弹出的"新建文档"对话框中设置"单位"为像素（px）、"宽度"为790px、"高度"为508px，单击"横向"按钮，单击"创建"按钮，如图2-41所示。

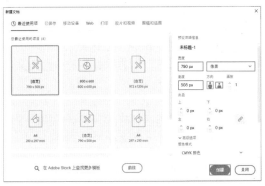

图2-41

02 执行"文件>置入"命令，在弹出的"置入"对话框中选择素材"1.jpg"，单击"置入"按钮，如图2-42所示。按住鼠标左键拖动，调整置入对象的大小，释放鼠标左键完成置入操作。单击控制栏中的"嵌入"按钮，效果如图2-43所示。

图2-42

图2-43

03 选择工具箱中的"椭圆工具"，在控制栏中设置"填充"为灰色、"描边"为无，然后在按住Shift键的同时按住鼠标左键进行拖动，绘制一个正圆形，在控制栏中设置"不透明度"为70%，如图2-44所示。

图2-44

04 选择工具箱中的"选择工具"，选择正圆形，按快捷键Ctrl+C进行复制，然后按快捷键Ctrl+F将其粘贴在前面。同时按住Shift键和Alt键拖动鼠标指针，将其以中心为基点等比放大，效果如图2-45所示。在控制栏中设置"填充"为无、"描边"为灰色、描边"粗细"为8pt、"不透明度"为70%，如图2-46所示。同时选中两个正圆形，右击，在弹出的快捷菜单中选择"编组"命令，如图2-47所示。

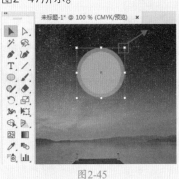

图2-45

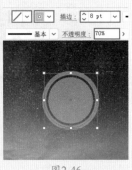

图2-46

15

图2-47

将图形的描边进行扩展

　　描边在缩放的过程中会受到影响，因此，需要将其进行扩展。选择带有描边的图形，执行"对象>扩展"命令，在弹出的"扩展"对话框中选中"描边"复选框，单击"确定"按钮，如图2-48所示。描边被扩展为图形，效果如图2-49所示。

图2-48

图2-49

05 选中半透明图形，按快捷键Ctrl+C进行复制，然后按快捷键Ctrl+V进行粘贴并将复制得到的图形移动到画面的左下方，效果如图2-50所示。选中该图形，按住Shift键拖动控制点进行等比缩放，如图2-51所示

示。使用同样的方法，复制其他半透明图形，效果如图2-52所示。

图2-50

图2-51

图2-52

06 选择工具箱中的"直线段工具"，在控制栏中设置"填充"为无、"描边"为灰色、描边"粗细"为3pt，然后按住鼠标左键拖动，在两个正圆形图案之间绘制一段直线，效果如图2-53所示。选择直线，在控制栏中设置其"不透明度"为40%，效果如图2-54所示。使用同样的方法，绘制其他直线，效果如图2-55所示。

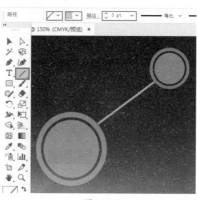

图2-53

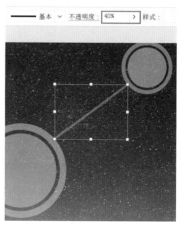

图2-54

图2-55

07 执行"文件>打开"命令，在弹出的"打开"对话框中选择素材"2.ai"，单击"打开"按钮，如图2-56所示。选择工具箱中的"选择工具"，将鼠标指针移动到文字上单击将其选中，如图2-57所示。按快捷键Ctrl+C进行复制，切换到刚才操作的文档中，按快捷键Ctrl+V进行粘贴，并将文字移动到适当的位置，效果如图2-58所示。

图2-56

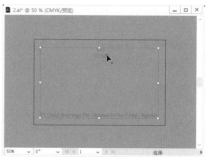

图2-57

图2-58

08 执行"窗口>符号库>网页图标"命令,弹出"网页图标"面板,选择"存储"图标,按住鼠标左键将其拖至画面中,如图2-59所示。

图2-59

09 在控制栏中单击"断开链接"按钮,如图2-60所示。选中图标,在控制栏中设置"填充"为白色。对图标进行适当的缩放,将其位置调整到正圆形内,效果如图2-61所示。

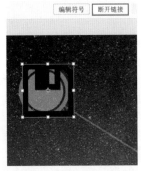

图2-60

图2-61

10 使用同样的方法,为其他正圆形添加网页图标,最终完成效果如图2-62所示。

图2-62

要点速查:使用"椭圆工具"

1. 绘制精确尺寸的椭圆

想要绘制特定参数的椭圆形,可以使用工具箱中的"椭圆工具" ◯ 。在要绘制椭圆形的位置单击,此时会弹出"椭圆"对话框,在该对话框中进行相应设置,单击"确定"按钮,如图2-63所示,创建的精确尺寸的椭圆形效果如图2-64所示。

图2-63

图2-64

2. 绘制饼图

使用"椭圆工具"绘制圆形,将鼠标指针移动至圆形控制点处,当鼠标指针变为 ▶ 形状后,按住鼠标左键拖动,可以制作饼图,并调整饼图的角度,如图2-65所示。释放鼠标左键完成饼图的绘制,效果如图2-66所示。

图2-65

图2-66

实例009 使用钢笔工具制作人像海报

文件路径	第2章\使用钢笔工具制作人像海报
难易指数	⭐⭐⭐⭐⭐
技术掌握	● 钢笔工具 ● "置入"命令

扫码深度学习

操作思路

"钢笔工具"是一款常用的绘图工具,熟练使用该工具,可以绘制各种精准的直线或曲线路径。在本案例中通过使用"钢笔工具"绘制几何图形,制作人像海报。

案例效果

案例效果如图2-67所示。

图2-67

操作步骤

01 执行"文件>新建"命令，弹出"新建文档"对话框。设置"单位"为像素（px）、"宽度"为594px、"高度"为786px，单击"纵向"按钮，设置"颜色模式"为"CMYK颜色"，单击"创建"按钮，如图2-68所示，创建新的文档。

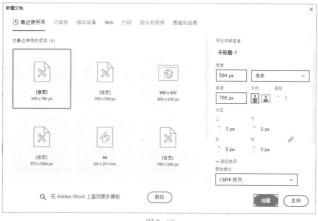

图2-68

02 执行"文件>置入"命令，在弹出的"置入"对话框中选择素材"1.png"，单击"置入"按钮，如图2-69所示。按住鼠标左键并拖动，在画面中控制置入对象的大小，释放鼠标左键完成置入操作。在控制栏中单击"嵌入"按钮，将素材嵌入文档，效果如图2-70所示。

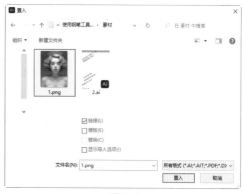

图2-69

图2-70

03 选择工具箱中的"钢笔工具"，在控制栏中设置"描边"为无，然后双击工具箱底部的"填色"按钮，在弹出的"拾色器"对话框中设置适当的颜色，单击"确定"按钮，如图2-71所示。在使用"钢笔工具"的状态下，在画面的右侧绘制一个三角形，效果如图2-72所示。

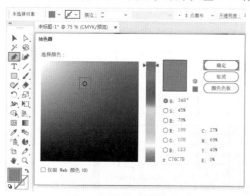

图2-71

图2-72

> **提示**
> **绘制水平或垂直路径的方法**
> 在使用"钢笔工具"的状态下，按住Shift键可以绘制水平、垂直或以45°角为增量的直线。

04 使用同样的方法，在画面中适当的位置绘制多个几何图形，效果如图2-73所示。

05 选择工具箱中的"钢笔工具"，在控制栏中设置"填充"为白色、"描边"为无，在画面的左上角绘制一个白色的四边形，效果如图2-74所示。

图2-73

图2-74

06 使用同样的方法，继续在画面其他位置添加几何图形，效果如图2-75所示。

图2-75

07 执行"文件>打开"命令，在弹出的"打开"对话框中选择素材"2.ai"，单击"打开"按钮，如图2-76所示。选择工具箱中的"选择工具"，将鼠标指针移动到文字上单击将其选中，如图2-77所示。

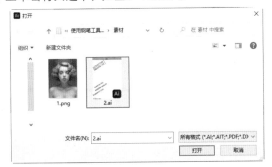

图2-76

图2-77

08 在选中文字的状态下，按快捷键Ctrl+C进行复制，切换到刚才操作的文档中，按快捷键Ctrl+V进行粘贴，并将文字移动到适当的位置，最终效果如图2-78所示。

图2-78

要点速查：认识"钢笔工具"

在钢笔工具组上右击，在弹出的工具列表中选择"钢笔工具"，然后在画面中单击，即可绘制路径上的第一个锚点，在控制栏中会显示"钢笔工具"的设置选项。该设置选项主要针对已绘制好的路径上的锚点进行转换、删除，或对路径进行断开或连接等操作，如图2-79所示。

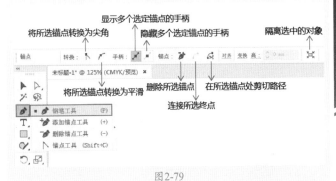

图2-79

➤ 将所选锚点转换为尖角 ：选中平滑锚点，单击该按钮，即可将其转换为尖角锚点，其效果对比如图2-80和图2-81所示。

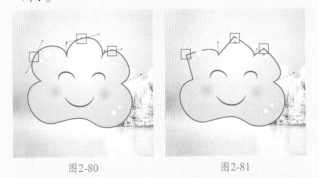

图2-80　　　　　　　　图2-81

➤ 将所选锚点转换为平滑 ：选中尖角锚点，单击该按钮，即可将其转换为平滑锚点，其效果对比如图2-82和图2-83所示。

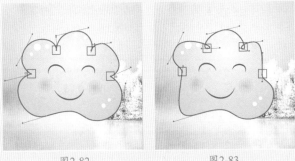

图2-82　　　　　　　　图2-83

➤ 显示多个选定锚点的手柄 ：单击该按钮，被选中的多个锚点的手柄都将处于显示状态，如图2-84所示。

➤ 隐藏多个选定锚点的手柄 ：单击该按钮，被选中的多个锚点的手柄都将处于隐藏状态，如图2-85所示。

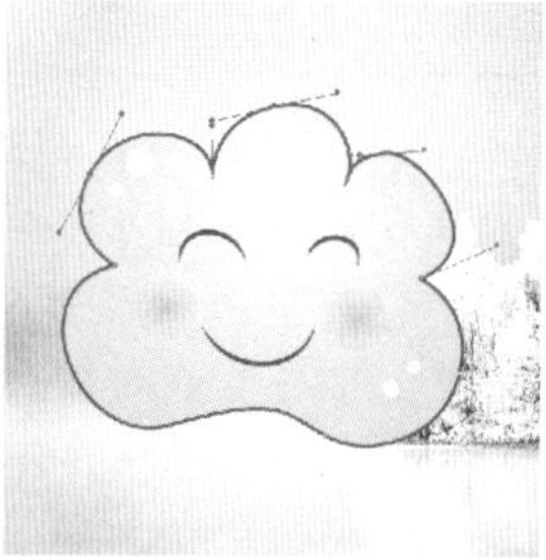

图2-84

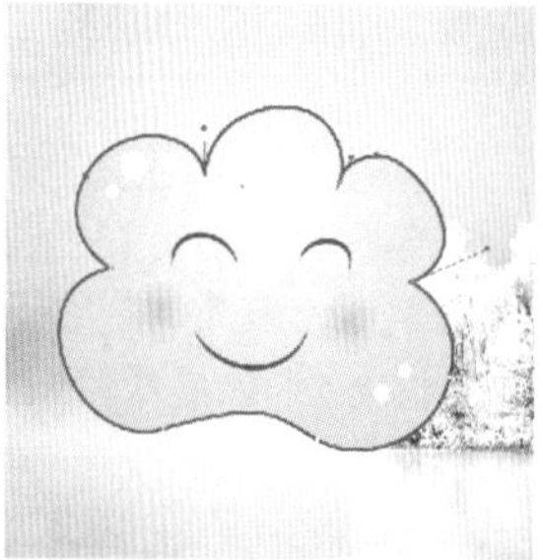

图2-85

- 删除所选锚点：单击该按钮，即可删除选中的锚点，其效果对比如图2-86和图2-87所示。

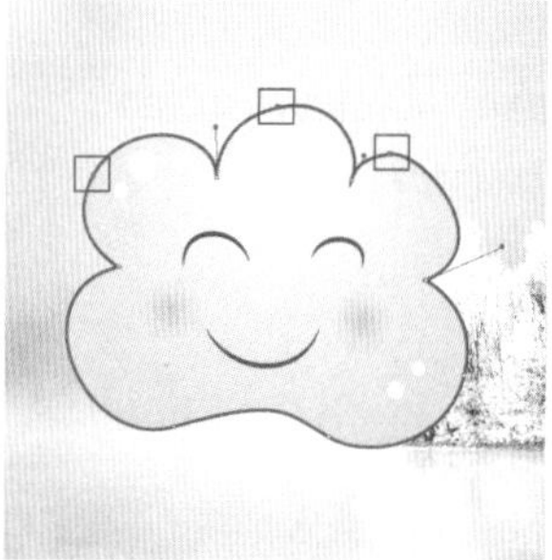

图2-86

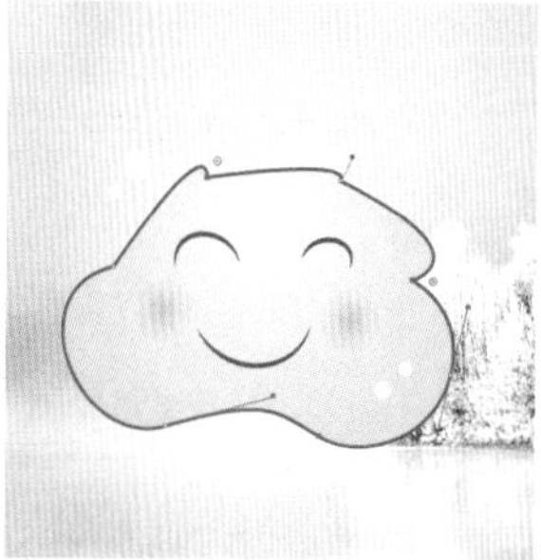

图2-87

- 连接所选终点：在开放路径中，选中不相连的两个端点，单击该按钮，即可在两点之间建立路径进行连接，其效果对比如图2-88和图2-89所示。

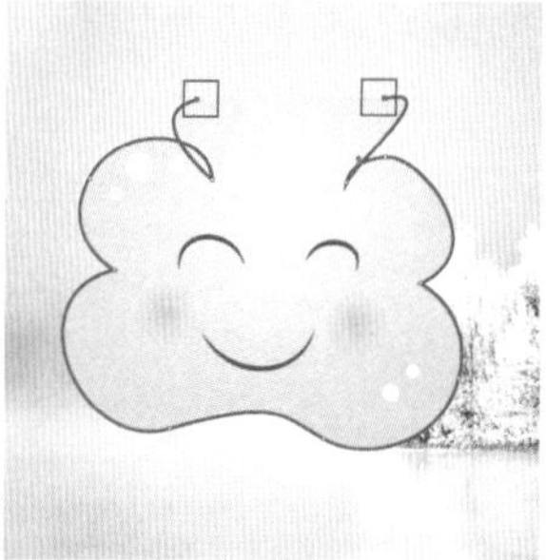

图2-88

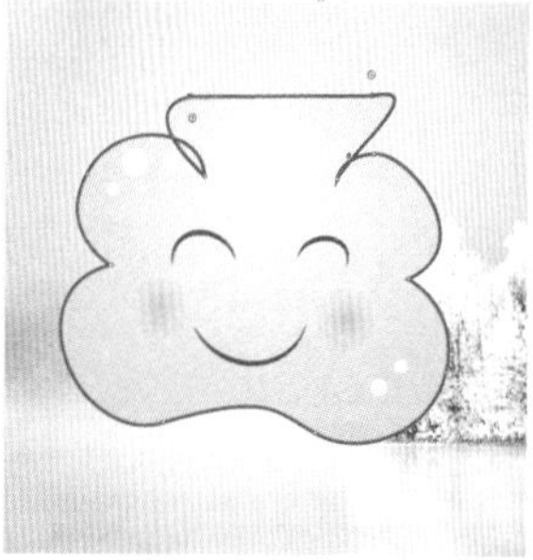

图2-89

- 在所选锚点处剪切路径：选中锚点，单击该按钮，即可将所选锚点分割为两个锚点，并且两个锚点之间不相连，同时路径会断开，其效果对比如图2-90和图2-91所示。

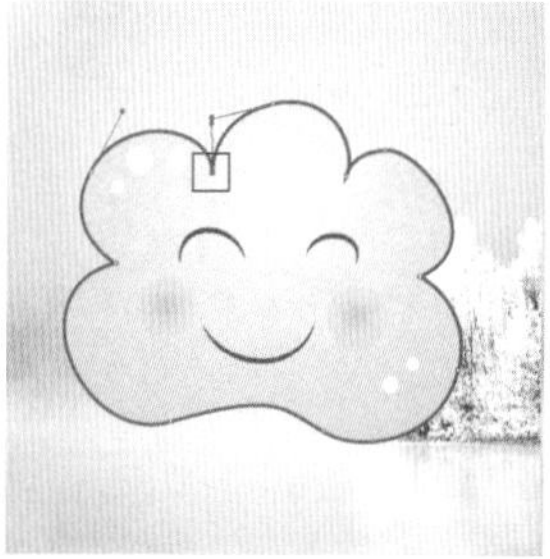

图2-90

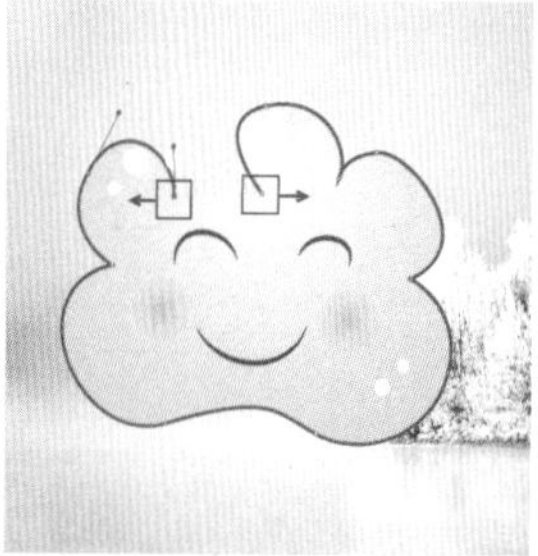

图2-91

- 隔离选中的对象：在包含选中对象的情况下，单击该按钮，即可在隔离模式下编辑对象。

实例010 使用铅笔工具绘制线条装饰

文件路径	第2章\使用铅笔工具绘制线条装饰
难易指数	★★★★★
技术掌握	● 矩形工具 ● 钢笔工具 ● 星形工具 ● 铅笔工具 ● 平滑工具

扫码深度学习

操作思路

在本案例中，首先使用“矩形工具”绘制与画板等大的矩形并填充为灰色，使用“复制”与“粘贴”命令将文字素材放置在文档中适当的位置，并使用“钢笔工具”绘制文字周围的装饰图形，然后使用“星形工具”在画面中绘制不同大小的星形元素，使用“铅笔工具”在文字的外侧绘制不规则的边框，并使用“平滑工具”对边框的平滑度进行调整，最后将素材添加到文档中。

案例效果

案例效果如图2-92所示。

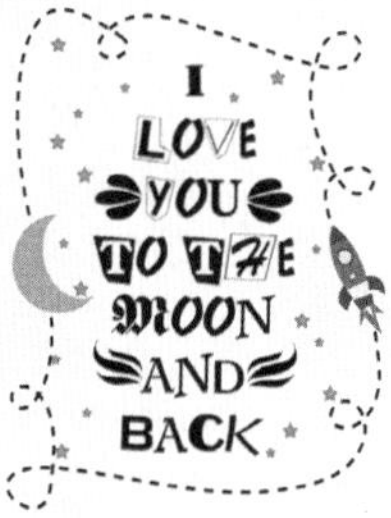

图2-92

操作步骤

01 执行“文件>新建”命令，弹出“新建文档”对话框。选择“打印”选项卡，在“空白文档预设”列表框中选择“A4”纸张；单击“纵向”按钮，设置“颜色模式”为“CMYK颜色”，单击“创建”按钮，如图2-93所示，创建新的文档。

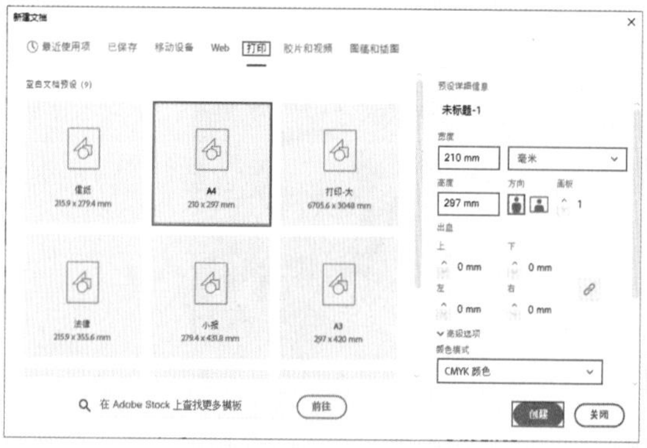

图2-93

02 选择工具箱中的"矩形工具",在工具箱的底部设置"描边"为无,双击"填色"按钮,在弹出的"拾色器"对话框中设置颜色为灰色,单击"确定"按钮,如图2-94所示。在使用"矩形工具"的状态下,按住鼠标左键从画面的左上角向右下角进行拖动,绘制一个与画板等大的矩形,效果如图2-95所示。

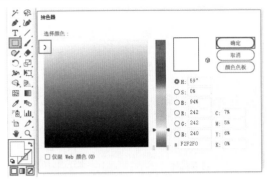

图2-94

图2-95

03 执行"文件>打开"命令,在弹出的"打开"对话框中选择素材"1.ai",单击"打开"按钮,如图2-96所示。选择工具箱中的"选择工具",将鼠标指针移动到文字上单击将其选中,如图2-97所示。

04 在选中文字的状态下,按快捷键Ctrl+C进行复制,切换到刚才操作的文档中,按快捷键Ctrl+V进行粘贴,并将其移动到合适的位置,效果如图2-98所示。

05 选择工具箱中的"钢笔工具",在控制栏中设置"填充"为黑色、"描边"为无,在画面中适当的位置绘制一个图形,效果如图2-99所示。使用同样的方法,在该图形的下面再次绘制两个图形,效果如图2-100所示。

图2-96

图2-97　　　　　　　　　　图2-98

图2-99　　　　　　　　　　图2-100

06 选择工具箱中的"选择工具",按住Shift键加选刚刚绘制的3个图形,然后右击,在弹出的快捷菜单中选择"编组"命令。在该组被选中的状态下,执行"对象>变换>镜像"命令,在弹出的"镜像"对话框中选中"垂直"单选按钮,单击"复制"按钮,如图2-101所示。效果如图2-102所示。

图2-101　　　　　　　　　　图2-102

07 在使用"选择工具"的状态下,按住Shift键将复制的图形组平移到画面的右侧,效果如图2-103所示。使用同样的方法,在画面下方适当的位置绘制一组图形并将其复制一份放置在画面的右侧,效果如图2-104所示。

08 选择工具箱中的"星形工具",在工具箱的底部设置"填色"为橘色、"描边"为橘红色,在控制栏中设置描边"粗细"为2pt,在画面中单击,在弹出的"星形"对话框中设置"半径1"为4mm、"半径2"为2mm、

"角点数"为5，单击"确定"按钮，如图2-105所示。

图2-103　　　　　　　　图2-104

图2-105

09 继续使用"星形工具"，按住鼠标左键在画面中拖动，绘制大小不一的星形，效果如图2-106所示。

图2-106

10 选择工具箱中的"铅笔工具"，在控制栏中设置"填充"为无、"描边"为黑色，单击"描边"按钮，在弹出的下拉面板中设置"粗细"为4pt，选中"虚线"复选框，设置参数为14pt，如图2-107所示。设置完成后，使用"铅笔工具"在画面中绘制不规则的边框，效果如图2-108所示。

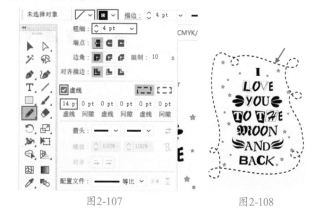

图2-107　　　　　　　　图2-108

11 在不规则边框被选中的状态下，选择工具箱中的"平滑工具"，按住鼠标左键沿着边框的边缘拖动，调整边框的平滑度，效果如图2-109所示。

12 执行"文件>打开"命令，打开素材"2.ai"，将其中的素材选中，按快捷键Ctrl+C进行复制，切换到刚刚操作的文档中，按快捷键Ctrl+V进行粘贴，然后将素材调整到合适位置，最终完成效果如图2-110所示。

图2-109　　　　　　　　图2-110

要点速查：使用"铅笔工具"改变路径形状

默认情况下，"铅笔工具"会自动启用"编辑所选路径"选项，此时使用"铅笔工具"可以直接更改路径的形状，如图2-111所示。将鼠标指针定位在要重新绘制的路径上，当鼠标指针形状由 ✏ 变为 ✏ 时，表示鼠标指针与路径非常接近。按住鼠标左键并拖动进行绘制，即可改变路径的形状，如图2-112所示。

图2-111　　　　　　　　图2-112

使用"铅笔工具"还可以快速地连接两条不相连的路径，如图2-113所示。首先选择两条路径，选择工具箱中的"铅笔工具"，将鼠标指针定位到其中一条路径的某一端点上，按住鼠标左键拖动到另一条路径的端点上，释放鼠标左键，即可将两条路径连接为一条路径，如图2-114所示。效果如图2-115所示。

图2-113　　　　　图2-114　　　　　图2-115

艺境 中文版Illustrator矢量图形设计与制作全视频 实践228例 溢彩版

实例011　使用美工刀工具制作卡片

文件路径	第2章\使用美工刀工具制作卡片
难易指数	★★★★★
技术掌握	● 矩形工具 ● 美工刀工具

扫码深度学习

操作思路

使用"美工刀工具"可以以任意的分割线将一个对象分割为多个构成部分的表面，其分割的方式是基于鼠标指针移动的位置。在本案例中，通过使用"美工刀工具"切割卡片，然后填充深浅不同的颜色，使卡片的效果看起来更加立体。

案例效果

案例效果如图2-116所示。

图2-116

操作步骤

01 执行"文件>新建"命令或按快捷键Ctrl+N，弹出"新建文档"对话框。设置"单位"为"毫米（mm）"、"宽度"为572mm、"高度"为418mm，单击"横向"按钮，设置"颜色模式"为"CMYK颜色"，单击"创建"按钮，如图2-117所示，创建新的文档。

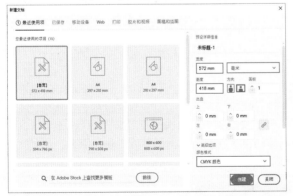

图2-117

02 选择工具箱中的"矩形工具"，在控制栏中设置"填充"为浅灰色、"描边"为无，按住鼠标左键从画面的左上角向右下角拖动，绘制一个与画板等大的矩形，如图2-118所示，释放鼠标左键完成矩形的绘制，效果如图2-119所示。

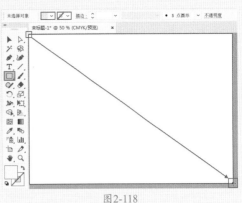

图2-118

图2-119

03 选择工具箱中的"矩形工具"，在控制栏中设置"描边"为无，然后双击工具箱底部的"填色"按钮，在弹出的"拾色器"对话框中设置颜色为青灰色，单击"确定"按钮，如图2-120所示。按住鼠标左键在画面中适当的位置拖动，绘制一个矩形，效果如图2-121所示。

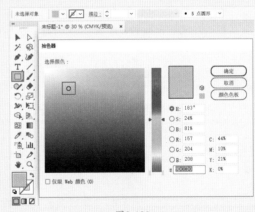

图2-120

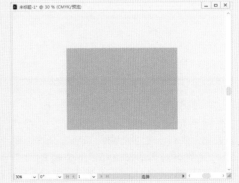

图2-121

04 选中青灰色矩形，选择工具箱中的"美工刀工具" ，按住Alt键的同时，按住鼠标左键在矩形外部拖动至矩形另外一侧的外部，如图2-122所示。释放鼠标左键，得到两个独立的图形，效果如图2-123所示。

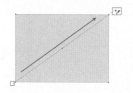 

图2-122　　　　　　　　　图2-123

05 选中上面的三角形，使用"美工刀工具"再次进行分割，如图2-124所示。选中分割出的三角形，修改其填充颜色为深青灰色，效果如图2-125所示。

图2-124

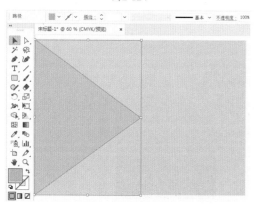

图2-125

06 使用上述方法分割其他图形，并修改合适的填充颜色，效果如图2-126所示。

图2-126

07 执行"文件>打开"命令，在弹出的"打开"对话框中选择素材"1.ai"，单击"打开"按钮，如图2-127所示。使用"选择工具"在文字上单击将其选

中，按快捷键Ctrl+C进行复制，切换到刚才操作的文档中，按快捷键Ctrl+V进行粘贴，并将其移动到合适的位置，效果如图2-128所示。

图2-127

图2-128

08 选择工具箱中的"矩形工具"，在控制栏中设置"填充"为无、"描边"为白色、描边"粗细"为1pt，在按住Shift键的同时按住鼠标左键进行拖动，绘制一个正方形，效果如图2-129所示。

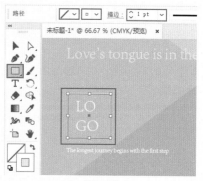

图2-129

09 继续使用"矩形工具"绘制一个暗青色的矩形，效果如图2-130所示。保持该矩形的选中状态，右击，在弹出的快捷菜单中多次选择"排列>后移一层"命令，将其移动至青灰色分割图形后方，作为阴影，此时效果如图2-131所示。

图2-130　　　　　　　　　图2-131

10 使用工具箱中的"选择工具"选中所有对象，右击，在弹出的快捷菜单中选择"编组"命令，如图2-132所示。在按住鼠标左键的同时，按住Alt键拖动进行移动并复制，然后将其进行旋转，最终完成效果如图2-133所示。

图2-132

图2-133

要点速查："美工刀工具"的使用方法

1. 分割全部对象

使用鼠标右击"橡皮擦工具组"按钮，在弹出的工具列表中选择"美工刀工具"。如果此时画面中没有选择任何对象，则直接使用"美工刀工具"在对象上进行拖动，即可将鼠标指针移动范围以内的所有对象进行分割，如图2-134所示。此时对象被分割为两个部分，如图2-135所示。

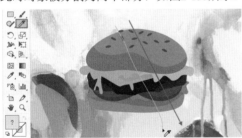

图2-134

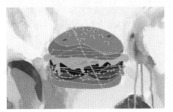

图2-135

2. 分割选中对象

如果有特定的对象需要分割，则使用工具箱中的"选择工具"将要进行分割的对象选中，然后使用"美工刀工具"沿着要进行分割的路径拖动鼠标指针，选中的对象被分割为两个部分，与之重合的其他对象没有被分割，如图2-136和图2-137所示。

图2-136　　　　　　　　图2-137

3. 以直线分割对象

使用"美工刀工具"的同时，按住Alt键，可以以直线分割对象，如图2-138所示。同时按住Shift键与Alt键，可以以水平直线、垂直直线或倾斜45°的直线分割对象，如图2-139所示。

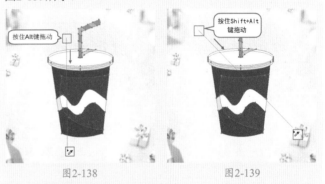

图2-138　　　　　　　　图2-139

实例012　使用美工刀工具制作海豚标志

文件路径	第2章\使用美工刀工具制作海豚标志
难易指数	⭐⭐⭐⭐⭐
技术掌握	● 美工刀工具 ● 钢笔工具

🔍扫码深度学习

操作思路

在本案例中，使用"美工刀工具"将绘制好的图形进行分割，得到多个不规则图形，并进行颜色的调整，最终制作出海豚标志。

案例效果

案例效果如图2-140所示。

图2-140

操作步骤

01 执行"文件>新建"命令，在弹出的"新建文档"对话框中单击"自定"按钮，设置"单位"为像素（px）、设置"宽度"为409px、"高度"为270px，单击"横向"按钮，设置"颜色模式"为"CMYK颜色"，单击"创建"按钮，如图2-141所示。创建一个空白文档，如图2-142所示。

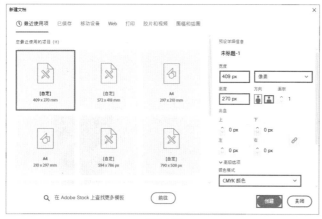

图2-141

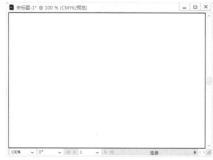

图2-142

02 执行"文件>置入"命令，在弹出的"置入"对话框中选择背景素材"1.jpg"，单击"置入"按钮，如图2-143所示。调整其大小，使其与画板等大，单击控制栏中的"嵌入"按钮，将素材嵌入文档，效果如图2-144所示。

03 选择工具箱中的"钢笔工具"，在控制栏中设置"填充"为无、"描边"为黑色，在画面中间位置绘制一个海豚形状，如图2-145所示。

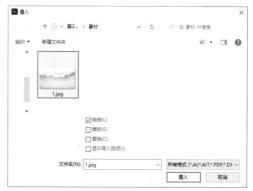

图2-143

图2-144

图2-145

04 选择工具箱中的"选择工具"，将鼠标指针移动到海豚形状上单击将其选中，双击工具箱底部的"填色"按钮，在弹出的"拾色器"对话框中设置颜色为青色，单击"确定"按钮，将其填充为青色，如图2-146所示。

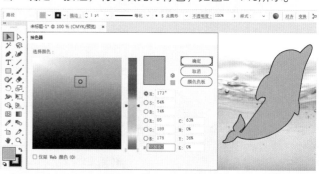

图2-146

05 在保持海豚形状的选中状态下，选择工具箱中的"美工刀工具"，在按住Alt键的同时按住鼠标左键拖动，将海豚形状分割，如图2-147所示。使用同样的方法，分割海豚形状的其他部分，效果如图2-148所示。

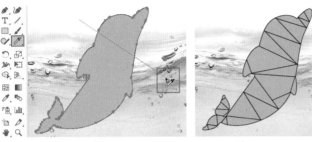

图2-147   图2-148

06 选择海豚头顶的形状，在工具箱的底部设置"描边"为无，双击"填色"按钮，在弹出的"拾色器"对话框中设置颜色为蓝色，单击"确定"按钮，如图2-149所示。使用同样的方法，设置海豚身体其他位置的颜色，效果如图2-150所示。

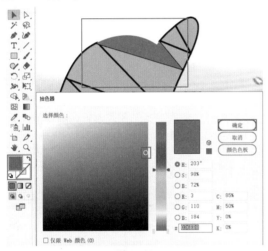

图2-149

图2-150

07 执行"文件>打开"命令，在弹出的"打开"对话框中选择素材"2.ai"，单击"打开"按钮，如图2-151所示。将鼠标指针移动到文字上单击将其选中，按快捷键Ctrl+C进行复制，切换到刚才操作的文档中，按快捷键Ctrl+V进行粘贴，并将其移动到合适的位置，最终完成效果如图2-152所示。

图2-151

图2-152

实例013　使用橡皮擦工具制作图形化版面

文件路径	第2章\使用橡皮擦工具制作图形化版面	
难易指数	★★★★★	
技术掌握	● 矩形工具 ● 橡皮擦工具 ● 符号库	⌕扫码深度学习

操作思路

在本案例中，首先使用"矩形工具"绘制一个正方形，再使用"橡皮擦工具"擦去正方形的对角线，得到4个三角形；然后将这4个三角形拉长，制作出图形拼贴的效果，最后将文字素材粘贴到文档中，并在画面的上方添加符号。

案例效果

案例效果如图2-153所示。

图2-153

🎤操作步骤

01 执行"文件>新建"命令，弹出"新建文档"对话框。选择"打印"选项卡，在"空白文档预设"列表框中选择A4纸张，单击"纵向"按钮，设置"颜色模式"为"CMYK颜色"，单击"创建"按钮，如图2-154所示，创建新的文档。选择工具箱中的"矩形工具"，在控制栏中设置"描边"为无，双击工具箱底部的"填色"按钮，在弹出的"拾色器"对话框中设置颜色为浅灰色，单击"确定"按钮，如图2-155所示。

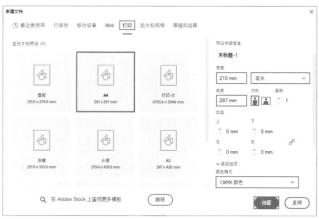

图2-154

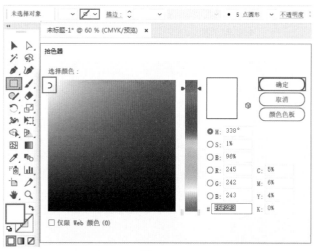

图2-155

02 按住鼠标左键从画面的左上角向右下角拖动，绘制一个与画板等大的矩形，效果如图2-156所示。继续使用"矩形工具"，按住Shift键的同时拖动鼠标指针绘制一个正方形，然后将其填充为黄色，效果如图2-157所示。

03 双击工具箱中的"橡皮擦工具"按钮，在弹出的"橡皮擦工具选项"对话框中设置"角度"为0°、"圆度"为100%、"大小"为50pt，单击"确定"按钮，如图2-158所示。在使用"橡皮擦工具"的状态下，按住Shift键从正方形的左上角向右下角拖动鼠标指针，如图2-159所示。

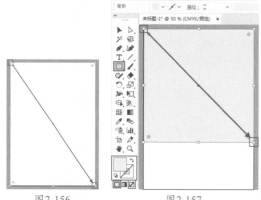

图2-156   图2-157

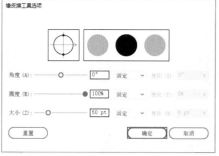

图2-158   图2-159

04 使用同样的方法，按住Shift键从正方形的右上角拖动鼠标指针至左下角，如图2-160所示。使用"选择工具"选中三角形，依次更改颜色，效果如图2-161所示。

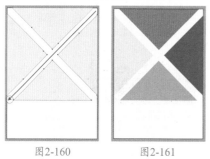

图2-160   图2-161

05 使用"选择工具"，按住Shift键加选4个三角形，将其进行编组。将鼠标指针定位到矩形下方中间的控制点处，按住鼠标左键向下拖动，将图形组拉长，效果如图2-162所示。

06 选中图形组，同时按住Shift键和Alt键拖动鼠标指针，将图形组进行等比缩小，如图2-163所示。

图2-162   图2-163

07 打开素材"1.ai",将鼠标指针移动到文字素材上单击将其选中,如图2-164所示。

08 文字在选中的状态下,按快捷键Ctrl+C进行复制,切换到刚才操作的文档中,按快捷键Ctrl+V进行粘贴,并将其移动到合适的位置,效果如图2-165所示。

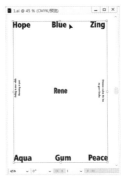

图2-164　　　　　　　　图2-165

09 执行"窗口>符号库>网页图标"命令,在弹出的"网页图标"面板中选择"视频"图标,按住鼠标左键将其拖动到画面中适当的位置,在控制栏中单击"断开链接"按钮,如图2-166所示。将图标选中,然后按住Shift键拖动控制点,将其等比缩放调整至合适大小,最终完成效果如图2-167所示。

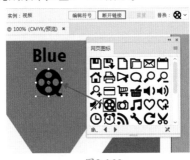

图2-166　　　　　　　　图2-167

要点速查: 使用"橡皮擦工具"

1. 未选中任何对象时擦除

选择工具箱中的"橡皮擦工具",在未选中任何对象的状态下,在需要擦除的位置拖动鼠标指针,如图2-168所示,即可擦除鼠标指针移动范围内的所有对象,然后自动在擦除路径的末尾生成新的节点,并且擦除路径处于被选中的状态,如图2-169所示。

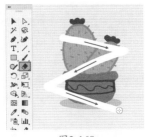

图2-168　　　　　　　　图2-169

2. 选中对象时擦除

如果画面中有部分对象处于被选中的状态,则使用"橡皮擦工具"只能擦除鼠标指针移动范围内的被选中对象,如图2-170和图2-171所示。

图2-170　　　　　　　　图2-171

3. 特殊擦除效果

使用"橡皮擦工具"时按住Shift键,可以沿水平、垂直或者以斜45°角方向进行擦除,如图2-172所示;使用"橡皮擦工具"时按住Alt键,可以以矩形的方式进行擦除,如图2-173所示。

图2-172　　　　　　　　图2-173

4. 设置"橡皮擦工具"的属性

双击工具箱中的"橡皮擦工具"按钮◆,弹出"橡皮擦工具选项"对话框。根据需要在该对话框中对"角度""圆度""大小"等选项进行相应的设置,设置完成后单击"确定"按钮,如图2-174所示。

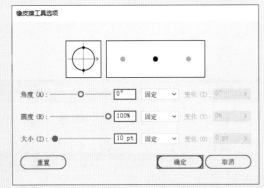

图2-174

➤ 角度:此选项用于设置橡皮擦的角度。当"圆度"数值为100%时,调整"角度"数值没有效果;当设置适当的"圆度"数值后,橡皮擦变为椭圆形,可以通过调整"角度"数值得到倾斜的擦除效果,如图2-175和

图2-176所示。

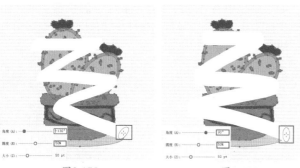

图2-175　　　　　　　　图2-176

> 圆度：此选项用于控制橡皮擦的压扁程度。数值大时，接近正圆形；数值小时，则为椭圆形，如图2-177和图2-178所示。

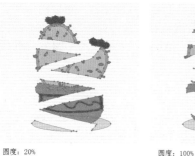

圆度：20%　　　　　　　圆度：100%

图2-177　　　　　　　　图2-178

> 大小：此选项用于设置橡皮擦直径的大小。数值越大，擦除的范围越大，如图2-179和图2-180所示。

大小：10 pt　　　　　　　大小：50 pt

图2-179　　　　　　　　图2-180

实例014	使用绘图工具制作多彩版式
文件路径	第2章\使用绘图工具制作多彩版式
难易指数	★★★★★
技术掌握	● 圆角矩形工具 ● 矩形工具

Q扫码深度学习

💡操作思路

在本案例中，使用"渐变工具"和"矩形工具"制作渐变的背景，使用"圆角矩形工具"和"矩形工具"

制作画面下方的图案。将素材置入文档，制作出多彩版式。

🖱案例效果

案例效果如图2-181所示。

图2-181

🎤操作步骤

01 执行"文件>新建"命令，弹出"新建文档"对话框。选择"打印"选项卡，在"空白文档预设"列表框中选择A4纸张，单击"横向"按钮，设置"颜色模式"为"CMYK颜色"，单击"创建"按钮，如图2-182所示，创建新的文档。

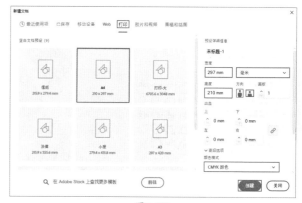

图2-182

02 选择工具箱中的"矩形工具"，按住鼠标左键拖动绘制一个与画板等大的矩形。选中该矩形，单击工具箱底部的"填色"按钮，然后双击工具箱中的"渐变工具"按钮，在弹出的"渐变"面板中设置"类型"为"径向"渐变，在面板底部编辑一个白色到蓝色的渐变，如图2-183所示。选择工具箱中的"渐变工具"，按住鼠标左键在矩形上拖动鼠标指针形成渐变效果，如图2-184所示。

图2-183

艺境
中文版Illustrator矢量图形设计与制作全视频
实践228例 溢彩版

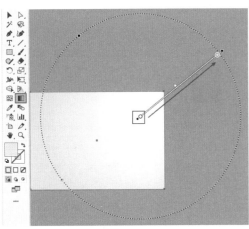

图2-184

03 选择工具箱中的"圆角矩形工具",在工具箱的底部单击"描边"按钮,设置"填充类型"为无,双击"填色"按钮,在弹出的"拾色器"对话框中设置颜色为浅蓝色,单击"确定"按钮,如图2-185所示。在使用"圆角矩形工具"的状态下,按住鼠标左键拖动绘制一个圆角矩形。若对圆角矩形的半径不满意,可以使用"选择工具"拖动控制点调整圆角半径,如图2-186所示。

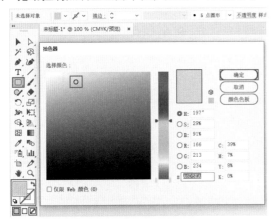

图2-185

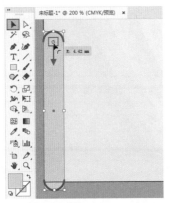

图2-186

04 选择工具箱中的"矩形工具",设置"填色"为较深的蓝色、"描边"为无,在圆角矩形的左侧绘制一个矩形,效果如图2-187所示。选择工具箱中的"选择工

具",按住Shift键和Alt键的同时向右拖动鼠标指针,将矩形平移并复制,效果如图2-188所示。

05 按快捷键Ctrl+D,将矩形再次复制两份。选中圆角矩形和竖线,使用快捷键Ctrl+G将其编组,效果如图2-189所示。

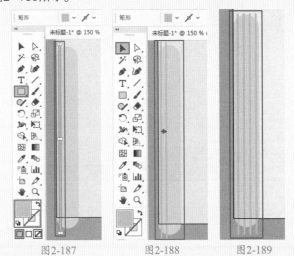

图2-187　　　图2-188　　　图2-189

06 选中圆角矩形,按快捷键Ctrl+C进行复制,然后在画面中的空白位置单击以取消图形的选择,然后按快捷键Ctrl+F将圆角矩形粘贴到画面的前面,如图2-190所示。使用"选择工具",按住Shift键加选复制出来的圆角矩形和矩形组,然后右击,在弹出的快捷菜单中选择"建立剪切蒙版"命令,效果如图2-191所示。

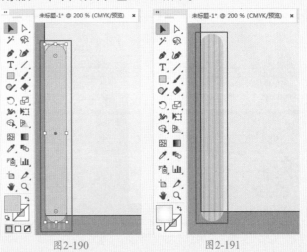

图2-190　　　　　　图2-191

07 同时选中矩形组和圆角矩形,右击,在弹出的快捷菜单中选择"编组"命令。选中该图形组,按住Shift键和Alt键的同时向右拖动鼠标,将图形组平移并复制,如图2-192所示。多次按快捷键Ctrl+D,将其复制出多份,效果如图2-193所示。同时选中画面下方的所有图形组,右击,在弹出的快捷菜单中选择"编组"命令。

08 执行"文件>打开"命令,在弹出的"打开"对话框中选择素材"1.ai",单击"打开"按钮,如图2-194所示。使用工具箱中的"选择工具"同时选中所有文字，按快捷键Ctrl+C进行复制，回到刚才操作的文档中，按快捷键Ctrl+V进行粘贴，并移动到合适的位置，效果如图2-195所示。

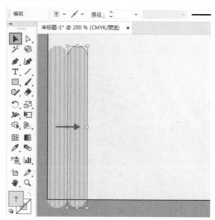

图2-192

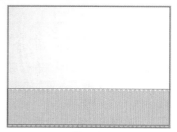

图2-193

图2-194

图2-195

艺境

中文版Illustrator矢量图形设计与制作全视频

实践228例

溢彩版

第3章

高级绘图

本章概述

在本章中主要学习如何使用变形工具组、符号工具组、图表工具组中的工具，这些工具常被用于图形的绘制与编辑。还会学习如何使用剪切蒙版，这个功能的应用非常广泛，常被用于制作不规则的图形，是非常重要的知识点。

本章重点

- 掌握变形工具组中工具的使用方法
- 掌握符号工具组中工具的使用方法
- 掌握剪切蒙版的使用方法
- 掌握"混合工具"的使用方法
- 掌握图表工具组中工具的使用方法

实例015　使用宽度工具制作矢量花纹

文件路径	第3章\使用宽度工具制作矢量花纹
难易指数	★★★★★
技术掌握	● 宽度工具 ● 钢笔工具

扫码深度学习

操作思路

在本案例中，首先使用"矩形工具"和"渐变工具"制作画面的背景，使用"椭圆工具""宽度工具"和"钢笔工具"制作画面中心的圆环及圆环周围的曲线，在圆环内部添加文字素材，再次使用"钢笔工具"和"宽度工具"在圆环上绘制缠绕的藤蔓。

案例效果

案例效果如图3-1所示。

图3-1

操作步骤

01 执行"文件>新建"命令，创建一个A4大小的横向空白文档。选择工具箱中的"矩形工具"，在工具箱的底部单击"填色"按钮，使之置于前面。双击工具箱中的"渐变工具"按钮，在弹出的"渐变"面板中设置"类型"为"径向"渐变，编辑一个白色到绿色的渐变，单击"描边"按钮，设置"填充类型"为无，如图3-2所示。使用"矩形工具"绘制一个与画板等大的矩形，如图3-3所示。

图3-2 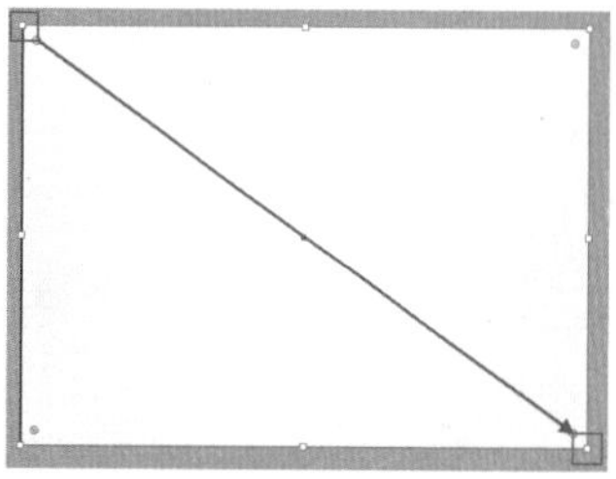　　　　　　　　图3-3

02 选择工具箱中的"椭圆工具"，在画面的中心位置按住Shift键拖动鼠标指针绘制一个正圆形。选中该正圆形，在控制栏中设置"填充"为无、描边"粗细"为

23pt，单击工具箱底部的"描边"按钮，使之置于前面，然后在"渐变"面板中设置"类型"为"线性"渐变，"角度"为−168°，编辑一个绿色系的渐变，得到圆环图形，效果如图3-4所示。

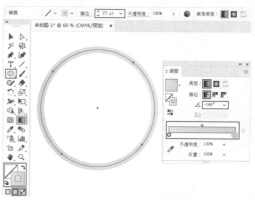

图3-4

03 在圆环被选中的状态下，选择工具箱中的"宽度工具"，按住鼠标左键在圆环边缘向内拖动鼠标指针，如图3-5所示。此时圆环效果如图3-6所示。

04 使用同样的方法继续绘制圆环，并使用"宽度工具"改变多个圆环的宽度，效果如图3-7所示。

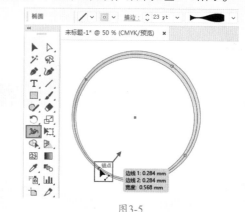

图3-5

图3-6 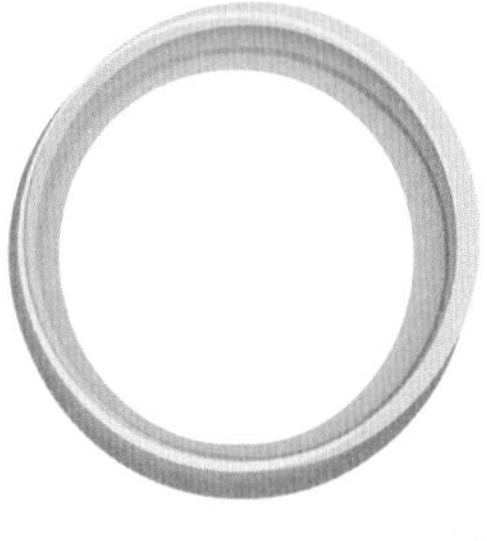　　　　　　　　图3-7

05 选择工具箱中的"钢笔工具"，在工具箱的底部设置"填色"为无、"描边"为草绿色，在控制栏中设置描边"粗细"为1pt，在画面的右侧绘制一条曲线，效果如图3-8所示。使用同样的方法，继续在右侧绘制曲线，也可以将已经绘制完成的曲线进行复制并适当变形，效果如图3-9所示。

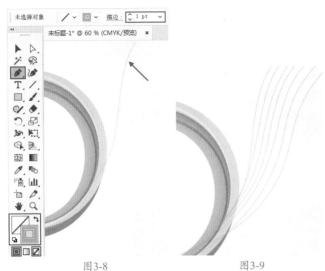

图3-8   图3-9

图3-14

图3-15

06 选择工具箱中的"选择工具",按住Shift键加选右侧所有的曲线,然后右击,在弹出的快捷菜单中选择"编组"命令。执行"对象>变换>镜像"命令,在弹出的"镜像"对话框中选中"垂直"单选按钮,单击"复制"按钮,如图3-10所示。此时效果如图3-11所示。

图3-10   图3-11

10 选中花纹图形,按快捷键Ctrl+C将其复制,切换到刚刚操作的文档中,按快捷键Ctrl+V将其粘贴到画面中并放置在合适的位置,效果如图3-16所示。选中花纹图形,执行"对象>排列>后移一层"命令,将其向后放置,效果如图3-17所示。

图3-16   图3-17

07 使用"选择工具"将复制的曲线移动到画面的左下方,然后将其旋转,效果如图3-12所示。继续使用"选择工具",将鼠标指针定位到定界框右上角的控制点,按住鼠标左键拖动进行调整,将曲线变形,效果如图3-13所示。

11 使用同样的方法,打开素材"2.ai",将文字粘贴到画面中,并放置在圆环的内部,效果如图3-18所示。

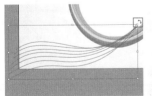　

图3-12   图3-13

08 同时选中两个曲线组,多次执行"对象>排列>后移一层"命令,将曲线组移动到圆环的后面,效果如图3-14所示。

09 执行"文件>打开"命令,打开素材"1.ai",如图3-15所示。

图3-18

12 选择工具箱中的"钢笔工具",单击工具箱底部的"描边"按钮,使之置于前面,执行"窗口>渐变"命令,在弹出的"渐变"面板中编辑一个绿色系的径向渐变,设置"填色"为无,在控制栏中设置描边"粗细"为7pt,如图3-19所示。在圆环的左侧绘制一段曲线路径,效果如图3-20所示。

图3-19　　　　　　　　　　图3-20

13 在路径被选中的状态下，选择工具箱中的"宽度工具"，按住鼠标左键在路径上拖动，更改路径的宽度，效果如图3-21所示。使用同样的方法，继续在圆环的左侧绘制路径，并使用"宽度工具"改变路径的宽度，最终完成效果如图3-22所示。

图3-21　　　　　　　　　　图3-22

实例016　　使用变形工具制作旅行广告		
文件路径	第3章\使用变形工具制作旅行广告	
难易指数	★★★★★	
技术掌握	● 变形工具 ● 倾斜工具 ● 钢笔工具	扫码深度学习

操作思路

　　使用"变形工具"可以将已经绘制好的图形进行变形。在本案例中，通过使用"变形工具"将矩形变成波浪线，使画面整体看上去更加生动、形象。

案例效果

　　案例效果如图3-23所示。

图3-23

操作步骤

01 执行"文件>新建"命令，创建一个A4大小的横向空白文档。选择工具箱中的"矩形工具"，拖动鼠标指针绘制一个与画板等大的矩形。选中矩形，双击"填色"按钮，在弹出的"拾色器"对话框中设置颜色为蓝色，单击"确定"按钮。设置"描边"为无，如图3-24所示。效果如图3-25所示。

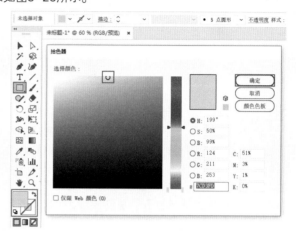

图3-24

图3-25

02 选择工具箱中的"钢笔工具"，双击"填色"按钮，在弹出的"拾色器"对话框中设置颜色为浅蓝色，单击"确定"按钮。设置"描边"为无，如图3-26所示。在画面中绘制一个四边形，效果如图3-27所示。

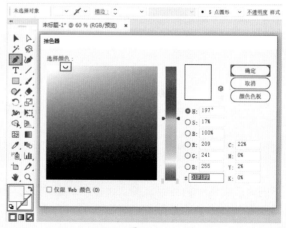

图3-26

03 使用同样的方法，在画面中绘制其他四边形，效果如图3-28所示。

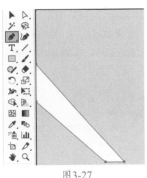

图3-27　　　　　　　　　　图3-28

04 选择工具箱中的"椭圆工具"，在工具箱的底部设置"填色"为黄色、"描边"为白色，在控制栏中设置描边"粗细"为5pt，按住Shift键拖动鼠标指针，在画面中绘制一个正圆形，效果如图3-29所示。

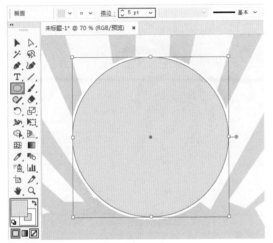

图3-29

05 选中刚刚绘制的正圆形，然后执行"效果>风格化>内发光"命令，在弹出的"内发光"对话框中设置"模式"为"正常"、颜色为白色、"不透明度"为100%、"模糊"为10mm，选中"边缘"单选按钮，单击"确定"按钮，如图3-30所示。此时效果如图3-31所示。

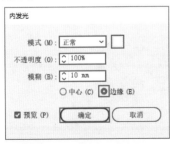

图3-30　　　　　　　　　　图3-31

06 选择工具箱中的"矩形工具"，在控制栏中设置"填充"为白色、"描边"为无，在画面的下方绘制一个白色的矩形，效果如图3-32所示。选中该矩形，在工具箱中选择"变形工具"，在白色矩形上按住鼠标左键拖动，将其进行变形，效果如图3-33所示。

图3-32

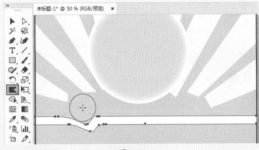

图3-33

07 使用同样的方法，继续拖动鼠标指针进行变形，效果如图3-34所示。再次使用同样的方法，在刚刚绘制的图形的下方绘制浅蓝色矩形并进行变形，效果如图3-35所示。

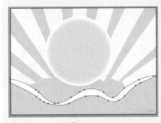

图3-34　　　　　　　　　　图3-35

提示

"变形工具"的设置

双击工具箱中的"变形工具"按钮，弹出"变形工具选项"对话框，在该对话框中可以对画笔的"宽度""高度""角度""强度"等参数进行调整，如图3-36所示。

图3-36

08 选择工具箱中的"钢笔工具",在工具箱的底部设置"填色"为淡橘色、"描边"为无。在画面中绘制一个图形,效果如图3-37所示。多次执行"对象>排列>后移一层"命令,将图形移动到正圆形的后面,效果如图3-38所示。

图3-37

图3-38

09 使用"钢笔工具"绘制椰树树冠的形状,然后设置其"填色"为深绿色、"描边"为无,效果如图3-39所示。继续使用"钢笔工具"绘制树干,并填充为褐色,效果如图3-40所示。

图3-39

图3-40

10 选中树干图形,执行"对象>排列>后移一层"命令,将树干移动到树冠的后面,效果如图3-41所示。按住Shift键加选树冠和树干图形,然后右击,在弹出的快捷菜单中选择"编组"命令,如图3-42所示。

图3-41

图3-42

11 在选中椰树的状态下,按住Alt键拖动鼠标指针,移动并复制出多份图形,然后按住Shift键将复制得到的椰树进行缩放,并放置在合适的位置,效果如图3-43所示。

图3-43

12 选择工具箱中的"钢笔工具",在工具箱的底部设置"填色"为白色、"描边"为无,在画面中绘制云朵的形状,效果如图3-44所示。按快捷键Ctrl+C进行复制,按快捷键Ctrl+V进行粘贴,将得到的云朵移动到画面中的相应位置,并针对个别云朵执行"对象>排列>后移一层"命令,效果如图3-45所示。

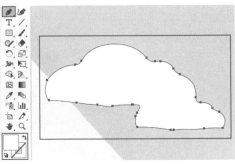

图3-44

图3-45

13 选择工具箱中的"钢笔工具",在工具箱的底部设置"填色"为红色、"描边"为无,在黄色正圆形上绘制一个不规则的图形,效果如图3-46所示。使用同样的方法,在画面中绘制不同形状与颜色的图形,将其作为文字的底色,效果如图3-47所示。

图3-46

图3-47

14 执行"文件>打开"命令,打开素材"1.ai",选中所有文字,按快捷键Ctrl+C将其复制,切换到刚刚操作的文档中,按快捷键Ctrl+V将其粘贴到画面中并放置在合适的位置,效果如图3-48所示。

图3-48

15 选中文字,执行"效果>风格化>投影"命令,在弹出的"投影"对话框中设置"模式"为"正片叠底"、"不透明度"为60%、"X位移"为0mm、"Y位移"为0mm、"模糊"为0.8mm,设置颜色为黑色,单击"确定"按钮,如图3-49所示。此时效果如图3-50所示。

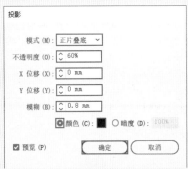

图3-49

图3-50

16 使用"选择工具"选中文字,选择"倾斜工具",在文字右侧按住鼠标左键拖动,使文字产生与底色相同的倾斜角度。使用同样的方法,改变其他文字的倾斜角度,如图3-51所示。

图3-51

17 选中右上方的文字,选择工具箱中的"自由变换工具",接着单击"自由扭曲"按钮,然后拖动控制点对文字进行变形，如图3-52所示。

图3-52

倾斜版面的优点

在本案例中，文字采用倾斜的排列方式，这样的版面设计能够营造出动感，给人一种活跃、不稳定的心理感受。倾斜版面通常被应用在比较活泼、年轻或悬疑主题的设计中。

18 执行"文件>打开"命令，打开素材"2.ai"，选中其中的图形，将其复制并粘贴到当前操作的文档中，最终完成效果如图3-53所示。

图3-53

实例017 使用晶格化工具制作标签

文件路径	第3章\使用晶格化工具制作标签
难易指数	⭐⭐⭐⭐⭐
技术掌握	● 剪切蒙版 ● 晶格化工具

扫码深度学习

操作思路

在本案例中，首先使用"矩形工具"和"椭圆工具"绘制图形，然后执行"建立剪切蒙版"命令将素材多余的部分隐藏，并使用"晶格化工具"改变椭圆的形状，最后将文字素材粘贴到文档中。

案例效果

案例效果如图3-54所示。

图3-54

操作步骤

01 执行"文件>新建"命令，创建一个A4大小的横向空白文档。

02 选择工具箱中的"矩形工具"，双击工具箱底部的"填色"按钮，在弹出的"拾色器"对话框中设置颜色为蓝色，单击"确定"按钮。在控制栏中设置"描边"为无，如图3-55所示。按住鼠标左键拖动，绘制一个与画板等大的矩形，效果如图3-56所示。

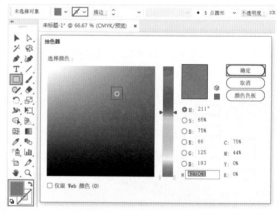

图3-55

图3-56

03 选择工具箱中的"椭圆工具"，在工具箱的底部设置"填色"为黄色、"描边"为黑色，在控制栏中设置描边"粗细"为2pt，按住鼠标左键在画面的中心位置拖动，绘制一个椭圆形，效果如图3-57所示。

04 执行"文件>打开"命令，打开素材"1.ai"。选中图形，按快捷键Ctrl+C进行复制，切换到刚刚操作的文档中，按快捷键Ctrl+V进行粘贴，效果如图3-58所示。

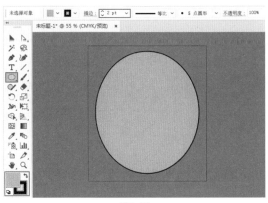

图3-57

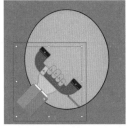

图3-58

05 使用工具箱中的"选择工具"选中刚刚绘制的椭圆形，按快捷键Ctrl+C进行复制，按快捷键Ctrl+V进行粘贴，并将复制得到的椭圆形移动到素材图形上，如图3-59所示。在使用"选择工具"的状态下，按住Shift键加选复制的椭圆形和素材图形，然后右击，在弹出的快捷菜单中选择"建立剪切蒙版"命令，效果如图3-60所示。

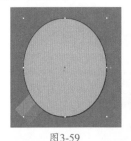

图3-59　　　　　　　　图3-60

06 再次使用"矩形工具"绘制一个与画板等大的矩形。选中该矩形，执行"窗口>色板库>图案>基本图形>基本图形_点"命令，在弹出的"基本图形_点"面板中选择"10 dpi 40%"图形，如图3-61所示。此时矩形效果如图3-62所示。

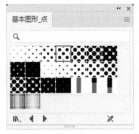

图3-61　　　　　　　　图3-62

07 继续选中该矩形，单击控制栏中的"不透明度"按钮，在弹出的下拉面板中设置"混合模式"为"滤色"、"不透明度"为20%，效果如图3-63所示。

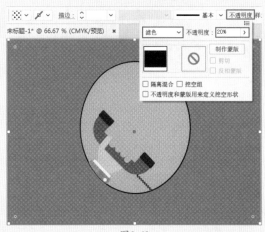

图3-63

08 选择工具箱中的"椭圆工具"，在工具箱的底部设置"填色"为蓝色、"描边"为黑色，在控制栏中设置描边"粗细"为3pt，按住鼠标左键在画面中拖动，绘制一个椭圆形，如图3-64所示。

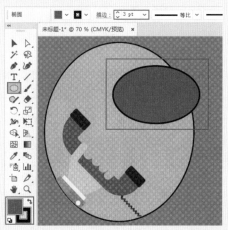

图3-64

09 在蓝色椭圆形被选中的状态下，选择工具箱中的"晶格化工具"，按住鼠标左键在椭圆形的内部向外拖动，如图3-65所示。释放鼠标左键，效果如图3-66所示。

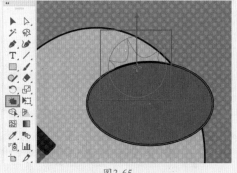

图3-65

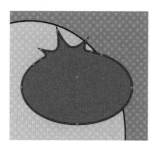

图3-66

10 使用同样的方法，多次对椭圆形进行变形，效果如图3-67所示。使用工具箱中的"选择工具"选中该图形，将鼠标指针定位到定界框的四角处，当鼠标指针变为带有弧度的双箭头时，按住鼠标左键拖动，将其旋转，效果如图3-68所示。

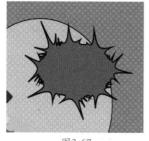
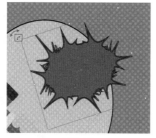

图3-67　　　　　　图3-68

11 打开素材"1.ai"，选中文字，将其复制粘贴到当前文档中，效果如图3-69所示。

图3-69

12 使用"选择工具"选中文字，按快捷键Ctrl+C进行复制，按快捷键Ctrl+B将其粘贴到原文字的后面，将复制得到的文字的"填色"设置为黑色，"描边"设置为无，并向右下方移动，效果如图3-70所示。使用"选择工具"同时选中黑白文字将其编组。

图3-70

13 最后将文字进行旋转，完成效果如图3-71所示。

图3-71

实例018　　使用剪切蒙版制作海报

文件路径	第3章\使用剪切蒙版制作海报	
难易指数	★★★★★	
技术掌握	● 矩形工具 ● 剪切蒙版 ● 钢笔工具	🔍扫码深度学习

操作思路

　　剪切蒙版是十分常用的功能，是以一个图形为容器，限定另一个图形的显示范围。剪切蒙版的应用范围非常广泛，例如：一幅作品完成之后，如果有超出画板之外的内容，可以使用剪切蒙版将超出画板的内容进行隐藏；或者制作带有图案的文字，利用文字作为容器，将图案放置在其中，使之只显示文字内部的图案。在本案例中，以人物的形状作为容器，使用剪切蒙版将背景的样式显现出来。

案例效果

　　案例效果如图3-72所示。

图3-72

操作步骤

01 执行"文件>新建"命令，创建一个"宽度"为1200px、"高度"为1600px的竖向空白文档。

02 选择工具箱中的"矩形工具"，在工具箱的底部双击"填色"按钮，在弹出的"拾色器"对话框中设置适当的颜色，单击"确定"按钮。设置"描边"为无，如图3-73所示。按住鼠标左键拖动，绘制一个与画板等大的矩形，效果如图3-74所示。

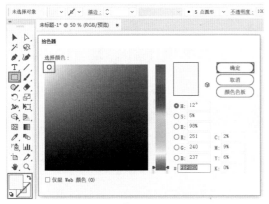

图3-73

图3-74

03 执行"效果>纹理>纹理化"命令，在弹出的"纹理化"对话框中设置"纹理"为"画布"、"缩放"为78、"凸现"为14、"光照"为上，单击"确定"按钮，如图3-75所示。效果如图3-76所示。

04 选择工具箱中的"矩形工具"，在工具箱的底部设置"填色"为无、"描边"为灰色，在控制栏中设置描边"粗细"为5pt，按住鼠标左键拖动，绘制一个灰色的边框，效果如图3-77所示。

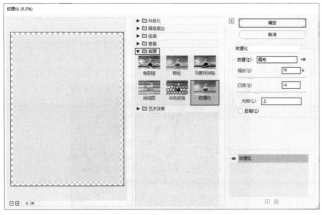

图3-75

图3-76　　　　　　　　图3-77

05 执行"文件>置入"命令，将素材"1.jpg"置入画面。按住鼠标左键拖动，在画面中控制置入对象的大小，释放鼠标左键完成置入操作。在控制栏中单击"嵌入"按钮，将素材嵌入文档，如图3-78所示。

图3-78

06 选择工具箱中的"钢笔工具"，在工具箱的底部设置"填色"为无、"描边"为无，在素材"1.jpg"的中间位置绘制一个人物形状，效果如图3-79所示。按住Shift键加选素材"1.jpg"与人物形状，如图3-80所示。

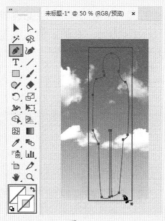　

图3-79　　　　　　　　图3-80

07 在画面中右击，在弹出的快捷菜单中选择"建立剪切蒙版"命令，如图3-81所示。此时效果如图3-82所示。

图3-81　　　　　　　　图3-82

 提示

对多个图形创建剪切蒙版
　　要从两个或多个对象重叠的区域创建剪切路径，需要先将这些对象进行编组。

08 执行"文件>打开"命令，打开素材"2.ai"，选中素材"2.ai"中的图形，按快捷键Ctrl+C进行复制，切换到刚刚操作的文档中，按快捷键Ctrl+V进行粘贴，效果如图3-83所示。

图3-83

09 选择工具箱中的"钢笔工具"，在工具箱底部设置"填色"为深褐色、"描边"为无，在画面的左上角绘制一个五边形，效果如图3-84所示。

图3-84

10 执行"文件>打开"命令，打开素材"3.ai"，使用"选择工具"将文字选中，将文字复制并粘贴到当前操作的文档中，摆放在合适的位置，效果如图3-85所示。

图3-85

要点速查：隐藏超出画板部分的内容

　　在制图的过程中，图形超出画板以外的情况是很常见的。在作品完成之后，出于美观的目的都会对作品进行一定的整理，其中就包括隐藏超出画板部分的内容，这时可以使用剪切蒙版完成这一操作。首先选择制作好的作品进行编组；然后绘制一个与画板等大的矩形，颜色不限；最后同时选中作品和矩形，按快捷键Ctrl+7即可快速创建剪切蒙版，使超出画板部分的内容被隐藏。

实例019	使用封套扭曲制作文字苹果
文件路径	第3章\使用封套扭曲制作文字苹果
难易指数	★★★★★
技术掌握	封套扭曲

扫码深度学习

操作思路

　　在本案例中，主要使用"封套扭曲"这一功能，通过"用顶层建立"和"用网格建立"两种方式进行封套扭曲。

案例效果

　　案例效果如图3-86所示。

图3-86

操作步骤

01 执行"文件>新建"命令，创建一个"宽度"为240mm、"高度"为168mm的横向空白文档。

02 选择工具箱中的"矩形工具"，按住鼠标左键从画面左上角向右下角拖动，绘制一个与画板等大的矩形，如图3-87所示。在选中矩形的状态下，在工具箱的底部双击"填色"按钮，在弹出的"拾色器"对话框中设置颜色为棕红色，单击"确定"按钮，效果如图3-88所示。选中矩形，按快捷键Ctrl+2锁定该矩形。

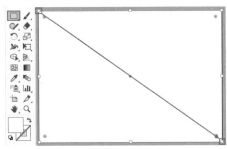

图3-87

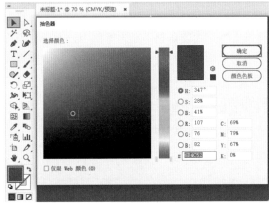

图3-88

03 执行"文件>打开"命令，打开素材"1.ai"，选中文字，按快捷键Ctrl+C进行复制，切换到当前操作的文档中，按快捷键Ctrl+V进行粘贴。效果如图3-89所示。选中画面中的所有文字，按快捷键Ctrl+G进行编组。选择工具箱中的"钢笔工具"，在文字上绘制一个苹果的形状，效果如图3-90所示。

图3-89

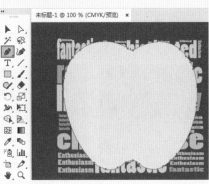

图3-90

04 按住Shift键加选苹果形状和文字，执行"对象>封套扭曲>用顶层对象建立"命令，效果如图3-91所示。

05 制作叶子部分。将素材"1.ai"中的绿色文字组复制粘贴到当前文档中，效果如图3-92所示。

图3-91　　　　　　　　　　图3-92

06 将鼠标指针放置文字左上方的控制点处，当鼠标指针变成带有弧度的双箭头时，按住鼠标左键拖动，将文字旋转至合适的方向，如图3-93所示。

07 在选中绿色文字组的状态下，执行"对象>封套扭曲>用网格建立"命令，在弹出的"封套网格"对话框中设置"行数"为2、"列数"为2，单击"确定"按钮，如图3-94所示。

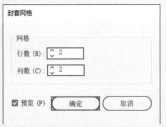

图3-93　　　　　　　　　　图3-94

08 选择工具箱中的"直接选择工具"，单击网格点，拖动控制柄对网格进行变形，如图3-95所示。将网格调整为叶子的形状，效果如图3-96所示。

图3-95　　　　　　　　　　图3-96

09 选中制作好的叶子，按快捷键Ctrl+C进行复制，按快捷键Ctrl+V进行粘贴，将得到的叶子进行旋转并调整其位置，如图3-97所示。最终完成效果如图3-98所示。

图3-97

图3-98

要点速查：编辑封套中的内容

在默认情况下选择封套对象时，可以直接进行编辑的是封套部分。如果需要对被扭曲的对象进行编辑，就要选择被扭曲的对象，单击控制栏中的"编辑内容"按钮，显示该对象，如图3-99所示。然后对该对象进行编辑，如图3-100所示。

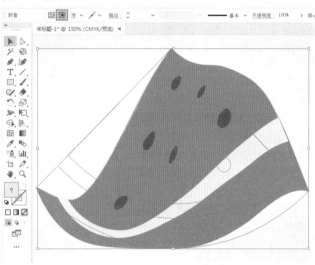
图3-99

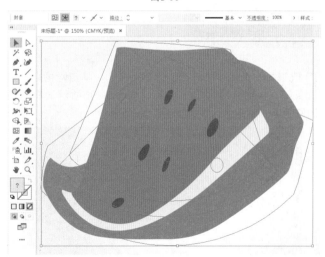
图3-100

实例020 使用符号工具组制作节日海报

文件路径	第3章\使用符号工具组制作节日海报
难易指数	★★★★★
技术掌握	● 符号工具组 ● 椭圆工具

扫码深度学习

操作思路

符号是一种特殊的图形对象，常被用于制作大量重复的图形元素。如果使用常规的图形对象进行制作，不仅需要通过复制、粘贴得到大量重复的对象，还需要对各个对象进行旋转、缩放、颜色调整等操作，才能够实现大量重复的对象不规则分布的效果，非常麻烦，而且可能会造成文档过大的情况。符号对象是以链接的形式存在于文档中，链接的源头在符号面板中，即使符号对象数量众多，也不会带来特别大的负担。在本案例中，通过使用符号工具组在画面中创建多种不同的图形效果，使画面整体看上去更加丰富、有趣。

案例效果

案例效果如图3-101所示。

图3-101

操作步骤

01 执行"文件>新建"命令，创建一个A4大小的横向空白文档。

02 选择工具箱中的"矩形工具"，在工具箱的底部单击"填色"按钮，使其置于前面，执行"窗口>色板库>图案>基本图形>基本图形_纹理"命令，在弹出的"基本图形-纹理"面板中选择"随机V"图形，如图3-102所示。按住鼠标左键从画面的左上角向右下角拖动，绘制一个与画板等大的矩形，如图3-103所示。

03 在矩形被选中的状态下，在控制栏中设置"不透明度"为20%，效果如图3-104所示。

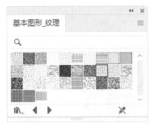

图3-102

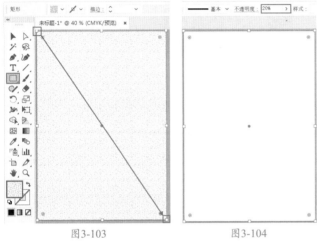

图3-103 　　　　　　　　图3-104

04 选择工具箱中的"符号喷枪工具" 📷，执行"窗口>符号库>庆祝"命令，在弹出的"庆祝"面板中选择一个合适的符号，如图3-105所示。

05 按住鼠标左键拖动，在画面中添加多个符号，效果如图3-106所示。

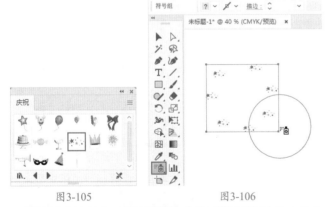

图3-105 　　　　　　　　图3-106

06 选中符号组，选择工具箱中的"符号缩放器工具" ⬜，按住鼠标左键在画面中的部分符号上拖动，将其放大，效果如图3-107所示。也可以按住Alt键，同时按住鼠标左键，在部分符号上拖动将符号缩小，效果如图3-108所示。

07 选中符号组，选择工具箱中的"符号滤色器工具" 📷，按住鼠标左键在需要滤色的位置拖动，释放鼠标左键

完成操作，效果如图3-109所示。使用同样的方法，继续对个别符号进行调整，效果如图3-110所示。

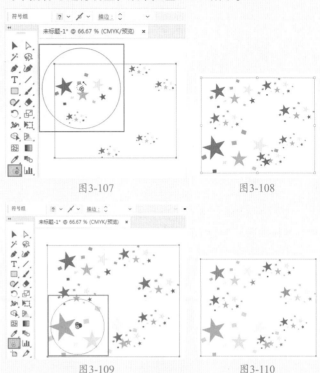

图3-107 　　　　　　　　图3-108

图3-109 　　　　　　　　图3-110

08 选中符号组，选择工具箱中的"符号着色器工具" 📷，在控制栏中设置"填充"为黑色、"描边"为无，在符号上单击，改变符号的颜色，效果如图3-111所示。使用同样的方法，继续改变符号的颜色，效果如图3-112所示。

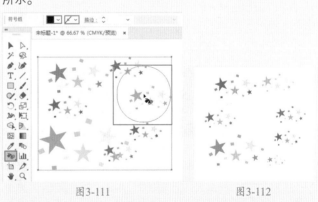

图3-111 　　　　　　　　图3-112

09 再次使用"符号喷枪工具"在画面中添加多个符号，然后使用"符号缩放器工具"将符号进行放大，效果如图3-113所示。

10 选择工具箱中的"椭圆工具"，在控制栏中设置"填充"为黑色、"描边"为无，按住Shift键，同时按住鼠标左键拖动，在画面的中心位置绘制一个黑色的正圆形，效果如图3-114所示。

图3-113

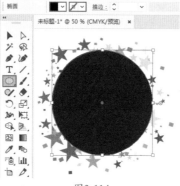

图3-114

11 执行"文件>打开"命令，打开素材"1.ai"，选中文字。按快捷键Ctrl+C进行复制，切换到当前操作的文档中，按快捷键Ctrl+V进行粘贴，并放置在画面中的合适位置，效果如图3-115所示。

图3-115

12 选择工具箱中的"矩形工具"，在控制栏中设置"填充"为白色、"描边"为无，按住鼠标左键拖动，在正圆形的中心位置绘制一个矩形，效果如图3-116所示。

图3-116

13 在"庆祝"符号面板中选择"王冠"符号，按住鼠标左键将"王冠"符号拖动到矩形上，在控制栏中单击"断开链接"按钮，如图3-117所示。将符号进行适当的旋转，效果如图3-118所示。

图3-117

图3-118

14 在"王冠"符号被选中的状态下，右击，在弹出的快捷菜单中选择"取消编组"命令，然后单击符号下方的曲线，按Delete键将其删除，如图3-119所示。最终完成效果如图3-120所示。

图3-119

图3-120

要点速查：认识符号工具组

符号工具组中包含8种工具，使用鼠标右击"符号工具组"按钮，可以看到工具列表中的工具，如图3-121所示。这些工具不仅被用于将符号置入画面，还被用于调整符号的间距、大小、颜色、样式等。

图3-121

➤ 符号喷枪工具：使用该工具，能够快捷地将所选符号批量置入画板。

➤ 符号移位器工具：使用该工具，能够更改画板中选中符号的位置和堆叠顺序。

➤ 符号紧缩器工具：使用该工具，能够调整画板中选中符号的分布密度，使符号更集中或更分散。

➤ 符号缩放器工具：使用该工具，可以调整画板中选中符号的大小。

➤ 符号旋转器工具：使用该工具，能够旋转画板中的选中符号。

➤ 符号着色器工具：使用该工具，可以为画板中的选中符号进行着色。

➤ 符号滤色器工具：使用该工具，可以改变画板中选中符号的透明度。

➤ 符号样式器工具：使用该工具，配合"图形样式"面板，可以为画板中已存在的符号添加或删除图形样式。

实例021　使用混合工具制作连续的图形

文件路径	第 3 章 \ 使用混合工具制作连续的图形
难易指数	★★★★★
技术掌握	● 混合工具 ● 钢笔工具

扫码深度学习

操作思路

使用"混合工具"可以在多个图形之间生成一系列的中间对象，从而实现从一种颜色过渡到另一种颜色，或者从一种形状过渡到另一种形状的效果。在混合过程中，不仅可以创建图形的混合，还可以对颜色进行混合。使用"混合工具"能够制作出非常奇幻的效果，如长阴影、3D效果等。在本案例中，使用"混合工具"制作背景连续的图形样式。

案例效果

案例效果如图3-122所示。

图3-122

操作步骤

01 执行"文件>新建"命令，创建一个"宽度"为230mm、"高度"为325mm的竖向空白文档。

02 选择工具箱中的"矩形工具"，双击工具箱底部的"填色"按钮，在弹出的"拾色器"对话框中设置颜色为红色，单击"确定"按钮。设置"描边"为无，如图3-123所示。

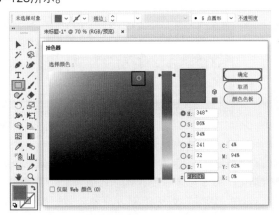

图3-123

03 在使用"矩形工具"的状态下，按住鼠标左键在画面中拖动鼠标指针绘制一个矩形，效果如图3-124所示。

04 使用同样的方法，在画面的下方绘制一个黄色的矩形，效果如图3-125所示。

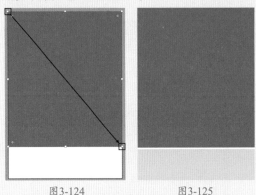

图3-124　　　　图3-125

05 选择工具箱中的"钢笔工具"，在控制栏中设置"填充"为白色、"描边"为无，在画面中绘制一个四边形，效果如图3-126所示。

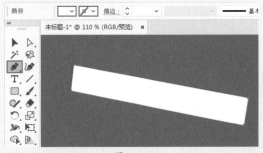

图3-126

06 继续使用"钢笔工具"，在控制栏中设置"填充"为无、"描边"为黄色、描边"粗细"为1pt，绘制一个黄色的边框，效果如图3-127所示。

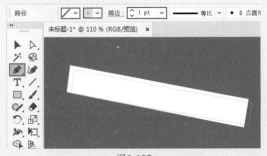

图3-127

07 继续使用"钢笔工具"，在控制栏中设置"填充"为黄色、"描边"为无，在白色四边形的上面绘制一个黄色的四边形，效果如图3-128所示。选中黄色四边形，按住Alt键将其向右下方拖动，进行移动并复制。继续选中该四边形，在控制栏中设置"不透明度"为40%，效果如图3-129所示。

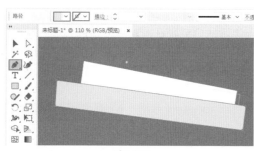

图3-128

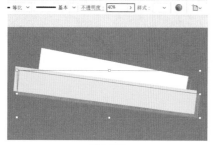

图3-129

08 执行"文件>打开"命令，打开素材"1.ai"，使用"选择工具"选中所有文字，将其复制粘贴到当前文档中，并摆放在合适的位置，如图3-130所示。选中白色矩形上方的文字，多次执行"对象>排列>后移一层"命令，将其放置在黄色矩形后方，效果如图3-131所示。

图3-130　　　　　　图3-131

09 选择工具箱中的"椭圆工具"，在控制栏中设置"填充"为白色、"描边"为无，按住Shift键的同时按住鼠标左键拖动，在画面的合适位置绘制一个正圆形，效果如图3-132所示。选中该正圆形，按住Shift键和Alt键的同时按住鼠标左键向右拖动，进行平移并复制，如图3-133所示。

图3-132

图3-133

10 双击工具箱中的"混合工具"按钮，在弹出的"混合选项"对话框中设置"间距"为"指定的步数"、参数为20、"取向"为"对齐页面"，单击"确定"按钮，如图3-134所示。

图3-134

11 在使用"混合工具"的状态下，单击左、右两个正圆形，得到一连串调和对象，效果如图3-135所示。

图3-135

12 选中调和对象，按住Shift键和Alt键的同时按住鼠标左键向下拖动，进行平移并复制，效果如图3-136所示。

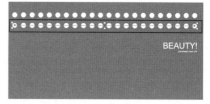

图3-136

13 多次按快捷键Ctrl+D，将调和对象进行平移并复制，效果如图3-137所示。

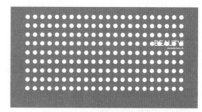

图3-137

14 选中第四行的正圆形混合对象，执行"对象>混合>扩展"命令，然后右击，在弹出的快捷菜单中选择"取消编组"命令，选中最右侧的5个正圆形，如图3-138所示。按Delete键将选中的部分删除，效果如图3-139所示。

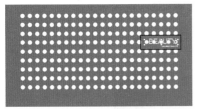

图3-138

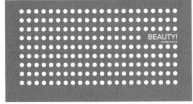

图3-139

15 按住Shift键加选最下方的两行正圆形，在按住Shift键和Alt键的同时按住鼠标左键向上拖动，进行平移并复制，释放鼠标左键，效果如图3-140所示。

图3-140

16 最终效果如图3-141所示。

图3-141

要点速查：认识"混合选项"对话框

双击工具箱中的"混合工具"按钮，弹出"混合选项"对话框，如

图3-142所示。

图3-142

➤ 间距：用于定义对象之间的混合方式，提供了3种混合方式，分别是"平滑颜色""指定的步数"和"指定的距离"。

◆ 平滑颜色：自动计算混合的步骤数。如果对象是使用不同颜色进行的填色或描边，则计算出的步骤数是为实现平滑颜色过渡而取的最佳步骤数；如果对象包含相同的颜色、渐变或图案，则步骤数将根据两个对象定界框边缘之间的最长距离计算得出。

◆ 指定的步数：用来控制在混合开始与混合结束之间的步骤数。

◆ 指定的距离：用来控制混合步骤之间的距离。它是指从一个对象的边缘起到另一个对象相对应的边缘之间的距离。

➤ 取向：用于设置混合对象的方向。选择"对齐页面" ，使混合垂直于页面的X轴；选择"对齐路径" ，使混合垂直于路径。

实例022　使用图表工具制作扁平化信息图

文件路径	第3章\使用图表工具制作扁平化信息图	
难易指数	⭐⭐⭐⭐⭐	
技术掌握	● 饼图工具 ● 路径查找器	扫码深度学习

操作思路

使用"饼图工具" 创建的饼图是以"饼形"扇区的形式表示单数据在全部数据中所占的比例。在数据可视化的操作中，饼图的应用是非常广泛的。饼图能够有效地对信息进行展示，使观者能够清楚地看出各部分与总数的百分比，以及部分与部分之间的对比。在本案例中，使用"饼图工具"在画面中展示各部分的比例。

案例效果

案例效果如图3-143所示。

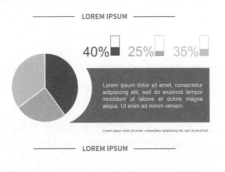

图3-143

操作步骤

01 执行"文件>新建"命令,创建一个A4大小的横向空白文档(其大小为297mm×210mm)。

02 选择工具箱中的"矩形工具" ⬜,在工具箱的底部设置"填色"为亮灰色、"描边"为无,按住鼠标左键在画面中拖动,绘制一个与画板等大的矩形,效果如图3-144所示。

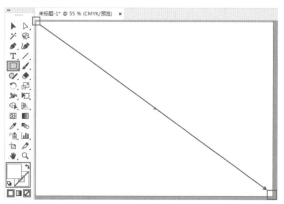

图3-144

03 选择工具箱中的"饼图工具" ⬛,按住鼠标左键拖动,绘制一个饼形,在弹出的面板中输入数值,如图3-145所示。单击"应用"按钮✓确认该操作,饼形图效果如图3-146所示。

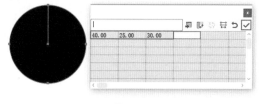

图3-145

图3-146

04 选中饼形图,执行"对象>取消编组"命令,在弹出的对话框中单击"是"按钮,如图3-147所示。

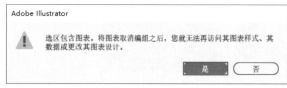

图3-147

05 再次执行"对象>取消编组"命令,此时饼形图被分为3个部分,选择不同的扇形图形,将其填充为不同

的颜色,将"描边"设置为无,并将其向外适当移动,效果如图3-148所示。

图3-148

提示 **如何在不对图表对象取消分组的情况下更改颜色**

绘制完图表对象后,使用"直接选择工具"可以分别选择图表对象的单个部分,然后对其"填充"和"描边"进行设置,如图3-149和图3-150所示。

图3-149

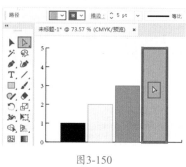

图3-150

06 选择工具箱中的"矩形工具",设置合适的"填色",设置"描边"为无,然后在饼图的右侧绘制一个矩形,效果如图3-151所示。

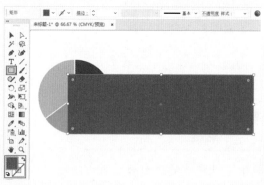

图3-151

07 使用"椭圆工具",按住Shift键的同时在矩形的左侧绘制一个正圆形,效果如图3-152所示。

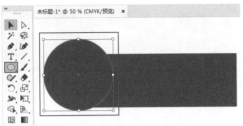

图3-152

08 按住Shift键加选正圆形和矩形,执行"窗口>路径查找器"命令,在弹出的"路径查找器"面板中单击"减去顶层"按钮 ,如图3-153所示。得到一个新的图形,将其放置在饼图的右侧,效果如图3-154所示。

图3-153    图3-154

09 选择工具箱中的"矩形工具",按住鼠标左键拖动,绘制一个矩形,效果如图3-155所示。使用同样的方法,在画面中适当的位置绘制矩形,效果如图3-156所示。

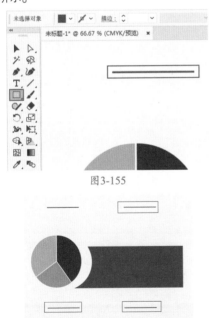

图3-155

图3-156

10 继续使用"矩形工具",在工具箱的底部设置"填色"为无、"描边"为深棕色,在控制栏中设置描边"粗细"为1pt,按住鼠标左键拖动,在画面中适当的位置绘制一个矩形边框,效果如图3-157所示。使用同样的方法,在画面中绘制其他颜色的矩形边框,效果如图3-158

所示。

图3-157

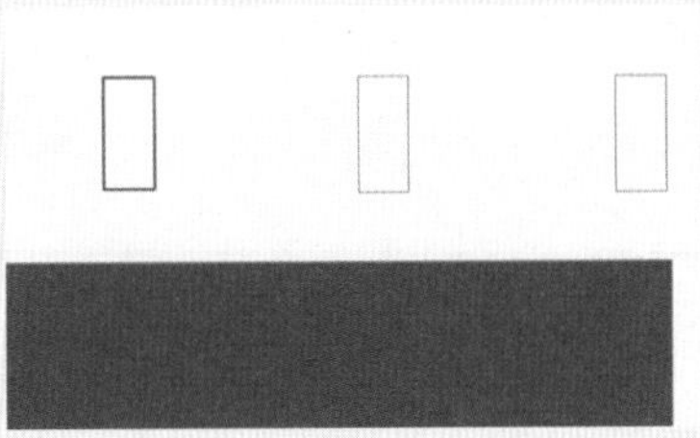

图3-158

11 在使用"矩形工具"的状态下,在工具箱的底部设置"填色"为棕色、"描边"为无,按住鼠标左键拖动,在深棕色边框内部绘制一个矩形,效果如图3-159所示。使用同样的方法,在其他两个矩形边框内部绘制矩形,效果如图3-160所示。

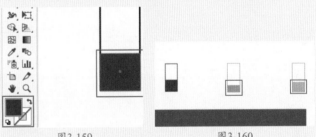

图3-159   图3-160

12 执行"文件>打开"命令,打开素材"1.ai",选中文字,按快捷键Ctrl+C进行复制,切换到当前操作的文档,按快捷键Ctrl+V进行粘贴。最终效果如图3-161所示。

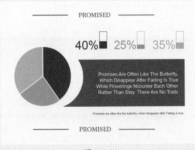

图3-161

要点速查：创建多个饼图

在“数据输入”面板中的每一行为一个饼图。若要创建多个饼图，可以分多行输入数据，如图3-162所示。数据输入完成后，单击“应用”按钮，三组饼图效果如图3-163所示。

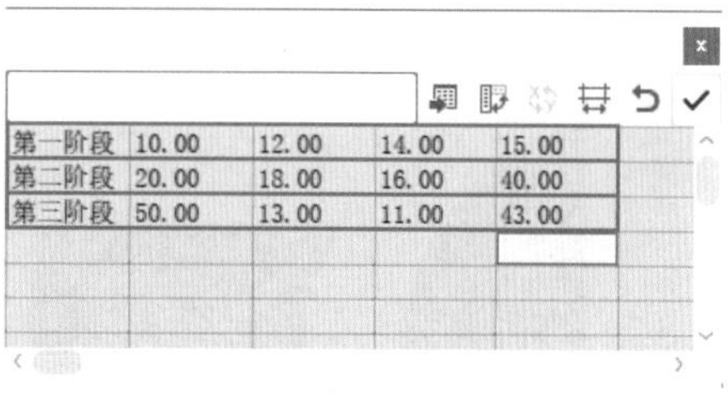

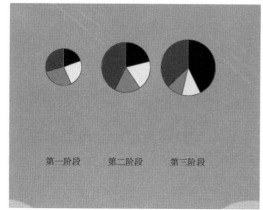

第一阶段	10.00	12.00	14.00	15.00
第二阶段	20.00	18.00	16.00	40.00
第三阶段	50.00	13.00	11.00	43.00

图3-162

图3-163

第 4 章

填充与描边设置

本章概述

在绘制图形时离不开"填充"与"描边"，一个图形的"填充"与"描边"能够以纯色、渐变和图案三种形式进行表现。渐变是十分常用的填充与描边方式，也是本章学习的重点与难点。"渐变"是指用两种或两种以上颜色过渡的效果，在Illustrator中先在"渐变"面板中编辑渐变，然后通过"渐变工具"调整效果。

本章重点

- 掌握"拾色器"对话框的使用方法
- 掌握"渐变"面板的使用方法
- 掌握设置描边属性的方法

实例023　使用单色填充制作商务杂志

文件路径	第4章\使用单色填充制作商务杂志
难易指数	★★★★★
技术掌握	● 拾色器 ● 渐变工具 ● 矩形工具

扫码深度学习

操作思路

在本案例中，主要讲解如何使用"渐变工具"和"渐变"面板制作背景，然后使用"拾色器"对话框为绘制的矩形设置填充颜色。

案例效果

案例效果如图4-1所示。

图4-1

操作步骤

01 执行"文件>新建"命令，创建一个"宽度"为783mm、"高度"为581mm的横向空白文档。

02 选择工具箱中的"矩形工具"，在工具箱的底部单击"填色"按钮，使之置于前面，双击"渐变工具"按钮，在弹出的"渐变"面板中设置"类型"为"径向"渐变，然后编辑一个灰色系的渐变，如图4-2所示。在控制栏中设置"描边"为无，按住鼠标左键拖动，绘制一个与画板等大的矩形，效果如图4-3所示。

图4-2

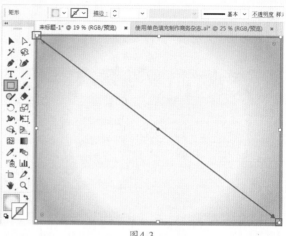

图4-3

03 选择"矩形工具"，在控制栏中设置"填充"为白色、"描边"为无，然后按住鼠标左键拖动，在画面中绘制一个白色的矩形，效果如图4-4所示。

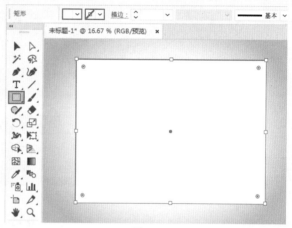

图4-4

04 选中白色矩形，执行"效果>风格化>投影"命令，在弹出的"投影"对话框中设置"模式"为正片叠底、"不透明度"为50%、"X位移"为2.5mm、"Y位移"为2.5mm、"模糊"为1mm，选中"颜色"单选按钮，设置颜色为黑色，单击"确定"按钮，如图4-5所示，此时效果如图4-6所示。

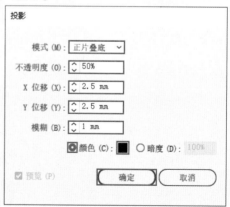

图4-5

图4-6

05 执行"文件>置入"命令,将素材"1.jpg"置入画面。按住鼠标左键拖动,在画面中控制置入对象的大小,释放鼠标左键完成置入操作。在控制栏中单击"嵌入"按钮,将素材嵌入文档,如图4-7所示。

图4-7

06 选择工具箱中的"矩形工具",双击工具箱底部的"填色"按钮,在弹出的"拾色器"对话框中设置合适的颜色,单击"确定"按钮。在工具箱的底部设置"描边"为无,如图4-8所示。按住鼠标左键拖动,在画面中适当的位置绘制一个矩形,效果如图4-9所示。

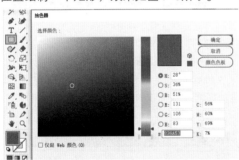

图4-8

图4-9

07 打开素材"2.ai",选中文字,按快捷键Ctrl+C进行复制,切换到当前操作的文档中,按快捷键Ctrl+V进行粘贴,并摆放在合适的位置,最终效果如图4-10所示。

图4-10

要点速查:使用"标准颜色控件"为图形填充纯色

在工具箱的底部可以看到"标准颜色控件",在这里可以将填色和描边设置为纯色、渐变色或者去除填色/描边,如图4-11所示。

图4-11

➤ 填色:双击此按钮,可以使用拾色器选择填充颜色,如图4-12所示。

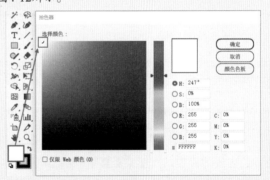

图4-12

➤ 描边:双击此按钮,可以使用拾色器选择描边颜色,如图4-13所示。

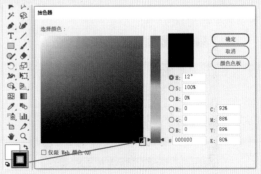

图4-13

➤ 互换填色和描边：单击 ↰（互换填色和描边）按钮，可以在填色和描边之间互换颜色，如图4-14所示。

➤ 默认填色和描边：单击 ⬚（默认填色和描边）按钮，可以恢复默认颜色设置（白色填充和黑色描边），如图4-15所示。

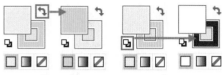

图4-14   图4-15

➤ 颜色：单击□（颜色）按钮，如图4-16所示，可以将上次选择的纯色应用于具有渐变填充或者没有描边或填色的对象。

➤ 渐变：单击▨（渐变）按钮，如图4-17所示，可以将当前选择的填充更改为上次选择的渐变。

➤ 无：单击☑（无）按钮，如图4-18所示，可以删除选定对象的填色或描边。

图4-16   图4-17   图4-18

实例024　设置虚线描边制作摄影画册

文件路径	第4章/设置虚线描边制作摄影画册
难易指数	★★★★★
技术掌握	● 直线段工具 ● 钢笔工具

（扫码深度学习）

操作思路

　　"直线段工具" ╱位于工具箱的上半部分。使用该工具可以轻松绘制任意角度的直线，也可以配合快捷键准确地绘制水平线、垂直线及倾斜45°角的直线。配合描边宽度及描边虚线的设置，"直线段工具"常被用于绘制分割线、连接线、虚线等线条对象。在本案例中，虚线的制作是通过在控制栏中对"虚线"参数的设置来实现的。

案例效果

　　案例效果如图4-19所示。

图4-19

操作步骤

01 执行"文件>新建"命令，创建一个"宽度"为1242px、"高度"为894px的横向空白文档。

02 选择工具箱中的"矩形工具"，在控制栏中设置"填充"为黑色、"描边"为无，然后按住鼠标左键拖动，绘制一个与画板等大的矩形，效果如图4-20所示。使用同样的方法，在画面中绘制一个白色的矩形，效果如图4-21所示。

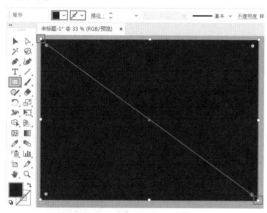

图4-20

图4-21

03 执行"文件>置入"命令，将素材"1.jpg"置入文档。按住鼠标左键拖动，在画面中控制置入对象的大小，释放鼠标左键完成置入操作。在控制栏中单击"嵌入"按钮，将素材嵌入文档，如图4-22所示。

图4-22

04 使用同样的方法，将其他两个图片素材置入文档，并调整合适的大小，效果如图4-23所示。

图4-23

05 选择工具箱中的"钢笔工具"，绘制一个对话框图形，效果如图4-24所示。选中该图形，双击工具箱底部的"填色"按钮，在弹出的"拾色器"对话框中设置颜色为青绿色，单击"确定"按钮。在控制栏中设置"描边"为无，如图4-25所示。此时图形效果如图4-26所示。

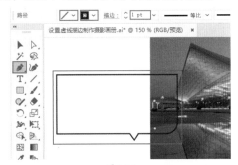

图4-24

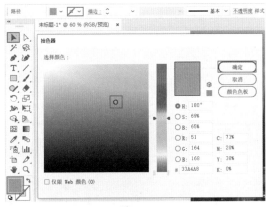

图4-25

图4-26

06 在图形被选中的状态下，执行"对象>路径>偏移路径"命令，在弹出的"偏移路径"对话框中设置"位移"为2px、"连接"为"斜接"、"斜接限制"为4，单

击"确定"按钮，如图4-27所示。在控制栏中设置"填充"为无、"描边"为深青色，然后单击"描边"按钮，在弹出的下拉面板中设置"粗细"为1pt，选中"虚线"复选框，设置"虚线"参数为3pt，效果如图4-28所示。

图4-27

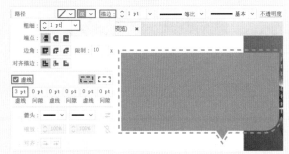

图4-28

07 使用同样的方法，在画面中适当的位置绘制其他图形，效果如图4-29所示。

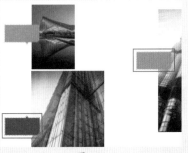

图4-29

08 打开素材"4.ai"，选中需要的文字，按快捷键Ctrl+C将其复制，切换到当前操作的文档中，按快捷键Ctrl+V进行粘贴，并摆放在合适的位置。效果如图4-30所示。

图4-30

09 制作页眉部分。使用"钢笔工具"在白色矩形左上角位置的文字前方绘制一个对话框图形，设置其"填

色"为亮灰色、"描边"为青色的虚线，如图4-31所示。多次执行"对象>排列>后移一层"命令，使该图形位于文字底部，效果如图4-32所示。

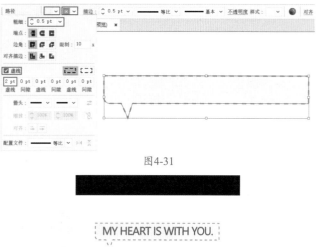

图4-31

图4-32

10 同时选中图形和文字，在按住Shift键和Alt键的同时向右拖动鼠标指针，到合适位置后释放鼠标左键，即可完成平移并复制的操作，效果如图4-33所示。选中此处的对话框图形，执行"对象>变换>镜像"命令，在弹出的"镜像"对话框中选中"垂直"单选按钮，单击"确定"按钮，如图4-34所示。此时图形效果如图4-35所示。

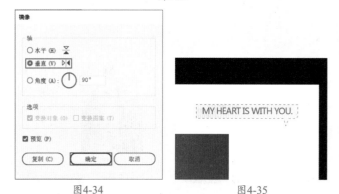

图4-33

图4-34　　　　　　　图4-35

11 选择工具箱中的"直线段工具"，在控制栏中设置"填充"为无、"描边"为深灰色，单击"描边"按钮，在弹出的下拉面板中设置"粗细"为0.5pt，选中"虚线"复

选框，设置参数为2pt，如图4-36所示。设置完成后，按住Shift键的同时按住鼠标左键拖动，在画面的左侧绘制一条虚线，效果如图4-37所示。

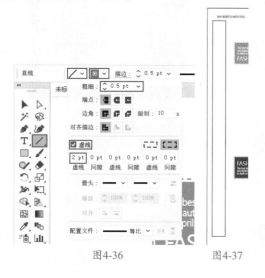

图4-36　　　　　　图4-37

提示**绘制精确长度和角度的直线**

　　使用"直线段工具"在画面中单击（单击的位置将被作为直线段的一个端点），弹出"直线段工具选项"对话框。在该对话框中可以设置线段的长度和角度，如图4-38所示。单击"确定"按钮，即可创建精确的直线，如图4-39所示。如果选中"线段填色"复选框，将以当前的填充颜色对直线填色。

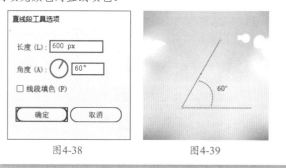

图4-38　　　　　　　图4-39

12 使用同样的方法，在画面中的其他位置绘制虚线，效果如图4-40所示。

图4-40

13 选择工具箱中的"椭圆工具"，在控制栏中设置"填充"为深灰色、"描边"为无，按住Shift键

的同时按住鼠标左键拖动，在画面的左侧绘制一个正圆形，效果如图4-41所示。使用"钢笔工具"在正圆形左侧绘制一个深灰色的三角形，效果如图4-42所示。加选正圆形和三角形，按快捷键Ctrl+G将其进行编组。

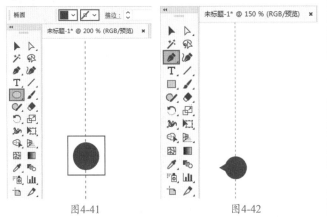

图4-41　　　　　　　　图4-42

14 在打开的素材"4.ai"中选择数字，将其复制并粘贴到当前操作的文档中，并摆放在图形组的前方，如图4-43所示。使用同样的方法，在画面的右侧绘制图形，并将另一个页码数字置于画面合适位置，效果如图4-44所示。

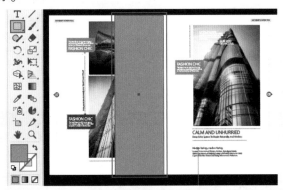

图4-43　　　　　　　　图4-44

15 下面制作杂志的折痕效果。使用"矩形工具"在版面左侧绘制一个矩形，效果如图4-45所示。选择该矩形，单击工具箱底部的"填色"按钮，使之置于前面，然后双击"渐变工具"按钮，在弹出的"渐变"面板中编辑一个由透明到黑色的渐变，效果如图4-46所示。

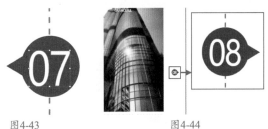

图4-45

图4-46

16 在矩形被选中的状态下，单击控制栏中的"不透明度"按钮，在弹出的下拉面板中设置"混合模式"为"正片叠底"、"不透明度"为80％，如图4-47所示。此时效果如图4-48所示。

图4-47　　　　　　　　图4-48

17 使用同样的方法，再次绘制一个渐变矩形，最终完成效果如图4-49所示。

图4-49

要点速查：编辑描边

　　在绘制图形之前，可以在控制栏中进行描边属性的设置；也可以选中某个图形，然后在控制栏中设置描边的属性。在控制栏中可以设置描边的颜色、描边的粗细、变量宽度配置文件及画笔定义等，如图4-50所示。也可以执行"窗口>描边"命令或按快捷键Ctrl+F10，打开"描边"面板，在这里可以将描边选项应用于整个对象，也可以使用实时上色组为对象内的不同边缘应用不同的描边，如图4-51所示。

艺境

中文版Illustrator矢量图形设计与制作全视频

实践228例 溢彩版

在Illustrator中想要制作虚线效果，可以通过设置描边属性实现。选择绘制的路径，如图4-52所示。在控制栏中单击"描边"按钮，然后在"描边"面板中选中"虚线"复选框，设置数值如图4-53所示。此时线条变为虚线，效果如图4-54所示。

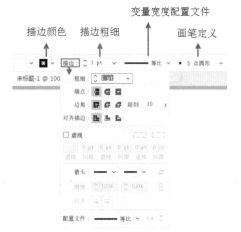

图4-50

图4-51　　　　　　　　图4-52

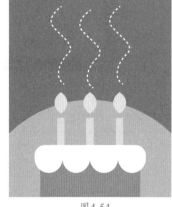

图4-53　　　　　　　　图4-54

可以在"虚线"文本框中输入数值，定义虚线的长度；在"间隙"文本框中输入数值，控制虚线的间隙效果。这里的"虚线"和"间隙"文本框每两个为一组，最多可以输入三组。当输入一组数值时，虚线将只显示这一

组"虚线"和"间隙"的设置；当输入两组数值时，虚线将依次循环显示两组设置，以此类推，可以显示三组设置，如图4-55和图4-56所示。

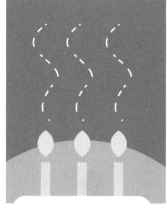

图4-55　　　　　　　　图4-56

选择"保留虚线和间隙的精确长度" ，可以在不对齐的情况下保留虚线的外观效果，如图4-57所示；选择"使虚线与边角和路径终端对齐，并调整到适合长度" ，可让各角的虚线和路径的尾端保持一致并可见，效果如图4-58所示。

图4-57　　　　　　　　图4-58

实例025　使用渐变填充制作产品功能分析图

文件路径	第4章＼使用渐变填充制作产品功能分析图
难易指数	★★★★★
技术掌握	● 网格工具 ● 渐变工具

扫码深度学习

操作思路

在本案例中，首先使用"矩形工具"绘制分析图的底色；然后使用"椭圆工具""圆角矩形工具""直线段工具"制作分析图中的装饰图形；添加图像素材及文字素材；最后使用"透明度"面板制作带有倒影的文字标题。

案例效果

案例效果如图4-59所示。

COMPUTER IN OUR LIFE

图4-59

🎙️操作步骤

01 执行"文件>新建"命令,创建一个A4大小的横向空白文档(其大小为297mm×210mm)。

02 选择工具箱中的"矩形工具",在工具箱的底部双击"填色"按钮,在弹出的"拾色器"对话框中设置颜色为浅灰色,单击"确定"按钮。设置"描边"为无,如图4-60所示。按住鼠标左键拖动,在画面的顶部绘制一个矩形,效果如图4-61所示。

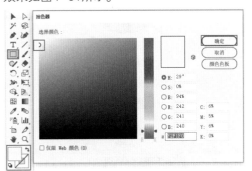

图4-60

图4-61

03 选择工具箱中的"椭圆工具",在控制栏中设置"填充"为无、"描边"为灰色,描边"粗细"为8pt,然后在画面中单击,在弹出的"椭圆"对话框中设置"宽度"为148mm、"高度"为148mm,单击"确定"按钮,如图4-62所示。效果如图4-63所示。

图4-62

图4-63

04 选择工具箱中的"圆角矩形工具",在控制栏中设置"填充"为浅灰色、"描边"为无,然后在画面中单击,在弹出的"圆角矩形"对话框中设置"宽度"为45mm、"高度"为180mm、"圆角半径"为20mm,如图4-64所示,单击"确定"按钮,完成圆角矩形的绘制。选择圆角矩形,按住Shift键将其进行旋转,效果如图4-65所示。

图4-64 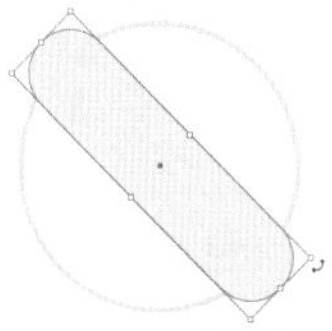   图4-65

05 选中圆角矩形,执行"对象>变换>镜像"命令,在弹出的"镜像"对话框中选中"垂直"单选按钮,单击"复制"按钮,如图4-66所示,此时效果如图4-67所示。

图4-66   图4-67

06 在工具箱中选择"直线段工具",在控制栏中设置"填充"为无、"描边"为灰色、"描边"粗细为1pt,按住Shift键的同时在相应位置绘制直线,效果如图4-68所示。然后按住Shift键的同时在直线上绘制一个正圆形,效果如图4-69所示。

图4-68

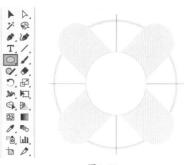

图4-69

07 在画面中添加箭头。执行"窗口>符号库>箭头"命令，弹出"箭头"面板，选择"箭头7"符号，将其拖动到画面中，然后单击控制栏中的"断开链接"按钮，如图4-70所示。将箭头缩小并旋转至合适角度，然后将其填充为灰色，效果如图4-71所示。

08 将箭头进行复制并旋转至合适角度，然后移动到相应位置，效果如图4-72所示。

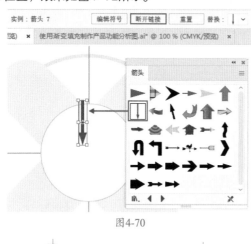

图4-70

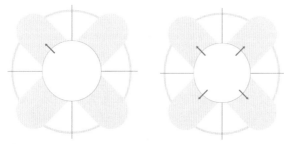

图4-71 图4-72

09 再次绘制一个正圆形。在工具箱的底部单击"填色"按钮，使之置于前面，双击工具箱中的"渐变工具"按钮，在弹出的"渐变"面板中设置"类型"为"线性"渐变，双击渐变色条下方的渐变滑块，在弹出的面板中单击"面板菜单"按钮，在弹出的面板菜单中选择CMYK命令，将颜色设置为橘黄色，如图4-73所示，此时效果如图4-74所示。

10 在渐变色条下方单击添加一个色标，然后双击该色标，使用同样的方法，将其颜色设置为深橘红色，如图4-75所示。此时效果如图4-76所示。

11 双击最右侧的色标，设置其颜色为与最左侧色标相同的橘黄色，此时正圆形的渐变效果如图4-77所示。

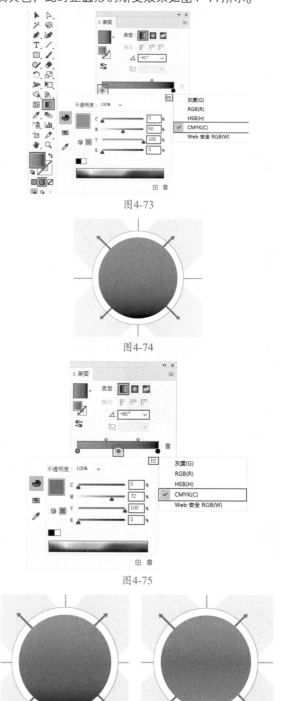

图4-73

图4-74

图4-75

图4-76 图4-77

提示 **更改色标颜色的其他方法**

默认的渐变色是从黑色到白色，通过更改色标颜色，可以重新定义渐变颜色。单击"色标"◉图标，使其处于选中状态，然后双击颜色控制组件中的"填色"按钮，在弹出的"拾色器"对话框中设置颜色,如图4-78所示,单击"确定"按钮,更改色标颜色的效果如图4-79所示。

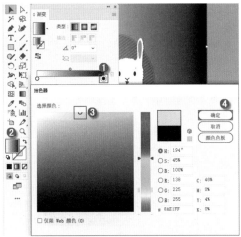

图4-78

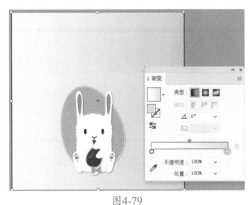

图4-79

12 打开素材"1.ai",然后选择显示器图形,如图4-80所示,按快捷键Ctrl+C进行复制。切换到刚才操作的文档中,按快捷键Ctrl+V进行粘贴,将复制的显示器图形移动到橘黄色系渐变填充的正圆形中,并缩小至合适大小,效果如图4-81所示。

图4-80   图4-81

13 选择"矩形工具",在控制栏中设置"填充"为无、"描边"为橘黄色,然后展开"描边"面板,设置"粗细"为0.3pt,选中"虚线"复选框,设置"虚线"参数为12pt,然后在画面中绘制矩形边框,效果如图4-82所示。

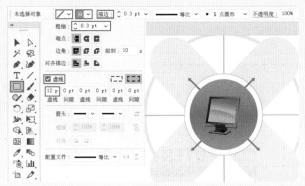

图4-82

14 选择工具箱中的"椭圆工具",在圆角矩形两端绘制正圆形,并设置合适的填充色与渐变色,效果如图4-83所示。将其他素材图形复制到该文档中,并移动到合适位置,效果如图4-84所示。

图4-83   图4-84

15 再次打开素材"1.ai",选中文字,将其复制粘贴到当前操作的文档中,并摆放在合适的位置,效果如图4-85所示。

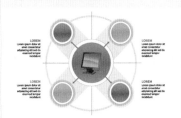

图4-85

16 选择顶部的文字,执行"对象>变换>镜像"命令,在弹出的"镜像"对话框中选中"水平"单选按钮,单击"复制"按钮,如图4-86所示。将文字移动到合适位置,作为文字的倒影,效果如图4-87所示。

图4-86   图4-87

17 使用"矩形工具"在倒影部分的文字上绘制一个矩形，单击工具箱底部的"填色"按钮，使之置于前面，然后双击工具箱中的"渐变工具"按钮，在"渐变"面板中编辑一个由黑色到白色的线性渐变，效果如图4-88所示。同时选中倒影文字和矩形，执行"窗口>透明度"命令，在弹出的"透明度"面板中单击"制作蒙版"按钮，如图4-89所示。

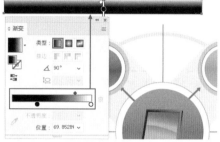

图4-88

图4-89

18 此时所选文字的下半部分变为带有过渡的半透明效果，如图4-90所示。选择文字倒影，设置其"不透明度"为50%，如图4-91所示。最终完成效果如图4-92所示。

图4-90

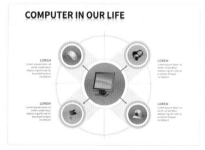

图4-91

图4-92

提示 创建不透明度蒙版

使用不透明度蒙版，既可以创建类似剪切蒙版的遮罩效果，又可以创建带有透明或渐变透明蒙版的遮罩效果。在不透明度蒙版中遵循以下原则：蒙版中的黑色区域，对象相对应的位置为100%透明效果；蒙版中的白色区域，对象相对应的位置为不透明效果；蒙版中的灰色区域，对象相对应的位置为半透明效果，不同级别的灰度为不同级别的透明效果，如图4-93所示。

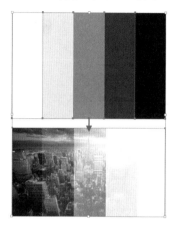

图4-93

要点速查：详解"渐变"面板

在"渐变"面板中可以对渐变的类型、填色、角度、长宽比、不透明度等参数进行设置，如图4-94所示。不仅如此，描边的渐变颜色也是通过"渐变"面板进行编辑的。

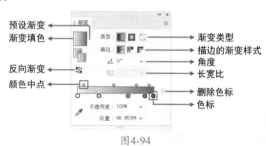

图4-94

> 预设渐变·：位于"渐变填色"按钮的右侧，单击该下拉按钮，可以显示预设的渐变。单击列表底部的"添加到色板"按钮 ，可将当前渐变设置存储为色板。

> 渐变类型：包括"线性"渐变、"径向"渐变、"任意形状"渐变三种渐变类型，如图4-95所示。当选择"线性"渐变时，渐变颜色将按照从一端到另一端的方式进行变化，如图4-96所示；当选择"径向"渐变时，渐变颜色将按照从中心到边缘的方式进行变化，如图4-97所示；当选择"任意形状"渐变时，渐变颜色将以点或线的方式在某个形状中进行颜色变化，通过添加点或线条调整渐变效果，如图4-98所示。

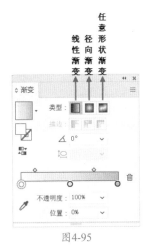

任意形状渐变
径向渐变
线性渐变

图4-95

图4-96

图4-97

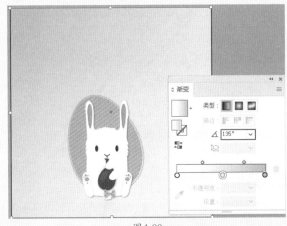

图4-98

> 反向渐变：单击"反向渐变"按钮 ⬚，可以将当前渐变颜色的方向翻转。

> 角度 △/长宽比 ⬚：调整角度数值，可以将渐变颜色进行旋转，如

图4-99所示。当渐变类型为"径向"时，可以通过设置"长宽比"选项更改渐变颜色的角度并使其倾斜，如图4-100所示。

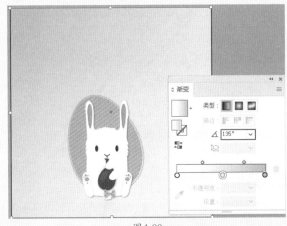

图4-99

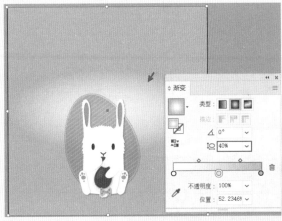

图4-100

> 添加色标：若设置多种颜色的渐变效果，就需要添加色标。将鼠标指针移动至渐变色条的下方，当鼠标指针为形状 时单击即可添加色标，如图4-101所示，然后就可以更改色标的颜色了，如图4-102所示。

图4-101

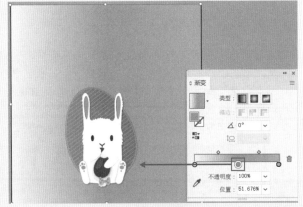

图4-102

> 删除色标：删除色标的方法有两种。先选中需要删除的色标，然后单击"删除色标"按钮 ⬚，即可删除色标，如图4-103所示；也可以按住鼠标左键将需要删除的色标向渐变色条外侧拖动，以删除色标，如图4-104所示。

图4-103　　　　　　　图4-104

> 拖动色标：拖动色标可以更改渐变颜色的变化效果，如图4-105所示。拖动"颜色中点"色标◆，可以更改两种颜色的过渡效果；或者在"位置"文本框中输入介于0%～100%之间的值，如图4-106所示。

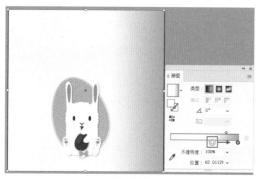

图4-105

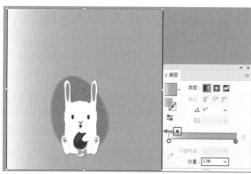

图4-106

> 不透明度：若要更改渐变颜色的不透明度，选中"渐变"面板中的色标，然后在"不透明度"列表框中指定一个数值。如果色标的"不透明度"值小于100%，则颜色在渐变色条中显示为小方格，如图4-107所示。

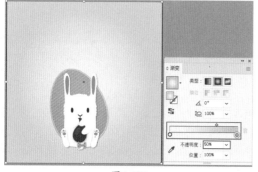

图4-107

实例026	使用渐变制作切割感文字	
文件路径	第4章\使用渐变制作切割感文字	
难易指数	★★★★★	
技术掌握	● 渐变工具 ● "渐变"面板 ● 椭圆工具	Q扫码深度学习

操作思路

在本案例中，使用"变形工具"将文字的路径进行拉伸，再搭配黑、白色的渐变效果，使文字整体呈现切割感，看上去更加逼真、立体。

案例效果

案例效果如图4-108所示。

图4-108

操作步骤

01 执行"文件>新建"命令，创建一个"宽度"为620px、"高度"为880px的竖向空白文档。

02 打开素材"1.ai"，选择工具箱中的"选择工具"，将鼠标指针移动到文字上方单击选中文字，按快捷键Ctrl+C进行复制，切换到当前正在操作的文档中，按快捷键Ctrl+V进行粘贴，效果如图4-109所示。

图4-109

03 选中文字，双击工具箱中的"变形工具"按钮，在弹出的"变形工具选项"对话框中设置"宽度"为50px、"高度"为50px、"角度"为0°、"强度"为50%，选中"细节"复选框，设置参数为2，选中"简化"复选框，设置参数为50，单击"确定"按钮，如图4-110所示。

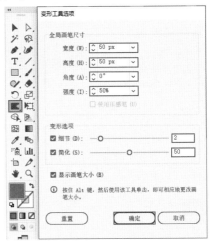

图4-110

04 在使用"变形工具"的状态下，按住鼠标左键在文字的上方拖动，将文字进行变形，效果如图4-111所示。

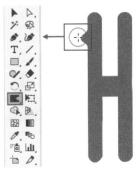

图4-111

05 继续对文字进行变形，效果如图4-112所示。继续对第二行文字进行变形，效果如图4-113所示。变形完成后选择文字，使用快捷键Ctrl+C将其复制，切换到新文档中使用Ctrl+V粘贴，移动到画面中适当的位置。

图4-112　　　　　　图4-113

06 继续复制稍小一些的文字，切换到当前操作的文档中进行粘贴，并移动到画面中合适的位置，效果如图4-114所示。

07 制作文字的切割感。选择工具箱中的"椭圆工具"，按住Shift键的同时按住鼠标左键拖动，绘制一个正圆形。选中该正圆形，单击工具箱底部的"填色"按钮，

使之置于前面，双击"渐变工具"按钮，在弹出的"渐变"面板中设置"类型"为"径向"渐变，然后双击渐变色条右侧的色标，在弹出的面板中设置颜色为白色，设置"不透明度"为0%，使用同样的方法将渐变色条左侧的色标设置为黑色，如图4-115所示。此时正圆形的效果如图4-116所示。

图4-114

图4-115　　　　　　图4-116

08 选择工具箱中的"选择工具"，将正圆形不等比缩小，然后移动到合适位置，效果如图4-117所示。选择"矩形工具"，在半透明椭圆形的下方绘制一个矩形，效果如图4-118所示。

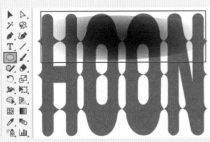

图4-117

图4-118

09 使用"选择工具"同时选中椭圆形和矩形，右击，在弹出的快捷菜单中选择"建立剪切蒙版"命令，效果如图4-119所示。

10 使用同样的方法，在画面中其他适当的位置制作渐变的椭圆形，并将其放置在文字适当位置，形成多个切割的部分。最终完成效果如图4-120所示。

图4-119

图4-120

要点速查：为描边设置渐变颜色

如果要为描边设置渐变颜色，可以选择图形，在颜色控制组件中单击"描边"按钮，将其置于前面；然后单击"渐变"按钮，在"渐变"面板中编辑渐变颜色，如图4-121所示。调整"描边"的渐变效果与调整"填色"的渐变效果相同，这里就不重复讲解了，不同的是，可以设置描边的渐变样式。如图4-122所示为设置不同的渐变样式的描边效果。

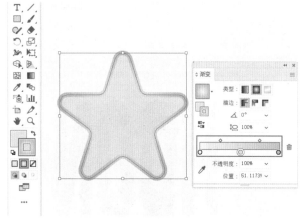
图4-121

在描边中应用渐变　　　沿描边应用渐变　　　跨描边应用渐变
图4-122

实例027　使用图案填充制作音乐网页

文件路径	第4章 \ 使用图案填充制作音乐网页
难易指数	★★★★★
技术掌握	● 色板库 ● 矩形工具 ● 椭圆工具

扫码深度学习

操作思路

在本案例中，将图片素材以正圆形的形式呈现在画面中，然后使用色板库中的图案填充正圆形，制作出带有纹理的装饰效果。

案例效果

案例效果如图4-123所示。

图4-123

操作步骤

01 执行"文件>新建"命令，创建一个"宽度"为1242px、"高度"为1638px的竖向空白文档。

02 选择工具箱中的"矩形工具"，在工具箱的底部双击"填色"按钮，在弹出的"拾色器"对话框中设置颜色为深蓝色，单击"确定"按钮。设置"描边"为无，如图4-124所示。在使用"矩形工具"的状态下，按住鼠标左键从画面的左上角拖动鼠标指针至右下角，绘制一个与画板等大的深蓝色矩形，效果如图4-125所示。

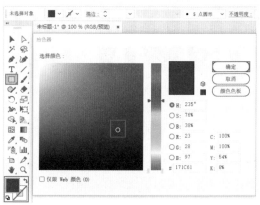
图4-124

图4-125

03 在使用"矩形工具"的状态下，在画面的底部绘制一个黑色的矩形，效果如图4-126所示。选中矩形，在控制栏中设置其"不透明度"为80%。

04 执行"文件>置入"命令，将素材"1.jpg"置入文档，按住鼠标左键在画面中拖动鼠标指针，控制置入对象的大小，释放鼠标左键完成置入操作。在控制栏中单击"嵌入"按钮，将素材嵌入文档，效果如图4-127所示。

图4-126

图4-127

05 选择工具箱中的"椭圆工具"，在控制栏中设置"填充"为白色、"描边"为无，按住Shift键的同时按住鼠标左键拖动，在素材"1.jpg"上绘制一个正圆形，效果如图4-128所示。同时选中白色圆形和素材"1.jpg"，然后右击，在弹出的快捷菜单中选择"建立剪切蒙版"命令，效果如图4-129所示。

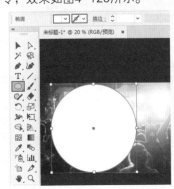

图4-128

图4-129

06 使用同样的方法，在画面中适当的位置置入其他素材并创建剪切蒙版，效果如图4-130所示。

07 选择工具箱中的"椭圆工具"，在画面的右侧绘制一个洋红色正圆，效果如图4-131所示。

图4-130   图4-131

08 按快捷键Ctrl+C进行复制，按快捷键Ctrl+F将正圆形粘贴在前面，将鼠标指针定位在定界框的一角处，同时按住Shift键和Alt键向正圆形内拖动鼠标指针，将其以中心为基点等比缩小，效果如图4-132所示。在工具箱的底部设置该正圆形的"填色"为稍深一些的洋红色，效果如图4-133所示。

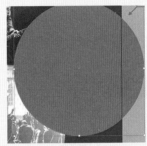

图4-132   图4-133

09 使用同样的方法，再次复制一个正圆形并等比缩小。选择稍小的正圆形，执行"窗口>色板库>图案>基本图形>基本图形_点"命令，在弹出的"基本图形_点"面板中选择"0到50%点阶"图形，如图4-134所示。此时正圆形效果如图4-135所示。

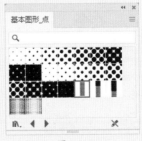

图4-134   图4-135

提示

打开色板库的其他方法

可以在"色板"面板中单击"色板库菜单"按钮，在弹出的菜单中选择库，即可打开相应的色板库，如图4-136所示。

图4-136

10 选择工具箱中的"圆角矩形工具"，在工具箱的底部设置"填色"为粉色、"描边"为无，在右侧粉色正圆形内单击，在弹出的"圆角矩形"对话框中设置"宽度"为345px、"高度"为40px、"圆角半径"为30px，单击"确定"按钮，如图4-137所示，此时效果如图4-138所示。

图4-137

图4-138

11 使用同样的方法，在画面中适当的位置绘制其他颜色的正圆形，然后在控制栏中设置合适的不透明度，并适当调整正圆形的前后排列顺序，效果如图4-139所示。在最下方的蓝色正圆形上置入素材，绘制一个小的正圆形，并创建剪切蒙版，效果如图4-140所示。

图4-139　　　　　　　图4-140

12 使用工具箱中的"矩形工具"在画面上方绘制一个黑色的矩形，接着在控制栏中设置"不透明度"为80%，效果如图4-141所示。

图4-141

13 选择工具箱中的"钢笔工具"，在控制栏中设置"填充"为白色、"描边"为无，设置完成后在画面的左上角绘制一个白色的图形，将其作为标志图形。效果如图4-142所示。

图4-142

14 继续使用"钢笔工具"在标志图形的右侧绘制一个箭头图形，效果如图4-143所示。

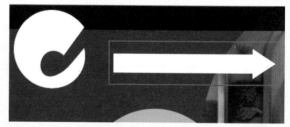

图4-143

15 打开素材"7.ai"，依次选择文字，按快捷键Ctrl+C进行复制，切换到当前操作的文档，按快捷键Ctrl+V进行粘贴，摆放在画面中适当的位置，效果如图4-144所示。

图4-144

16 选择工具箱中的"矩形工具"，在控制栏中设置"填充"为白色、"描边"为无，在画面顶部的文字中间拖动，绘制一个白色长条矩形作为分割线，效果如图4-145所示。继续绘制矩形，最终完成效果如图4-146所示。

图4-145

图4-146

要点速查：使用"色板"面板设置颜色

在控制栏中单击"填充"或者"描边"按钮，在其下方弹出的面板其实就是一个简化的"色板"面板，其功能几乎完全一样。执行"窗口>色板"命令，弹出"色板"面板，如图4-147所示。

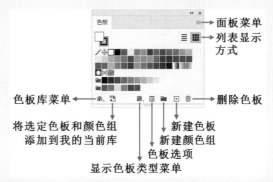

图4-147

在设置颜色之前，首先需要在"色板"面板中选择需要设置的是"填充"还是"描边"。在面板左上角单击"填色"按钮，使其处于前方，如图4-148所示，此时设置的就是填充颜色，然后在面板下方选择色块；在面板左上角单击"描边"按钮，使其处于前方，如图4-149所示，此时设置的就是描边颜色，然后在面板下方选择色块。

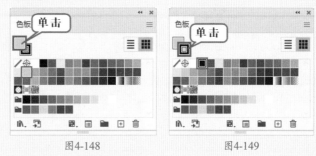

图4-148　　　　　　　　图4-149

1. 使用"色板"面板设置颜色

"色板"面板的使用方法非常简单。以设置"填充"颜色为例，首先选中图形，如图4-150所示。

在"色板"面板中单击"填色"按钮，然后单击下方的色板色块，如图4-151所示，即可为该图形设置合适的填充颜色，如图4-152所示。

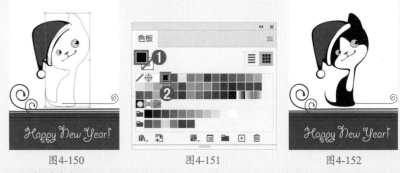

图4-150　　　　　　图4-151　　　　　　图4-152

2. 新建色板

首先需要设置合适的填充颜色，然后单击"新建色板"按钮 或者单击面板菜单按钮 ，在弹出的面板菜单中选择"新建色板"命令，如图4-153所示。在弹出的"新建色板"对话框中，可以设置色板名称、颜色类型，还可以重新定义颜色，单击"确定"按钮，如图4-154所示，完成新建色板的操作。

第**4**章　填充与描边设置

图4-153

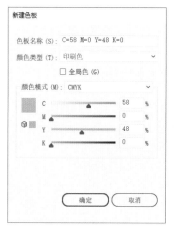

图4-154

3. 载入其他文件中的色板

如果预设的色板库无法满足使用需求，还可以载入外部的色板。执行"窗口>色板库>其他库"命令，在弹出的

对话框中可以选择其他色板文件，单击"打开"按钮，如图4-155所示。然后以单独的面板打开该文件中的色板，如图4-156所示。

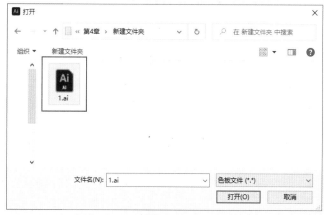

图4-155

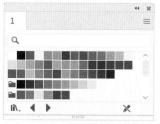

图4-156

第5章

文字

本章概述

　　文字既能传递信息，又是重要的装饰手段，因此，文字在设计作品中占有重要的地位。在本章中将学习如何使用文字工具组中的工具去创建点文字、段落文字、区域文字和路径文字。在文字创建完成后，可以使用"字符"面板和"段落"面板编辑文字属性。

本章重点

- 掌握点文字的输入方法
- 掌握段落文字的输入方法
- 掌握路径文字的输入方法
- 掌握区域文字的输入方法
- 掌握"字符"面板和"段落"面板的设置方法

实例028 中式古风感标志设计

文件路径	第5章\中式古风感标志设计
难易指数	★★★★★
技术掌握	● 画笔工具 ● 文字工具

扫码深度学习

操作思路

在本案例中，主要利用"画笔工具"配合"画笔库"中合适类型的画笔，绘制标志的图形部分，并使用"文字工具"添加标志的文字信息。

案例效果

案例效果如图5-1所示。

图5-1

操作步骤

01 新建一个A4（210mm×297mm）大小的横向空白文档。选择工具箱中的"画笔工具" ，执行"窗口>画笔库>艺术效果>艺术效果_油墨"命令，在弹出的"艺术效果_油墨"面板中选择一种合适的画笔类型，如图5-2所示。在工具箱的底部设置"填色"为无、"描边"为土黄色，在控制栏中设置描边"粗细"为1pt。按住鼠标左键在画面中拖动鼠标指针，绘制一个类似于山形的图形，效果如图5-3所示。

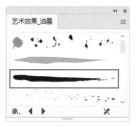

图5-2

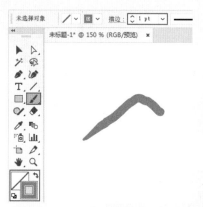

图5-3

02 执行"窗口>画笔库>艺术效果>艺术效果_水彩"命令，在弹出的"艺术效果_水彩"面板中选择一种合适的画笔类型，如图5-4所示。继续使用"画笔工具"，在控制栏中设置"描边"为深浅不同的土黄色、描边"粗细"为1pt。拖动鼠标指针进行绘制，填充山形图形的下半部分，效果如图5-5所示。

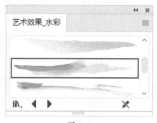

图5-4

图5-5

03 执行"窗口>画笔库>艺术效果>艺术效果_粉笔炭笔铅笔"命令，在弹出的"艺术效果_粉笔炭笔铅笔"面板中选择一种合适的画笔类型，如图5-6所示。选择工具箱中的"画笔工具"，设置"填色"为无、"描边"为绿色，在控制栏中设置描边"粗细"为1pt。按住鼠标左键在画面中拖动鼠标指针，绘制一个绿色的山形图形，效果如图5-7所示。

图5-6

图5-7

提示 扩展外观

使用"画笔工具"虽然能够得到类似毛笔笔触的效果，但是当前看到的图形只是路径的描边，并不能够对笔触边缘的形态进行调整。如果想要对描边进行调整，可以执行"对象>扩展外观"命令，该部分的描边就变为实体的图形，如图5-8所示。

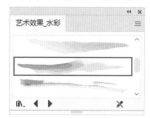

图5-8

04 执行"窗口>画笔库>艺术效果>艺术效果_水彩"命令，在弹出的"艺术效果_水彩"面板中选择一种合适的画笔类型，如图5-9所示。使用"画笔工具"绘制，得到不同颜色的笔触效果，如图5-10所示。

图5-9

图5-10

05 标志中其他图形的绘制方法相同。根据上述操作，变换颜色，逐一绘制其他图形，并进行排列，效果如图5-11所示。

图5-11

巧用渐变色块营造空间感

标志的主体图形虽然色调比较简单，但是颜色并不单一，构成山峦和水流的都是不同明度的色块，既丰富了视觉感受，又通过明度的变化营造出空间感，如图5-12和图5-13所示。

图5-12

图5-13

06 下面为画面添加文字。选择工具箱中的"文字工具"，在画面中单击插入光标，按Delete键删除占位符，在工具箱的底部设置"填色"为深绿色、"描边"为无，在控制栏中设置合适的字体、字号，然后输入文字，按快捷键Ctrl+Enter确认输入操作完成，如图5-14所示。

07 继续使用"文字工具"，在画面中适当的位置输入文字并设置参数，效果如图5-15所示。

图5-14

图5-15

08 选择工具箱中的"矩形工具"，设置"填色"为墨绿色、"描边"为无，在文字与文字之间绘制一个细长的矩形，效果如图5-16所示。选中该矩形，按住Shift键和Alt键的同时向右拖动鼠标指针，进行平移并复制，效果如图5-17所示。

09 将矩形再复制一份作为分割线，最终完成效果如图5-18所示。

图5-16

图5-17

图5-18

实例029 使用文字工具制作创意文字版式

文件路径	第5章\使用文字工具制作创意文字版式
难易指数	★★★★★
技术掌握	● 文字工具 ● 椭圆工具 ● 钢笔工具

🔍 扫码深度学习

💡 操作思路

"文字工具"是Illustrator中最常用的创建文字的工具。使用该工具，可以按照横排的方式，由左至右进行文字的输入。在本案例中，使用"文字工具"在画面中输入文字。

🖱 案例效果

案例效果如图5-19所示。

图5-19

🎤 操作步骤

01 新建一个"宽度"为316px、"高度"为436px的空白文档。选择工具箱中的"椭圆工具"，在工具箱的底部双击"填色"按钮，在弹出的"拾色器"对话框中设置颜色为绿色，单击"确定"按钮。设置"描边"为无，如图5-20所示。在使用"椭圆工具"的状态下，按住Shift键的同时按住鼠标左键进行拖动，绘制一个正圆形，效果如图5-21所示。

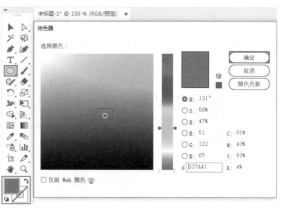

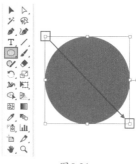

图5-20　　　　　　　　　　　图5-21

02 双击工具箱中的"变形工具"按钮 ，在弹出的"变形工具选项"对话框中设置"宽度"为20px、"高度"为20px、"角度"为0°、"强度"为80%，选中"细节"复选框，设置参数为2，选中"简化"复选框，设置参数为50，单击"确定"按钮，如图5-22所示。按住鼠标左键在正圆形的边缘处拖动鼠标指针，将圆形进行变形，释放鼠标左键，效果如图5-23所示。

03 使用同样的方法，按住鼠标左键在正圆形的边缘处拖动鼠标指针，继续进行变形操作，效果如图5-24所示。

图5-22　　　　　　　　图5-23　　　　　　　图5-24

04 选择工具箱中的"文字工具"，在正圆形中单击插入光标，按Delete键删除占位符，在控制栏中设置"填充"为白色，设置合适的字体、字号，然后输入文字，按快捷键Ctrl+Enter确认输入操作完成，如图5-25所示。选择工具箱中的"修饰文字工具"，然后在字母"P"上单击，按住鼠标左键拖动定界框顶部的控制点，将字母进行旋转，并在控制栏中更改合适的字号，效果如图5-26所示。

图5-25　　　　　　　　　　图5-26

05 使用"修饰文字工具"对另外三个字母进行调整，效果如图5-27所示。继续输入其他文字，然后调整文字的位置，效果如图5-28所示。

图5-27　　　　　　图5-28

06 继续使用"文字工具"，设置"填色"为深绿色，在正圆形的下方输入文字，并进行旋转，效果如图5-29所示。

图5-29

07 继续使用"文字工具"，在正圆形的左上方单击插入光标，按Delete键删除占位符，在控制栏中设置"描边"为白色、描边"粗细"为1pt，设置合适的字体、字号，然后输入文字，效果如图5-30所示。在使用"文字工具"的状态下，选中字母"S"，在控制栏中设置字号为80pt，按快捷键Ctrl+Enter确认输入操作完成，效果如图5-31所示。

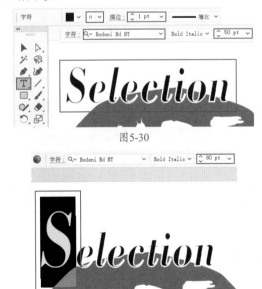

图5-30

图5-31

08 使用工具箱中的"选择工具"选中文字部分，将鼠标指针定位到定界框以外，当鼠标指针变为带有弧度的双箭头时，按住鼠标左键拖动，效果如图5-32所示。

图5-32

09 选择工具箱中的"钢笔工具"，在控制栏中设置"填充"为红色、"描边"为无，沿着文字的轮廓绘制一个图形，效果如图5-33所示。右击，在弹出的快捷菜单中选择"排列>后移一层"命令，将红色图形移动到文字后面，此时效果如图5-34所示。

10 使用"选择工具"选中文字部分，然后在工具箱的底部设置"填色"为白色，此时效果如图5-35所示。

图5-33

图5-34 　　　　　　图5-35

11 执行"文件>置入"命令，将素材"1.png"置入文档。按住鼠标左键在画面中适当的位置拖动鼠标指针，控制置入对象的大小，释放鼠标左键完成置入操作，将素材进行旋转。在控制栏中单击"嵌入"按钮，将素材嵌入文档，如图5-36所示。

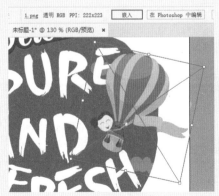

图5-36

12 选择工具箱中的"钢笔工具"，在工具箱的底部设置"填色"为绿色、"描边"为无，在画面的底部绘制一个图形，效果如图5-37所示。最终完成效果如图5-38所示。

图5-37   图5-38

图5-41

要点速查：更改英文字母的大小写

在制作包含英文字母的文档时，可以使用命令快速调整字母的大小写。选择要更改大小写的字符或文字对象，执行"文字>更改大小写"命令，子菜单中包括"大写""小写""词首大写"和"句首大写"4个命令，选择合适的命令即可快速更改所选英文字母的大小写，效果如图5-39和图5-40所示。

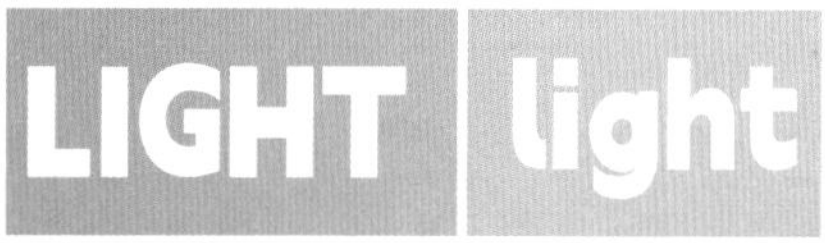

The fish in the water is silent, the animal on the earth is noisy,the bird in the air is singing.
But man has in him the silence of the sea, the noise of the earth and The music of the air.

句首大写

LIGHT light

大写   小写

图5-39

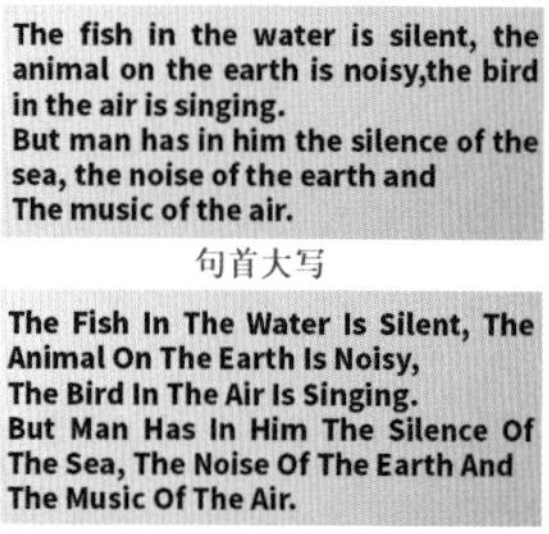

The Fish In The Water Is Silent, The Animal On The Earth Is Noisy, The Bird In The Air Is Singing.
But Man Has In Him The Silence Of The Sea, The Noise Of The Earth And The Music Of The Air.

词首大写

图5-40

实例030	旋转文字制作倾斜版式
文件路径	第5章\旋转文字制作倾斜版式
难易指数	★★★★★
技术掌握	● 文字工具 ● 渐变工具 ● 矩形工具 ● 椭圆工具

🔍扫码深度学习

操作思路

在本案例中，通过将文字和素材的角度进行旋转，制作出倾斜的效果。具体操作是，首先使用"文字工具"将文字输入画面，然后将素材置入画面，最后使用"选择工具"选中文字和素材，并调整其角度。

案例效果

案例效果如图5-41所示。

操作步骤

01 新建一个"宽度"为658mm、"高度"为929mm的空白文档。选择工具箱中的"矩形工具"，在工具箱的底部单击"填色"按钮，使之置于前面，然后双击工具箱中的"渐变工具"按钮，在弹出的"渐变"面板中设置"类型"为"线性"渐变、"角度"为-123°，在面板底部编辑一个紫色到黄色的渐变，设置"描边"为无，如图5-42所示。按住鼠标左键拖动，绘制一个与画板等大的矩形，效果如图5-43所示。

图5-42

图5-43

02 选择工具箱中的"文字工具"，在画面的上方单击插入光标，按

Delete键删除占位符，在控制栏中设置"填充"为白色、"描边"为白色、描边"粗细"为15pt，设置合适的字体、字号，然后输入文字，按快捷键Ctrl+Enter确认输入操作完成，效果如图5-44所示。

图5-44

03 使用工具箱中的"选择工具"选中文字部分，然后双击工具箱中的"旋转工具"按钮，在弹出的"旋转"对话框中设置"角度"为30°，单击"确定"按钮，如图5-45所示，此时文字的旋转效果如图5-46所示。

04 使用同样的方法，在画面中其他适当的位置输入文字并旋转30°，效果如图5-47所示。

图5-45

图5-46　　　　　　　图5-47

> **提示**
> **将横排文字转换为直排文字**
>
> 执行"文字>文字方向"命令，可以更改文字的排列方向。例如，选择横排文字，执行"文字>文字方向>垂直"命令，文字即可变为直排。

05 选择工具箱中的"矩形工具"，在控制栏中设置"填充"为白色、"描边"为无，按住鼠标左键拖动，绘制一个白色的矩形，效果如图5-48所示。将矩形旋转

30°，多次执行"对象>排列>后移一层"命令，将矩形移动到文字的后面，然后适当地调整矩形的位置，效果如图5-49所示。

图5-48

图5-49

06 继续使用"矩形工具"，在控制栏中设置"填充"为无、"描边"为白色、描边"粗细"为4pt，按住鼠标左键在画面的右侧拖动鼠标指针，绘制一个矩形边框，效果如图5-50所示。使用工具箱中的"选择工具"选中白色的矩形边框，并将其旋转30°，效果如图5-51所示。

图5-50

图5-51

07 选择工具箱中的"直线段工具"，在控制栏中设置"填充"为无、"描边"为白色、描边"粗细"为

4pt，按住鼠标左键在文字的右侧拖动鼠标指针，绘制一条直线，效果如图5-52所示。按住Alt键拖动鼠标指针，将直线复制并移动到左侧，效果如图5-53所示。

图5-52

图5-53

08 使用"文字工具"在画面中适当的位置再次输入文字，并调整到合适的角度，效果如图5-54所示。也可以在输入全部文字之后统一进行旋转操作，但是有可能由于无法控制输入文字的数量，而导致部分文字超出画面区域。

图5-54

09 执行"文件>置入"命令，将素材"1.png"置入文档，按住鼠

标左键在画面中拖动，控制置入对象的大小，释放鼠标左键完成置入操作。将素材进行旋转以调整其角度和位置，调整完成后，在控制栏中单击"嵌入"按钮，将素材嵌入文档，效果如图5-55所示。

10 选择工具箱中的"椭圆工具"，在控制栏中设置"填充"为白色、"描边"为无，按住鼠标左键在画面的右下角拖动，绘制一个白色的椭圆形，效果如图5-56所示。使用"文字工具"在白色椭圆形中输入深蓝色的文字，效果如图5-57所示。

11 最终完成效果如图5-58所示。

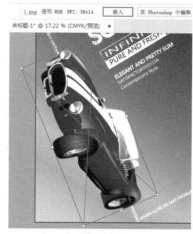

图5-55

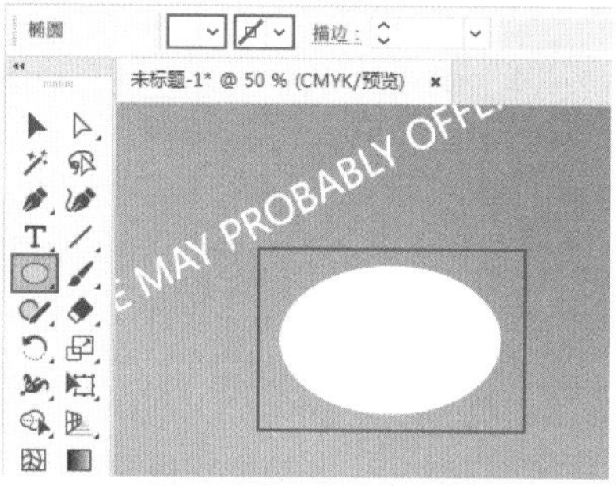

图5-56

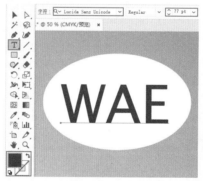

图5-57

图5-58

提示 文本溢出

如果输入的区域文字超出区域的容许量，则靠近区域底部的位置会出现一个内含加号（+）的小方块。段落文字、路径文字也是一样，一旦文字过多无法完全显示，可以通过调整文本框或者路径的形态来扩大文字的显示范围，或者删除部分文字，也可以采用更改文字大小或间距等的方法，避免文字溢出问题的发生。

实例031 使用路径文字制作海报

文件路径	第5章\使用路径文字制作海报
难易指数	⭐⭐⭐⭐⭐
技术掌握	● 路径文字 ● 文字工具

🔍扫码深度学习

操作思路

使用"路径文字工具"可以将普通路径转换为文字路径，然后在文字路径上输入和编辑文字，输入的文字将沿着路径形状进行排列。"路径文字工具"常被用于制作特殊形状的沿路径排列的文字效果。在本案例中，使用路径文字对画面进行修饰。

案例效果

案例效果如图5-59所示。

图5-59

操作步骤

01 新建一个"宽度"为1200px、"高度"为1600px的空白文档。置入素材"1.jpg"，在控制栏中单击"嵌入"按钮，将素材嵌入文档，如图5-60所示。

图5-60

02 选择工具箱中的"矩形工具"，在素材"1.jpg"上绘制一个与画板等大的矩形，效果如图5-61所示。使用"选择工具"加选矩形与素材"1.jpg"，右击，在弹出的快捷菜单中选择"建立剪切蒙版"命令，效果如图5-62所示。

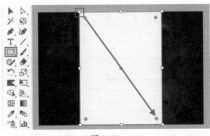

图5-61

图5-62

03 选择工具箱中的"文字工具"，在画面的上方单击插入光标，按Delete键删除占位符，双击工具箱底

部的"填色"按钮，在弹出的"拾色器"对话框中设置颜色为紫色，单击"确定"按钮，设置"描边"为无，如图5-63所示。在控制栏中设置合适的字体、字号，然后输入文字，按快捷键Ctrl+Enter确认输入操作完成，效果如图5-64所示。

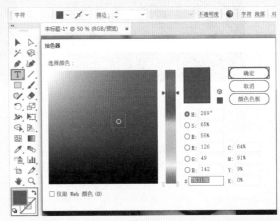

图5-63

图5-64

04 使用同样的方法，设置合适的字体、字号，在画面的下方输入白色的文字，效果如图5-65所示。

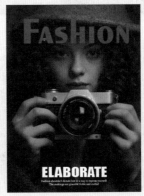

图5-65

05 选择工具箱中的"钢笔工具"，在控制栏中设置"填充"为无、"描边"为红色、描边"粗细"为1pt，在画面的左侧由左向右绘制一条路径，效果如图5-66所示。选择工具箱中的"路径文字工具"，将鼠标指针移动到路径上方，当鼠标指针变为时单击，删除占位符，在控制栏中设置"填充"为白色、"描边"为无，选择合适的字体、字号，然后输入文字，按快捷键Ctrl+Enter确认输入操作完成，效果如图5-67所示。

图5-66　　　　　　　　　图5-67

06 使用同样的方法，在画面中输入其他路径文字，效果如图5-68所示。

07 选择工具箱中的"椭圆工具"，在控制栏中设置"填充"为白色、"描边"为无，按住Shift键的同时按住鼠标左键进行拖动，绘制一个白色的正圆形，效果如图5-69所示。使用工具箱中的"选择工具"选中正圆形，单击鼠标右键，在弹出的快捷菜单中选择"排列>后移一层"命令，将正圆形向后移动一层，多次执行该命令，将正圆形移动至紫色文字的后面，效果如图5-70所示。

08 使用"文字工具"在正圆形中输入文字，最终完成效果如图5-71所示。

图5-68　　　　　　　　　图5-69

图5-70　　　　　　　　　图5-71

要点速查：路径文字的使用方法

首先绘制一条路径，效果如图5-72所示。在文字工具组上单击鼠标右键，在弹出的工具列表中选择"路径文字工具"，如图5-73所示，然后将鼠标指针移动至路径上，当鼠标指针变为I形状时单击，之后会显示占位符。可以在控制栏中对字体、字号等参数进行设置，设置完毕后，可以更改文字的内容，输入的文字会自动沿路径排列，效果如图5-74所示。

图5-72

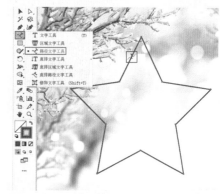

图5-73

图5-74

选择路径文字对象，执行"文字>路径文字>路径文字选项"命令，弹出"路径文字选项"对话框。在"效果"下拉列表框中选择需要的选项，单击"确定"按钮，如图5-75所示。如图5-76所示为各种路径文字效果。

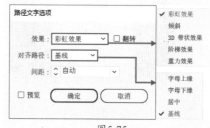

图5-75

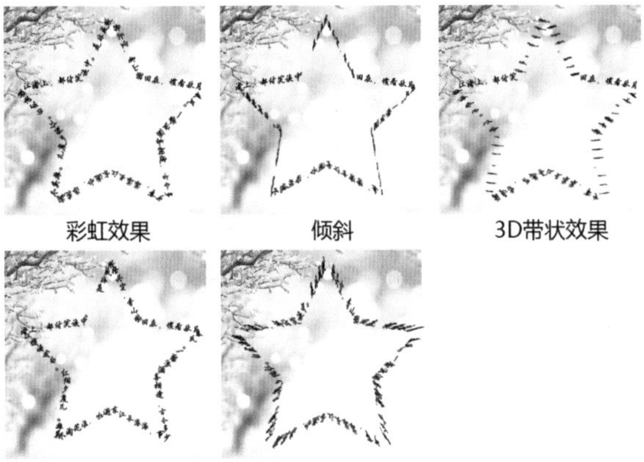

彩虹效果 倾斜 3D带状效果

阶梯效果 重力效果

图5-76

将鼠标指针移动至路径文字的起点位置，当鼠标指针变为↳形状时，按住鼠标左键拖动鼠标指针，可以调整路径文字的起点位置，效果如图5-77所示。将鼠标指针移动至路径文字的终点位置，当鼠标指针变为↳形状时，按住鼠标左键拖动鼠标指针可以调整路径文字的终点位置，效果如图5-78所示。

图5-77 图5-78

选择工具箱中的"直排路径文字工具"，将鼠标指针移动到路径上单击，如图5-79所示，文字会在路径上竖向排列，文字效果如图5-80所示。

图5-79

图5-80

实例032　创建区域文字制作摄影画册

文件路径	第5章\创建区域文字制作摄影画册	
难易指数	⭐⭐⭐⭐⭐	
技术掌握	● 区域文字 ● 文字工具 ● 自由变换工具	🔍扫码深度学习

💡操作思路

"区域文字"与"段落文字"较为相似，都是被限定在某个特定的区域内。"段落文字"处于一个矩形的文本框内，而"区域文字"的外框则可以是任意图形。在本案例中，区域文字的制作就是先绘制一个文本框，然后将文字输入文本框中，再将文本框进行变形。

🖱案例效果

案例效果如图5-81所示。

图5-81

🎤操作步骤

01 新建一个"宽度"为582px、"高度"为231px的横向空白文档。选择工具箱中的"矩形工具"，设置"填色"为灰色、"描边"为无，拖动鼠标指针，绘制一个与画板等大的矩形，效果如图5-82所示。

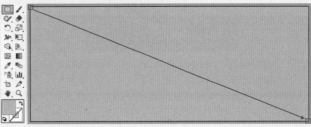

图5-82

02 使用同样的方法，在画面的右侧绘制一个浅灰色的矩形，如图5-83所示。

图5-83

03 选中浅灰色矩形，执行"效果>风格化>投影"命令，在弹出的"投影"对话框中设置"模式"为"正常"、"不透明度"为60%、"X位移"为-10px、"Y位移"为6px、"模糊"为10px，选中"颜色"单选按钮，设置颜色为黑色，单击"确定"按钮，如图5-84所示，此时效果如图5-85所示。

图5-84　　　　　　　　　　图5-85

04 选中右侧矩形，按住Shift键和Alt键的同时向左拖动鼠标指针，进行平移并复制，效果如图5-86所示。

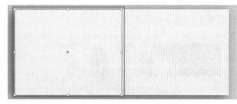

图5-86

05 置入素材"1.jpg"，单击控制栏中的"嵌入"按钮，效果如图5-87所示。

图5-87

06 选择工具箱中的"自由变换工具"，在弹出的隐藏工具组中单击"自由变换"按钮。将鼠标指针定位到定界框顶部中心位置的控制点处，然后按住鼠标左键向右拖动进行变形，效果如图5-88所示。

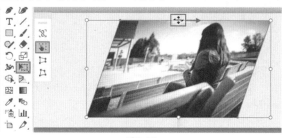

图5-88

07 选择工具箱中的"矩形工具"，设置"填色"为黑色、"描边"为无，在画面的左上角绘制一个黑色矩形，效果如图5-89所示。选择工具箱中的"直接选择工具" ，单击黑色矩形右下角控制点将其选中，然后向左拖动，将矩形变换为梯形，效果如图5-90所示。

08 使用同样的方法，在画面的右下角绘制一个橘黄色的矩形并进行变形，效果如图5-91所示。

图5-89

图5-90　　　　　　　　　图5-91

09 选择工具箱中的"文字工具"，设置"填色"为橘黄色、"描边"为无，在控制栏中设置合适的字体、字号，然后输入文字，按快捷键Ctrl+Enter确认输入操作完成，效果如图5-92所示。

图5-92

10 选择"文字工具"，在橘黄色文字的下方拖动绘制一个文本框，设置合适的字体、字号，在文本框内输入白色的文字，效果如图5-93所示。使用"直接选择工具" ▷ ，单击文本框右下角的控制点并进行拖动，将文本框进行变形，效果如图5-94所示。

11 使用同样的方法，在右侧橘黄色四边形中输入文字，效果如图5-95所示。

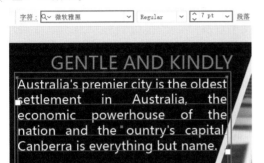

图5-93

图5-94　　　　　　　　图5-95

12 选择工具箱中的"矩形工具"，单击"填色"按钮，使之置于前面，然后双击工具箱中的"渐变工具"按钮，在弹出的"渐变"面板中设置"类型"为"线性"渐变、"角度"为0°，在面板底部编辑一个由白到黑的渐变，设置"描边"为无，如图5-96所示。在使用"矩形工具"的状态下，在画面的左侧绘制一个矩形，效果如图5-97所示。

图5-96　　　　　　　　图5-97

13 在控制栏中单击"不透明度"按钮，在弹出的下拉面板中设置"混合模式"为"正片叠底"、"不透明度"为40%，如图5-98所示，此时的效果如图5-99所示。

14 使用同样的方法，在画面的右侧绘制渐变效果，最终完成效果如图5-100所示。

图5-98　　　　　　　　图5-99

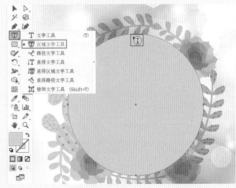

图5-100

要点速查：使用区域文字工具创建文本

1. 在形状中创建文字

首先绘制一条闭合路径，可以是圆形、矩形、星形等。在文字工具组上右击，在弹出的工具列表中选择"区域文字工具" ⊤ 。将鼠标指针移动至图形路径内部，鼠标指针会变为 ① 形状，如图5-101所示。

图5-101

在路径内部单击，此时会显示占位符，如图5-102所示。可以删除占位符，在控制栏中更改字体、字号等参数，输入文字，效果如图5-103所示。

图5-102　　　　　　　　图5-103

2. 调整文本区域的大小

改变区域文字的文本框形状，可以同时改变文字对象的排列方式。使用"选择工具" ▶ 对文本框进行缩放，可以使文字区域发生形变，如图5-104所示。使用"直接选择工具" ▷ 拖动锚点，也可以对文本框进行变形，如图5-105所示。

图5-104

图5-105

3. 设置区域文字选项

选择文字对象，然后执行"文字>区域文字选项"命令，在弹出的"区域文字选项"对话框中进行相应的设置，如图5-106所示。

图5-106

- ➤ 宽度/高度：确定对象边框的尺寸。
- ➤ 数量：指定希望对象包含的行数和列数。
- ➤ 跨距：指定单行高度和单列宽度。
- ➤ 固定：确定调整文字区域大小时行高和列宽的变化情况。选中此选项后，若调整区域大小，只会更改行数和栏数。
- ➤ 间距：指定行间距或列间距。
- ➤ 内边距：可以控制文本和边框路径之间的边距，如图5-107所示。

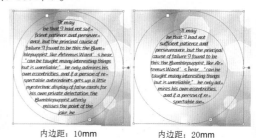

内边距：10mm　　　内边距：20mm

图5-107

- ➤ 首行基线：选择"字母上缘"选项，字符的高度降到文字对象顶部之下；选择"大写字母高度"选项，大写字母的顶部触及文字对象的顶部；选择"行距"选项，以文本的行距值作为文本首行基线和文字对象顶部之间的距离；选择"x高度"选项，字符的高度降到文字对象顶部之下；选择"全角字框高度"选项，亚洲字体中全角字框的顶部触及文字对象的顶部。
- ➤ 最小值：指定文本首行基线与文字对象顶部之间的距离。
- ➤ 水平对齐方式：选择"顶"选项，字符将沿着边框顶部对齐；选择"居中"选项，字符将位于边框的中心位置；选择"底"选项，字符将沿着边框底部对齐；选择"对齐"选项，字符将沿着边框边缘对齐。
- ➤ 按行 ⅔/按列 ⅔：选择"文本排列"选项，以确定行和列间的文本排列方式。

实例033　动物保护主题公益广告

文件路径	第5章\动物保护主题公益广告	
难易指数	★★★★★	
技术掌握	● 矩形工具 ● 风格化 ● 添加锚点工具	Q扫码深度学习

💡操作思路

在本案例中，使用"矩形工具"绘制矩形，然后置入图片素材，使用"文字工具"输入文字，并使用"添加锚点工具"绘制按钮。

🖱️案例效果

案例效果如图5-108所示。

图5-108

操作步骤

01 新建一个"宽度"为170mm、"高度"为119mm的空白文档。选择工具箱中的"矩形工具"，设置"填色"为米色、"描边"为无，绘制一个与画板等大的矩形，如图5-109所示。继续使用"矩形工具"，设置"填色"为白色、"描边"为无，在画面的下方绘制一个白色矩形，如图5-110所示。

图5-109

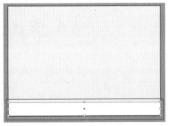

图5-110

02 置入素材"1.png"并放置在画面的右侧，单击控制栏中的"嵌入"按钮。效果如图5-111所示。

图5-111

03 选择工具箱中的"文字工具"，设置"填色"为深灰色、"描边"为无，在控制栏中选择合适的字体、字号，然后输入文字，按快捷键Ctrl+Enter确认输入操作完成，效果如图5-112所示。继续输入文字，并将部分文字的填充颜色设置为橘红色，效果如图5-113所示。

图5-112

图5-113

04 绘制一条直线作为分隔线。选择工具箱中的"直线段工具"，在控制栏中设置"填色"为无、"描边"为灰色、描边"粗细"为1pt，按住Shift键在画面中的相应位置按住鼠标左键拖动并绘制一条直线，效果如图5-114所示。

图5-114

05 制作箭头图标。选择工具箱中的"椭圆工具"，设置"填色"为无、"描边"为浅灰色，设置描边"粗细"为0.3pt，然后按住Shift键的同时按住鼠标左键拖动并绘制一个正圆形，效果如图5-115所示。选择正圆形，执行"对象>扩展"命令，将路径描边扩展为图形，如图5-116所示。效果如图5-117所示。

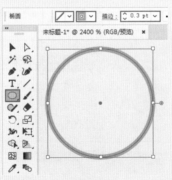

图5-115

图5-116

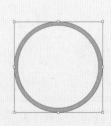

图5-117

06 选择工具箱中的"多边形工具"，在画面中单击，在弹出的"多边形"对话框中设置"半径"为1mm、"边数"为3，单击"确定"按钮，如图5-118所示。将三角形调整大小与角度后移动到正圆形中，效果如图5-119所示。

07 使用"添加锚点工具"在三角形的右侧边缘处单击添加锚点，然后使用"直接选择工具"选中锚点，单击控制栏中的"将所选锚点转换为尖角"按钮，将平滑点转换为角点，如图5-120所示。使用"直接选择工具"将锚点向左拖动，得到箭头图形，效果如图5-121所示。

图5-118

图5-119

图5-120

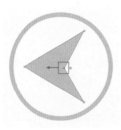

图5-121

08 将正圆形与箭头图形同时选中，按快捷键Ctrl+G进行编组。选择箭头图形组，执行"对象>变换>镜像"命令，得到一个镜像图形组。移动复制得到的图形组，将其作为按钮，如图5-122所示。效果如图5-123所示。

图5-122

图5-123

09 置入素材"2.jpg"，放置在合适位置，然后单击控制栏中的"嵌入"按钮，效果如图5-124所示。

图5-124

10 为置入的素材添加效果。选择素材，执行"效果>风格化>投影"命令，在弹出的"投影"对话框中设置"模式"为正片叠底、"不透明度"为50%、"X位移"为0.2mm、"Y位移"为0.2mm、"模糊"为0.2mm，选中"颜色"单选按钮，设置"颜色"为黑色，单击"确定"按钮，如图5-125所示，最终完成效果如图5-126所示。

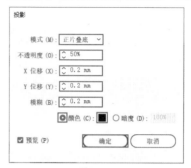

图5-125

图5-126

实例034　　企业画册内页设计		
文件路径	第5章\企业画册内页设计	
难易指数	★★★★★	
技术掌握	● 剪切蒙版 ● 文字工具	扫码深度学习

操作思路

在本案例中，使用"建立剪切蒙版"命令将两张图片拼接成一张图片，在拼接图片的下方使用"钢笔工具"绘制曲线，并使用"文字工具"输入文字。

案例效果

案例效果如图5-127所示。

图5-127

操作步骤

01 新建一个"宽度"为1024px、"高度"为748px的空白文档。选择工具箱中的"矩形工具",设置"填色"为灰色、"描边"为无,绘制一个与画板等大的矩形,效果如图5-128所示。

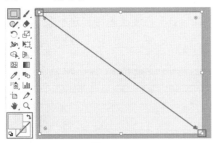

图5-128

02 使用同样的方法,在画面的中间绘制一个白色的矩形,效果如图5-129所示。

图5-129

03 置入素材"1.jpg",在控制栏中单击"嵌入"按钮,将素材嵌入文档,如图5-130所示。

图5-130

04 选择工具箱中的"钢笔工具",在素材中绘制一个图形,效果如图5-131所示。同时选中图形和素材"1.jpg",右击,在弹出的快捷菜单中选择"建立剪切蒙版"命令,此时效果如图5-132所示。

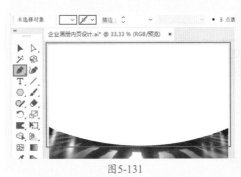

图5-131　　　　　　　　图5-132

05 选择工具箱中的"钢笔工具",设置"填色"为深灰色、"描边"为无,在图片的下方绘制一条曲线,效果如图5-133所示。

图5-133

06 选择工具箱中的"椭圆工具",设置"填色"为深蓝色、"描边"为无,在画面的左侧绘制一个正圆形,效果如图5-134所示。

07 置入素材"2.jpg",将其嵌入文档,并放置在合适的位置,效果如图5-135所示。在素材2上绘制一个正圆形,效果如图5-136所示。同时选中正圆形与素材2,建立剪切蒙版,然后将其移动至深蓝色正圆形上偏左的位置,效果如图5-137所示。

图5-134　　　　　　　　图5-135

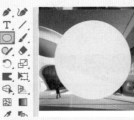

图5-136　　　　　　　　图5-137

08 选择工具箱中的"文字工具",在控制栏中设置"填充"为白色、"描边"为无,设置合适的字体、字号,然后输入文字,效果如图5-138所示。使用同样的方法,在画面中适当的位置输入文字,效果如图5-139所示。

图5-138

图5-139

09 继续使用"文字工具",在画面左下角的空白处拖动绘制一个文本框,在控制栏中设置"填充"为黑色、"描边"为无,设置合适的字体、字号,设置"段落"为"左对齐",然后输入文字,效果如图5-140所示。使用"文字工具"在该段落文字的上方再输入一行文字,设置效果如图5-141所示。

图5-140

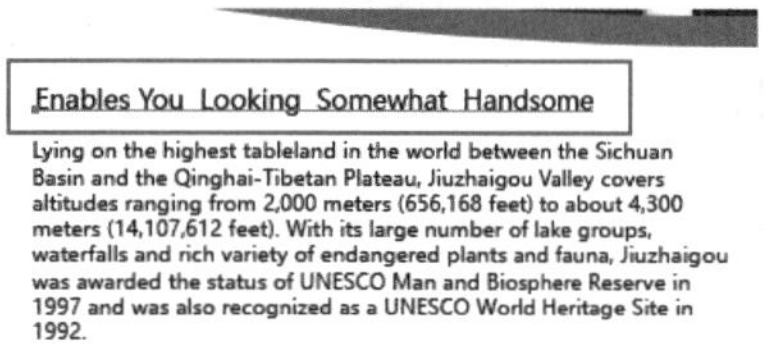

Enables You Looking Somewhat Handsome

Lying on the highest tableland in the world between the Sichuan Basin and the Qinghai-Tibetan Plateau, Jiuzhaigou Valley covers altitudes ranging from 2,000 meters (656,168 feet) to about 4,300 meters (14,107,612 feet). With its large number of lake groups, waterfalls and rich variety of endangered plants and fauna, Jiuzhaigou was awarded the status of UNESCO Man and Biosphere Reserve in 1997 and was also recognized as a UNESCO World Heritage Site in 1992.

图5-141

10 选择工具箱中的"矩形工具",设置"填色"为深灰色、"描边"为无,在画面的右下角绘制一个深灰色的矩形,效果如图5-142所示。使用同样的方法,在该矩形的下方绘制一个浅灰色的矩形,效果如图5-143所示。

图5-142

图5-143

11 使用"选择工具"选中浅灰色矩形,按住Shift键和Alt键的同时向下拖动,进行平移并复制,效果如图5-144所示。多次使用快捷键Ctrl+D,将浅灰色矩形进行复制,效果如图5-145所示。

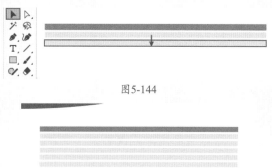

图5-144

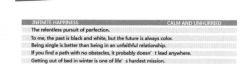

图5-145

12 使用"文字工具"在复制得到的矩形中输入文字,效果如图5-146所示。

INFINITE HAPPINESS   CALM AND UNHURRIED
The relentless pursuit of perfection.
To me, the past is black and white, but the future is always color.
Being single is better than being in an unfaithful relationship.
If you find a path with no obstacles, it probably doesn't lead anywhere.
Getting out of bed in winter is one of life's hardest mission.

图5-146

13 选择工具箱中的"矩形工具",双击工具箱中的"渐变工具"按钮,在弹出的"渐变"面板中编辑一个黑色到透明的渐变,设置"描边"为无,如图5-147所示。在画面的左侧绘制一个矩形,效果如图5-148所示。

图5-147   图5-148

14 选中该矩形,在控制栏中单击"不透明度"按钮,在弹出的下拉面板中设置"混合模式"为"正片叠底"、"不透明度"为80%,如图5-149所示,此时效果如图5-150所示。

图5-149

图5-150

15 使用同样的方法，在画面的右侧绘制一个渐变的矩形，最终完成效果如图5-151所示。

图5-151

实例035	艺术品画册内页设计
文件路径	第5章\艺术品画册内页设计
难易指数	★★★★★
技术掌握	● 混合模式 ● 文字工具 ● 钢笔工具

扫码深度学习

操作思路

在本案例中，首先使用"矩形工具"绘制画册底色，然后置入素材图

片，并与底色进行混合以形成背景，再使用"钢笔工具"绘制文字底部的图形，最后使用"文字工具"输入文字。

案例效果

案例效果如图5-152所示。

图5-152

操作步骤

01 新建一个A4（210mm×297mm）大小的横向空白文档。选择工具箱中的"矩形工具"，设置"填色"为灰色、"描边"为无，绘制一个与画板等大的矩形，效果如图5-153所示。

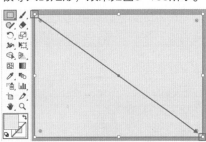
图5-153

02 继续使用"矩形工具"，设置"填色"为橘色、"描边"为无，然后在画面中单击，在弹出的"矩形"对话框中设置"宽度"为216mm、"高度"为152mm，单击"确定"按钮，如图5-154所示，将矩形移动到灰色矩形中间的位置，效果如图5-155所示。

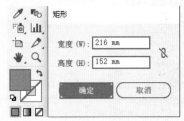
图5-154

图5-155

03 选择矩形，执行"效果>风格化>投影"命令，在弹出的"投影"对话框中设置"模式"为正片叠底、"不透明度"75%、"X位移"为-1mm、"Y位移"为1mm、"模糊"为1.8mm，选中"颜色"单选按钮，设置颜色为黑色，单击"确定"按钮，如图5-156所示，此时效果如图5-157所示。

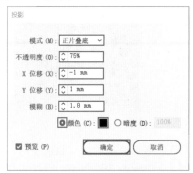
图5-156

图5-157

04 置入素材"1.jpg"，调整素材的大小和位置，并将其嵌入文档，效果如图5-158所示。选中素材，单击控制栏中的"不透明度"按钮，在弹出的下拉面板中设置"混合模式"为"叠加"，效果如图5-159所示。

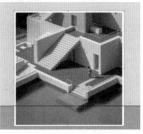
图5-158

图5-159

05 在素材上绘制一个与橘色矩形等大的矩形,效果如图5-160所示。同时选中矩形和素材,执行"对象>剪切蒙版>建立"命令,此时多余的部分被隐藏,效果如图5-161所示。

图5-160　　　　　　　　图5-161

06 选择工具箱中的"钢笔工具",绘制一个不规则图形并填充为红色,效果如图5-162所示。继续绘制一个黑色的不规则图形,效果如图5-163所示。

图5-162

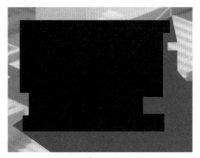

图5-163

07 下面为画面添加主体文字。选择工具箱中的"文字工具",在控制栏中设置"填充"为白色、"描边"为无,选择合适的字体、字号,设置"段落"为左对齐,输入文字,效果如图5-164所示。使用同样的方法,添加一组文字移动到红色不规则图形中,效果如图5-165所示。

图5-164

图5-165

08 输入段落文字。选择"文字工具",在画面中拖动绘制一个文本框,如图5-166所示。在控制栏中设置合适的字体、字号,然后输入文字,效果如图5-167所示。

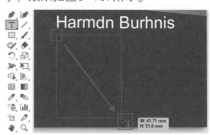

图5-166

图5-167

09 使用"文字工具"选中部分文字，设置"填充"为黑色，效果如图5-168所示。使用同样的方式，制作另一组文字，效果如图5-169所示。

图5-168

图5-169

10 同时选中点文字与段落文字，进行顺时针旋转，效果如图5-170所示。

图5-170

提示

文本的串接与释放

在进行包含大量正文文字的版面的排版时，可以将多个文本框进行串接。如果想要进行文本串接，首先将需要串接的文本框选中，然后执行"文字>串接文本>创建"命令，即可建立文本框串接；选中串接的文本框，执行"文字>串接文本>移去串接文字"命令，即可取消文本框串接。

11 下面制作内页的折叠效果。选择工具箱中的"矩形工具"，在版面的右侧绘制一个矩形。选中矩形，双击工具箱中的"渐变工具"按钮，在弹出的"渐变"面板中编辑一个浅灰色系的线性渐变，如图5-171所示。渐变效果如图5-172所示。

图5-171

图5-172

12 选择矩形，单击控制栏中的"不透明度"按钮，设置"混合模式"为"正片叠底"，最终完成效果如图5-173所示。

图5-173

INFINITE HAPPINE

Dream what you w
to dream; g
where you wa go.

① ② ③ ④

第6章

透明度与混合模式

本章概述

透明度与混合模式是Illustrator中非常重要的功能，利用这两大功能制作出上层图形与下层图形相混合的效果。

本章重点

- 掌握透明度的设置方法
- 掌握混合模式的设置方法

实例036　使用透明度制作商务画册内页

文件路径	第6章\使用透明度制作商务画册内页	
难易指数	★★★★★	
技术掌握	● 不透明度 ● 直线段工具 ● 文字工具	扫码深度学习

💡 操作思路

透明度的设置是数字化制图中最常用的功能之一，常被用于多个对象融合效果的制作。对上层的对象设置半透明的效果，就会显现出下层的内容。在本案例中，通过设置图形的透明度，将图形下层的图片素材显现出来。

🖱 案例效果

案例效果如图6-1所示。

图6-1

🎙 操作步骤

01　新建一个"宽度"为2358px、"高度"为1500px的横向空白文档。选择工具箱中的"矩形工具"，在工具箱的底部设置"填色"为灰色、"描边"为无，绘制一个与画板等大的矩形，效果如图6-2所示。

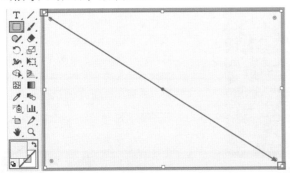

图6-2

02　继续使用"矩形工具"，在画面的左侧绘制一个白色的矩形，在画面的右侧绘制一个深灰色的矩形，效果如图6-3所示。

03　置入素材"1.jpg"，拖动鼠标控制置入对象的大小，在控制栏中单击"嵌入"按钮，将其嵌入文档，如

图6-4所示。

图6-3

图6-4

04　在素材上绘制一个矩形，如图6-5所示。同时选中矩形和素材"1.jpg"，右击，在弹出的快捷菜单中选择"建立剪切蒙版"命令，效果如图6-6所示。

图6-5

图6-6

05　选择工具箱中的"文字工具"，在素材"1.jpg"的左侧绘制一个文本框，删除占位符，在控制栏中设置"填充"为深灰色、"描边"为无，设置合适的字体、字号，设置"段落"为"左对齐"，然后输入文字，效果如图6-7所示。使用同样的方法，在素材的左侧与下方继

续输入文字，并使用"文字工具"选中一部分文字，将其改为黄色，效果如图6-8所示。

图6-7　　　　　　　　　　　　　　　　图6-8

06 选择工具箱中的"直排文字工具"，设置合适的参数后输入文字，效果如图6-9所示。使用"直排文字工具"选中其中一个单词，将其颜色更改为黄色，效果如图6-10所示。

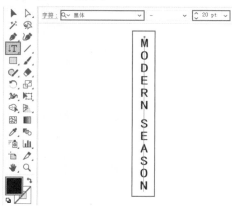

图6-9　　　　　　　　　　　　图6-10

07 选择工具箱中的"矩形工具"，设置"填色"为黄色、"描边"为无，在深灰色背景上绘制一个矩形，效果如图6-11所示。使用"文字工具"在其下方输入文字，效果如图6-12所示。

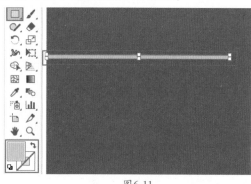

图6-11　　　　　　　　　　　图6-12

08 选择工具箱中的"钢笔工具"，设置"填色"为黄色、"描边"为无，在素材"1.jpg"的右侧绘制一个三角形，效果如图6-13所示。

09 选中黄色三角形，执行"窗口>透明度"命令，在弹出的"透明度"面板中设置"不透明度"为60%，参数设置如图6-14所示，此时效果如图6-15所示。

图6-13

图6-14

图6-15

提示

选中要进行透明度调整的对象，可以在控制栏或者"透明度"面板中调整对象的透明度。默认"不透明度"数值为100%，表示对象完全不透明，如图6-16所示。可以直接输入数值，以调整对象的透明效果。数值越大，对象越不透明；数值越小，对象越透明，如图6-17所示。

图6-16

图6-17

10选择工具箱中的"直线段工具"，设置"填色"为无、"描边"为灰色，在控制栏中设置描边"粗细"为1pt，在画面中的适当位置绘制一条直线，效果如图6-18所示。最终完成效果如图6-19所示。

图6-18

图6-19

要点速查："透明度"面板

执行"窗口>透明度"命令，弹出"透明度"面板。在面板菜单中选择"显示选项"命令，如图6-20所示，此时显示出"透明度"面板的全部功能。在这里可以对所选的对象（可以是矢量图形对象或位图对象）进行混合模式、不透明度及不透明度蒙版等的设置，如图6-21所示。

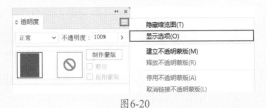

图6-20

图6-21

- ➢ 混合模式：设置所选对象与下层对象的颜色混合方式。
- ➢ 不透明度：通过调整数值控制对象的透明效果。数值越大，对象越不透明；数值越小，对象越透明。
- ➢ 对象缩览图：所选对象的缩览图。
- ➢ 不透明度蒙版：显示所选对象的不透明度蒙版效果。
- ➢ 制作蒙版：单击此按钮，会为所选对象创建蒙版。
- ➢ 剪切：将对象建立为当前对象的剪切蒙版。
- ➢ 反相蒙版：将当前对象的蒙版效果反相。
- ➢ 隔离混合：选中该复选框后，可以防止混合模式的应用范围超出组的底部。
- ➢ 挖空组：选中该复选框后，在透明挖空组中，元素不能透过彼此而显示。
- ➢ 不透明度和蒙版用来定义挖空形状：选中该复选框后，可以创建与对象的不透明度成比例的挖空效果。在接近100%不透明度的蒙版区域中，挖空效果较强；在具有较低不透明度的蒙版区域中，挖空效果较弱。

实例037 使用透明度制作半透明圆形

文件路径	第6章\使用透明度制作半透明圆形
难易指数	⭐⭐⭐⭐⭐
技术掌握	● 渐变工具 ● 不透明度 ● 符号库

扫码深度学习

操作思路

在本案例中，主要应用到"透明度"面板制作画面左侧的正圆形，并将其相互叠加摆放，以增强画面的层次感。

案例效果

案例效果如图6-22所示。

图6-22

操作步骤

01 新建一个"宽度"为646像素、"高度"为359像素的横向空白文档。选择工具箱中的"矩形工具"，双击"渐变工具"按钮，在弹出的"渐变"面板中编辑一个由蓝色到紫色的渐变，设置"描边"为无，如图6-23所示。绘制一个与画板等大的矩形，效果如图6-24所示。

图6-23　　　　　　　　图6-24

02 使用同样的方法，继续编辑一个蓝色到绿色的渐变，设置"描边"为无。在画面的下方绘制一个细长矩形，效果如图6-25所示。

图6-25

03 选择工具箱中的"椭圆工具"，设置"填色"为蓝色、"描边"为无，按住Shift键的同时按住鼠标左键进行拖动，在画面的左侧绘制一个正圆形，效果如图6-26所示。

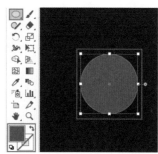

图6-26

04 选中蓝色正圆形，执行"窗口>透明度"命令，在弹出的"透明度"面板中设置"不透明度"为80%，如图6-27所示，此时效果如图6-28所示。

图6-27 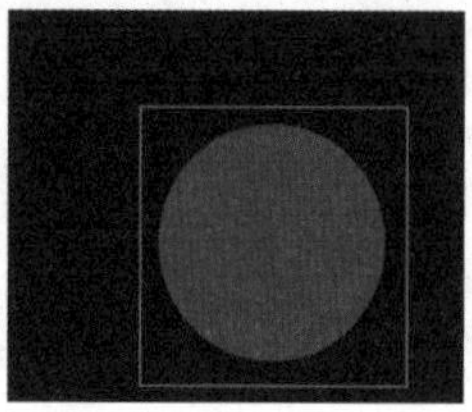　　　　　　　　图6-28

提示

"透明度"面板中没有显示蒙版功能怎么办

如果遇到"透明度"面板中仅显示了非常少的选项，可以在面板菜单中选择"显示缩览图"命令，如图6-29所示。此时蒙版功能会被显示出来，如图6-30所示。

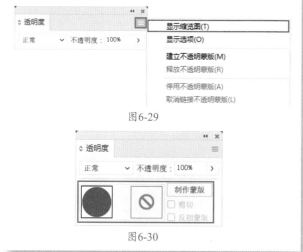

图6-29

图6-30

05 选中正圆形，按住Shift键和Alt键的同时按住鼠标左键向右拖动，将其进行平移及复制，效果如图6-31所示。选中复制得到的正圆形，设置其填充颜色为稍浅一些的青色，效果如图6-32所示。

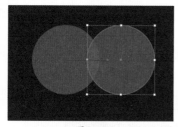

图6-31

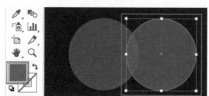

图6-32

06 继续复制正圆形，然后更改其颜色，效果如图6-33所示。

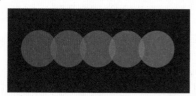

图6-33

07 选择工具箱中的"文字工具"，在正圆形上单击插入光标，删除占位符，在控制栏中设置"填充"为白色、"描边"为无，设置合适的字体、字号，然后输入文字，效果如图6-34所示。使用同样的方法，在画面中其他正圆形中输入文字，效果如图6-35所示。

图6-34

图6-35

08 选择工具箱中的"矩形工具"，设置"填色"为灰色、"描边"为无，绘制一个细长矩形，效果如图6-36所示。选择工具箱中的"椭圆工具"，按住Shift键的同时按住鼠标左键进行拖动，在矩形上方绘制一个正圆形，效果如图6-37所示。

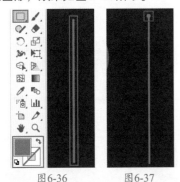

图6-36　　　　图6-37

09 使用工具箱中的"文字工具"，在画面中的适当位置输入文字，效果如图6-38所示。在画面左侧的文字之间绘制一个矩形和正圆形的组合，效果如图6-39所示。

图6-38

图6-39

10 打开"网页图标"面板，选择"转到Web"图标向画面中拖动，将符号摆放在文字的左侧，效果如图6-40所示。在图标被选中的状态下，右击，在弹出的快捷菜单中选择"断开符号链接"命令，更改颜色为灰色，效果如图6-41所示。

图6-40

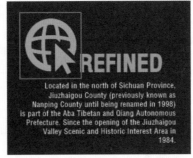

图6-41

11 选择工具箱中的"矩形工具"，设置"填色"为无、"描边"为深绿色。设置完成后，在画面的右上角绘制一个正方形，效果如图6-42所示。选中正方形，按住Shift键和Alt键的同时按住鼠标左键向上拖动，进行平移及复制的操作，效果如图6-43所示。

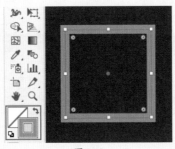

图6-42

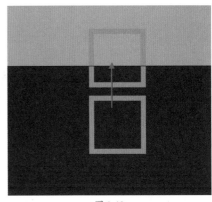

图6-43

12 最终完成效果如图6-44所示。

图6-44

实例038　使用透明度制作促销海报

文件路径	第6章\使用透明度制作促销海报
难易指数	★★★★★
技术掌握	● 不透明度 ● 文字工具 ● 钢笔工具 ● 矩形工具

扫码深度学习

操作思路

在本案例中，首先使用"文字工具"输入文字，然后通过调整文字的透明度，制作文字重叠在一起的半透明效果。在制作过程中，还使用到了"椭圆工具""钢笔工具"等。

案例效果

案例效果如图6-45所示。

图6-45

图6-50

操作步骤

01 新建一个A4大小的空白文档。选择工具箱中的"文字工具"，在画面中单击插入光标，删除占位符，设置"填色"为深粉色、"描边"为无，在控制栏中设置合适的字体、字号，然后输入文字，按快捷键Ctrl+Enter确认输入操作，如图6-46所示。使用同样的方法，在画面中输入其他文字，并调整位置，效果如图6-47所示。

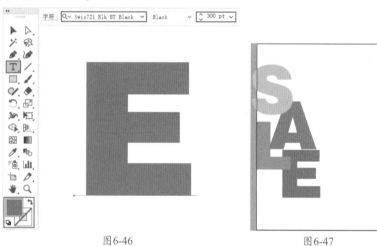

图6-46   图6-47

02 使用工具箱中的"选择工具"选中字母"S"，然后执行"窗口>透明度"命令，在弹出的"透明度"面板中设置"不透明度"为60%，如图6-48所示，此时效果如图6-49所示。

03 使用同样的方法，改变其他文字的不透明度，效果如图6-50所示。

04 选择工具箱中的"椭圆工具"，设置"填色"为粉红色、"描边"为无，按住Shift键的同时按住鼠标左键进行拖动，在画面的右上角绘制一个正圆形，效果如图6-51所示。在"透明度"面板中设置"不透明度"为90%，效果如图6-52所示。

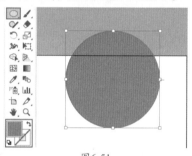

图6-51

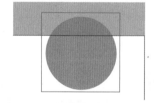

图6-52

05 选择工具箱中的"钢笔工具"，在控制栏中设置"填充"为无、"描边"为黑色、描边"粗细"为1pt，在画面中绘制一条直线，效果如图6-53所示。复制出另外一条直线，并将其移动到合适的位置，效果如图6-54所示。

图6-48   图6-49

图6-53

图6-54

06 选择工具箱中的"矩形工具",设置"填色"为黑色、"描边"为无,在画面中绘制一个矩形,效果如图6-55所示。使用"文字工具"输入其他文字,并设置合适的字体、字号和颜色,效果如图6-56所示。

图6-55

图6-56

07 选择工具箱中的"矩形工具",绘制一个与画板等大的矩形,效果如图6-57所示。使用"选择工具"选中画面中的所有图形,右击,在弹出的快捷菜单中选择"建立剪切蒙版"命令,将画板以外的元素隐藏起来,最终效果如图6-58所示。

图6-57

图6-58

实例039	使用混合模式制作暗调广告	
文件路径	第6章\使用混合模式制作暗调广告	
难易指数	★★★★★	
技术掌握	● 混合模式 ● 钢笔工具 ● 文字工具	⚲扫码深度学习

操作思路

对象的"混合模式"是指当前对象与下层对象之间的颜色混合方式。制作时不仅可以直接对对象进行混合模式的设置,在使用"内发光""投影"等效果时也可以使用混合模式。在本案例中,将素材的混合模式设置为"明度",使素材与画面的整体风格和谐、统一。

案例效果

案例效果如图6-59所示。

图6-59

操作步骤

01 新建一个"宽度"为2208px、"高度"为1242px的空白文档。选择工具箱中的"矩形工具" □,在控制栏中设置"填充"为黑色、"描边"为无,绘制一个与画板等大的矩形,效果如图6-60所示。

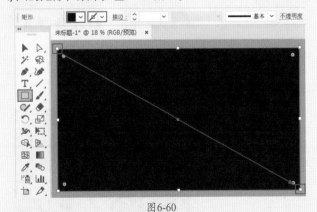

图6-60

02 选择工具箱中的"钢笔工具" ⌀,设置"填色"为浅灰色、"描边"为无,在画面的中心位置绘制一个四边形,效果如图6-61所示。

图6-61

03 在使用"钢笔工具"的状态下，在浅灰色四边形的下方绘制一个深灰色的四边形，效果如图6-62所示。使用同样的方法，在画面中绘制四边形，效果如图6-63所示。

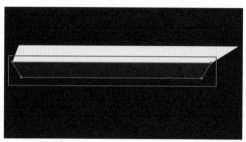

图6-62

图6-63

04 置入素材"1.png"，在控制栏中单击"嵌入"按钮，将素材嵌入文档，如图6-64所示。选择人物素材，多次执行"对象>排列>后移一层"命令，将人物素材进行后移，效果如图6-65所示。

图6-64

图6-65

05 置入素材"2.png"，调整至合适的大小并放置在合适的位置，效果如图6-66所示。选中高跟鞋素材，将其旋转至合适的角度，效果如图6-67所示。

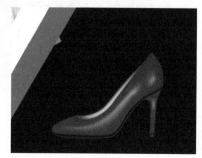

图6-66

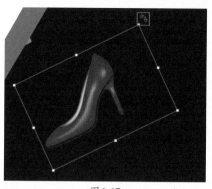

图6-67

06 选择该素材，执行"窗口>透明度"命令，在弹出的"透明度"面板中设置"混合模式"为"明度"，如图6-68所示，此时效果如图6-69所示。

图6-68

图6-69

提示 为什么设置了混合模式却没有效果

如果设置了混合模式却没有看到效果，可能有三个原因：第一，如果所选对象被顶层对象完全遮挡，此时设置该对象的混合模式是不会看到效果的，需要将顶层遮挡对象隐藏后再观察效果；第二，如果当前画面中只有一个对象而背景为白色，此时对其设置混合模式，也不会产生任何效果；第三，对某些特定色彩的对象与另外一些特定色彩设置混合模式，不会产生效果。

07 使用同样的方法，在画面中置入素材并设置"混合模式"，效果如图6-70所示。

图6-70

08 选择工具箱中的"文字工具"，设置合适的字体、字号与颜色，然后输入文字，效果如图6-71所示。继续使用"文字工具"输入其他文字，效果如图6-72所示。

图6-71

图6-72

09 选择工具箱中的"矩形工具"，在控制栏中设置"填充"为无、"描边"为白色、描边"粗细"为3pt，在画面的下方绘制一个白色的正方形边框，效果如图6-73所示。使用"选择工具"选择正方形边框，将其进行旋转，效果如图6-74所示。

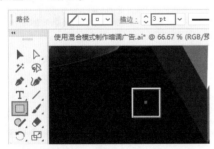
图6-73

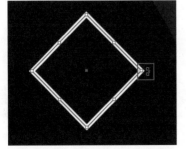
图6-74

10 选择正方形边框，按住Shift键和Alt键的同时按住鼠标左键向右拖动鼠标指针，进行平移及复制，效果如图6-75所示。按两次快捷键Ctrl+D将正方形边框复制两份，效果如图6-76所示。

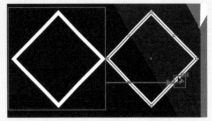
图6-75

图6-76

11 在正方形边框中输入文字。最终完成效果如图6-77所示。

图6-77

要点速查：设置混合模式

要想设置对象的混合模式，需要使用"透明度"面板。选中需要设置的对象，执行"窗口>透明度"命令或按快捷键Shift+Ctrl+F10，弹出"透明度"面板，或者单击控制栏中的"不透明度"按钮，弹出其下拉面板，单击混合模式下拉按钮，在弹出的下拉列表中选择一种混合模式选项，如图6-78所示。

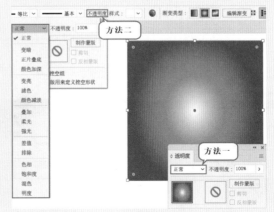
图6-78

在下拉列表中可以看到很多种混合模式选项，如图6-79所示。在选中某一种混合模式选项后，将鼠标指针放在混合模式的列表框处，然后滚动鼠标中轮，即可快速查看各种混合模式的效果，这样也有利于找到合适的混合模式，如图6-80所示。

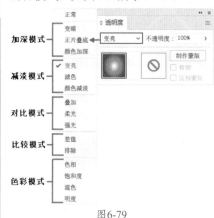

图6-79

图6-80

实例040	使用剪切蒙版制作中式版面
文件路径	第6章\使用剪切蒙版制作中式版面
难易指数	⭐⭐⭐⭐⭐
技术掌握	● 剪切蒙版 ● 钢笔工具

扫码深度学习

🔅 操作思路

在本案例中，通过执行"建立剪切蒙版"命令，将图片素材以正圆形的形态显示出来。

🖱 案例效果

案例效果如图6-81所示。

图6-81

🎙 操作步骤

01 新建一个"宽度"为210mm、"高度"为210mm的空白文档。置入素材"1.jpg"，调整至合适的大小，单击控制栏中的"嵌入"按钮，将其嵌入文档，效果如图6-82所示。使用同样的方法，置入并嵌入另一个素材"2.jpg"，效果如图6-83所示。

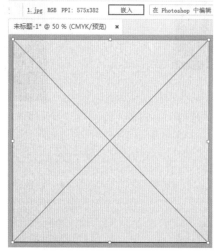

图6-82

图6-83

02 选择工具箱中的"椭圆工具"，按住Shift键的同时按住鼠标左键拖动，在风景素材上绘制一个正圆形，效果如图6-84所示。同时选中正圆形和风景素材，右击，在弹出的快捷菜单中选择"建立剪切蒙版"命令，效果如图6-85所示。

图6-84

图6-85

03 选择工具箱中的"钢笔工具"，设置"填色"为深红色、"描边"为无，在画面的下方绘制一个图形，效果如图6-86所示。

图6-86

04 将绘制的图形移动到画面中的相应位置，效果如图6-87所示。使用"文字工具"和"直排文字工具"分别在画面的底部和风景素材中输入相应的文字，最终完成效果如图6-88所示。

图6-87

图6-88

操作思路

在本案例中，首先使用"矩形工具"绘制用户界面的几个组成部分，通过添加风景素材并设置不透明度丰富画面，借助剪切蒙版制作圆形用户头像，利用"圆角矩形工具"绘制按钮，并使用"文字工具"在画面中输入文字。

案例效果

案例效果如图6-89所示。

图6-89

操作步骤

01 新建一个"宽度"为254mm、"高度"为452mm的空白文档。选择工具箱中的"矩形工具"，设置"填色"为深青色、"描边"为无，绘制一个与画板等大的矩形，如图6-90所示。

图6-90

02 置入素材"1.jpg"，将其调整至合适大小，单击控制栏中的"嵌入"按钮，将素材嵌入文档，如图6-91所示。效果如图6-92所示。

图6-91　　　　　　　　　图6-92

03 选择工具箱中的"矩形工具"，设置"填色"为橘色、"描边"为无，然后在画面中单击，在弹出的"矩形"对话框中设置"宽度"为208mm、"高度"为107mm，单击"确定"按钮，如图6-93所示。效果如图6-94所示。

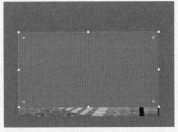

图6-93　　　　　　　　　图6-94

04 选中该矩形，将其移动至合适的位置，然后在控制栏中设置"不透明度"为80%，效果如图6-95所示。

图6-95

05 继续使用"矩形工具"，设置"填色"为深青色，在橘色矩形的下方绘制一个矩形，效果如图6-96所示。使用同样的方法，继续绘制两个相同大小的矩形，颜色设置为稍浅一些的深青色，并摆放在深青色矩形的底部，效果如图6-97所示。

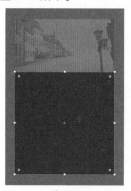

图6-96

图6-97

06 下面制作圆角矩形效果。选择工具箱中的"圆角矩形工具"，在画面中单击，在弹出的"圆角矩形"对话框中设置"宽度"为208mm、"高度"为318mm，"圆角半径"为5mm，单击"确定"按钮，如图6-98所示。将圆角矩形覆盖在画面中其他元素的上方，效果如图6-99所示。

图6-98

图6-99

07 同时选中圆角矩形与其下方其他元素，执行"对象>剪切蒙版>建立"命令，建立剪切蒙版，效果如图6-100所示。

图6-100

08 保持之前的选中状态，执行"效果>风格化>内发光"命令，在弹出的"内发光"对话框中设置"模式"为"滤色"、颜色为白色、"不透明度"为20%、"模糊"为4mm，选中"边缘"单选按钮，参数设置如图6-101所示，单击"确定"按钮，效果如图6-102所示。

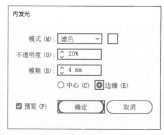

图6-101

图6-102

09 选择工具箱中的"椭圆工具"，设置"填色"为深青色、"描边"为无，然后在画面中的相应位置绘制一个正圆形，效果如图6-103所示。

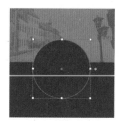

图6-103

10 选中该正圆形，执行"效果>风格化>投影"命令，在弹出的"投影"对话框中设置"模式"为"正片叠底"、"不透明度"为75%、"X位移"为0.1mm、"Y位移"为0.1mm、"模糊"为0.5mm，选中"颜色"单选按钮，颜色设置为黑色，参数设置如图6-104所示，单击"确定"按钮，效果如图6-105所示。

图6-104

图6-105

提示 在为对象添加效果时，在打开的效果对话框中选中"预览"复选框，如图6-106所示，可以在没有单击"确定"按钮的情况下，先看到设置的效果。

图6-106

11 置入素材"2.jpg"，并将其嵌入文档，效果如图6-107所示。在人物素材上绘制一个正圆形，效果如图6-108所示。

图6-107

图6-108

12 同时选中正圆形和人物素材，执行"对象>剪切蒙版>建立"命令，建立剪切蒙版，效果如图6-109所示。

图6-109

13 选择工具箱中的"圆角矩形工具"，然后打开"渐变"面板，设置"类型"为"线性"渐变、"角度"为−90°，编辑一个淡青色系的渐变，如图6-110所示。在画面的下方绘制一个圆角矩形，效果如图6-111所示。

图6-110

图6-111

14 使用"文字工具"在合适的位置输入文字，并设置不同的字号与颜色，效果如图6-112所示。

图6-112

15 下面制作其他按钮。继续使用"圆角矩形工具"绘制一个淡青色系渐变的圆角矩形，效果如图6-113所示。选择圆角矩形，将其复制一份，效果如图6-114所示。

图6-113

图6-114

16 同时选中两个圆角矩形，多次执行"对象>排列>后移一层"命令，将圆角矩形向后移动，效果如图6-115所示。在圆角矩形上输入文字，最终完成效果如图6-116所示。

图6-115

图6-116

实例042	黑白格调电影宣传招贴
文件路径	第6章\黑白格调电影宣传招贴
难易指数	★★★★★
技术掌握	● 钢笔工具 ● 不透明度

🔍 扫码深度学习

💡 操作思路

在本案例中，首先使用"钢笔工具"绘制多个不规则图形，并填充合适的颜色，将其作为背景中的装饰图形及文字的底色，置入素材并利用剪切蒙版调整素材的显示范围，然后使用"文字工具"输入文字。

🖱 案例效果

案例效果如图6-117所示。

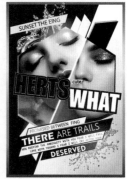

图6-117

🎙️ 操作步骤

01 新建一个A4（210mm×297mm）大小的竖向空白文档。选择工具箱中的"矩形工具"，然后打开"渐变"面板，设置"类型"为"线性"渐变、"角度"为90°，编辑一个灰色系的渐变，设置"描边"为无，如图6-118所示。设置完成后绘制一个与画板等大的矩形，效果如图6-119所示。

图6-118

图6-119

02 继续绘制一个比画板稍小的矩形，并填充为黑色，效果如图6-120所示。

03 选择工具箱中的"钢笔工具"，在画面的右侧绘制一个四边形，为四边形填充浅灰色系的渐变，效果如图6-121所示。

图6-120

图6-121

04 使用同样的方法，使用"钢笔工具"绘制多个不规则图形，设置合适的填充颜色，然后放置到合适的位置，效果如图6-122所示。

05 置入水花素材"1.png"和"2.png"，并将素材嵌入文档。多次执行"对象>排列>后移一层"命令，并将素材移动到合适的位置，效果如图6-123所示。置入人物素材"3.jpg"并嵌入文档，效果如图6-124所示。

图6-122

图6-123

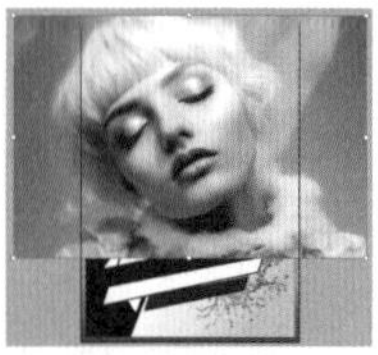

图6-124

06 使用"钢笔工具"绘制一个图形，效果如图6-125所示。同时选中图形与人物素材，执行"对象>剪切蒙版>建立"命令，创建剪切蒙版，效果如图6-126所示。

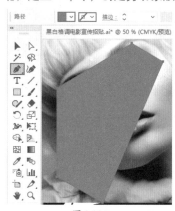
图6-125

图6-126

07 使用同样的方法，制作其他人物素材，效果如图6-127所示。同时选中两个人物素材，然后将其移动至画面下方的不规则图形的后面，效果如图6-128所示。

图6-127

图6-128

08 下面为人物素材添加边框效果。使用"钢笔工具"在人物素材左侧边缘处绘制一个带有转折的灰色边框，使用同样的方法绘制另一侧的黑色边框，效果如图6-129所示。

图6-129

09 为画面添加发光效果。使用"椭圆工具"在左侧人物素材上方绘制正圆形，然后为其填充由紫色到透明的渐变。效果如图6-130所示。

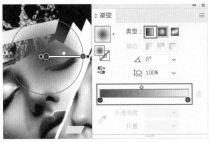

图6-130

10 选择正圆形，打开"透明度"面板，设置"混合模式"为滤色，效果如图6-131所示。

图6-131

11 使用同样的操作方法，继续在其他位置添加发光效果。使用"椭圆工具"绘制多个不同的椭圆形，调整不同的渐变效果与混合模式，并放置在画面中合适的位置，效果如图6-132所示。

图6-132

提示

海报中的插图

"海报中的插图"是指在海报中除文字以外的一切图形对象。在海报设计中，可以利用文字或简单、直白的插图介绍产品的功能，通过丰富的创造力表现产品。海报中具有创造力的插图，不仅可以对产品起到促销作用，还可以给消费

者留下深刻的印象。在本案例中，采用以人物作为插图的设计，从而展现电影所要表达的主题，以吸引观众。

12 为画面添加主体文字。选择工具箱中的"文字工具"，设置"填色"为深棕色、"描边"为白色、描边"粗细"为1pt，选择合适的字体、字号，在画面中输入文字，然后将其进行适当的旋转，最后将文字创建轮廓后取消编组。效果如图6-133所示。

图6-133

13 制作文字的多层描边效果。选中文字，按快捷键Ctrl+C进行复制（先不要进行粘贴操作），保持文字的选中状态，执行"效果>路径>偏移路径"命令，在弹出"偏移路径"对话框中设置"位移"为3mm、"连接"为"圆角"、"斜接限制"为4，如图6-134所示，单击"确定"按钮，文字效果如图6-135所示。

偏移路径

位移 (O)　3 mm

连接 (J)　圆角

斜接限制 (M)　4

☐ 预览 (P)　　确定　　取消

图6-134

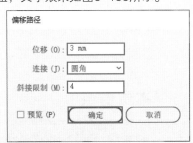

图6-135

14 按快捷键Ctrl+F，将复制的文字粘贴在原文字的前面，此时文字呈现双层效果，如图6-136所示。

图6-136

15 再次复制文字，并进行适当的移动，然后将右侧文字填充为白色，效果如图6-137所示。

图6-137

16 使用"文字工具"输入画面底部的文字，并将其旋转到合适的角度。最终完成效果如图6-138所示。

图6-138

第7章

效果

本章概述

在Illustrator中，效果分为Illustrator效果和Photoshop效果。当要为矢量图形添加效果时，这两类效果都可以使用；当要为位图添加效果时，则一些Illustrator效果不能使用。

本章重点

- 掌握"效果画廊"的使用方法
- 了解并学会多种效果的制作

<table>
<tr><td colspan="2">实例043　使用3D效果制作立体文字</td></tr>
<tr><td>文件路径</td><td>第7章\使用3D效果制作立体文字</td></tr>
<tr><td>难易指数</td><td>★★★★★</td></tr>
<tr><td>技术掌握</td><td>● "扩展"命令
● "平均"命令
● 文字工具
● 3D效果</td></tr>
</table>

扫码深度学习

操作思路

执行"效果>3D和材质>3D（经典）"命令，在子菜单中可以看到三种效果，即"凸出和斜角（经典）""绕转（经典）""旋转（经典）"。将这些效果用于二维的对象，可以创建出三维的效果。这些效果不仅可以作用于矢量图形，还可以作用于位图对象。在本案例中，主要讲解如何制作立体文字。首先在画面中输入文字并更改文字的颜色，然后利用"凸出和斜角（经典）"命令制作文字的立体效果。

案例效果

案例效果如图7-1所示。

图7-1

操作步骤

01 新建一个A4（210mm×297mm）大小横向的空白文档。使用"矩形工具"绘制一个与画板等大的矩形，然后选中矩形，打开"渐变"面板，编辑一个蓝色系的径向渐变，如

图7-2所示，设置"描边"为无。使用"渐变工具"在矩形上拖动调整渐变效果，如图7-3所示，按快捷键Ctrl+2锁定该矩形。

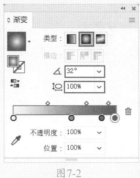

图7-2

图7-3

02 选择工具箱中的"矩形工具"，设置"填色"为无、"描边"为浅蓝色，在控制栏中设置描边"粗细"为14pt，单击"描边"按钮，在其下拉面板中选中"虚线"复选框，设置"虚线"为20pt、"间隙"为35pt，绘制一个与画板等大的矩形边框，效果如图7-4所示。

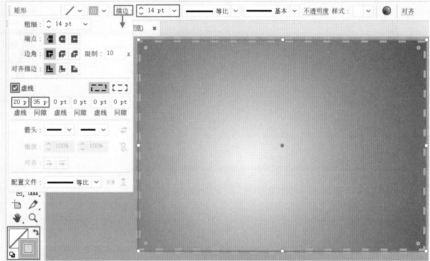

图7-4

03 选中虚线框，执行"对象>扩展"命令，在"扩展"对话框中选中"填充"和"描边"复选框，单击"确定"按钮，如图7-5所示。使用"直接选择工具"，按住Shift键加选图形内侧的控制点，如图7-6所示。

图7-5

图7-6

04 执行"对象>路径>平均"命令,在"平均"对话框中选中"两者兼有"单选按钮,单击"确定"按钮,如图7-7所示,此时得到放射状图形,效果如图7-8所示。

图7-7　　　　　　　　　图7-8

05 保持图形的选中状态,打开"渐变"面板,设置"类型"为径向渐变,编辑一个浅蓝色系的径向渐变,使用"渐变工具"调整渐变效果,如图7-9所示。

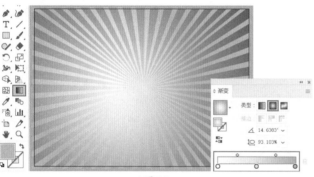

图7-9

06 使用"矩形工具"在图形上绘制一个矩形,效果如图7-10所示。选择矩形以及放射状图形,然后按快捷键Ctrl+7创建剪切蒙版,效果如图7-11所示。调整放射状图形的大小,直至其与画板大小重合,效果如图7-12所示。

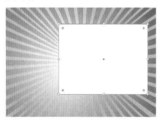

图7-10　　　　　　　　　图7-11

图7-12

07 打开素材"1.ai",将其中的素材图形复制,切换到当前操作的文档中进行粘贴,并适当调整素材的位置,效果如图7-13所示。

图7-13

08 选择工具箱中的"文字工具",在控制栏中设置合适的字体、字号与颜色,然后输入文字,效果如图7-14所示。

图7-14

09 使用"文字工具"选中"F",将其颜色更改为绿色,如图7-15所示。使用同样的方法制作其他文字,效果如图7-16所示。

图7-15

图7-16

10 使用同样的方法输入其他文字,并更改文字的颜色。按住Shift键加选两组文字,按快捷键Ctrl+G将两组文字进行编组,效果如图7-17所示。

图7-17

选中文字，执行"效果>3D和材质>3D（经典）>凸出和斜角（经典）"命令，在对话框中设置"位置"为"自定旋转"、"指定绕X轴旋转"为–1°、"指定绕Y轴旋转"为–23°、"指定绕Z轴旋转"为10°、"凸出厚度"为50pt、"表面"为"塑料效果底纹"，单击"确定"按钮，如图7-18所示。立体文字制作完成，适当调整其位置，最终完成效果如图7-19所示。

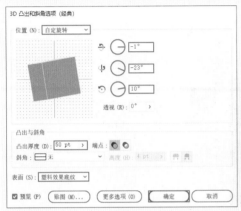

图7-18

图7-19

要点速查："3D凸出和斜角选项（经典）"对话框

在"3D凸出和斜角选项（经典）"对话框中可以设置"位置""凸出厚度"等参数，以改变3D对象的效果，如图7-20所示。

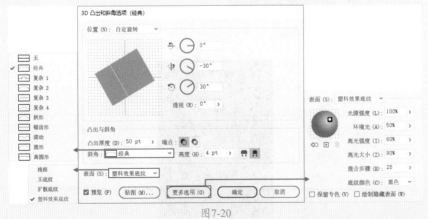

图7-20

> 位置：设置对象如何旋转，以及查看对象的透视角度。在下拉列表中提供了预设的位置选项，也可以通过右侧的文本框选择不同方向的旋转，还可以直接拖动。如图7-21所示为设置不同数值的对比效果。
> 透视：通过调整该数值，调整对象的透视效果。当数值为0°时，没有任何效果；数值越大，透视效果越明显。如图7-22所示为设置不同数值的对比效果。

图7-21

透视：0°　　透视：100°　　透视：120°

图7-22

> 凸出厚度：设置对象的深度。数值越大，对象越厚。如图7-23所示为设置不同数值的对比效果。

凸出厚度：50pt　　凸出厚度：500pt

图7-23

> 端点：指定显示的对象是实心（开启端点 ◖ ）还是空心（关闭端点 ◖ ），如图7-24所示。

开启端点　　关闭端点

图7-24

> 斜角：沿对象的深度轴（z轴）应用所选类型的斜角边缘。
> 高度：可以设置1～100之间的高度值。
> 斜角外扩 ▉：将斜角添加至对象的原始形状。
> 斜角内缩 ▉：将自对象的原始形状砍去斜角。
> 表面：控制表面底纹。选择"线框"选项，会得到对象几何形状的轮廓，并使每个表面透明；选择"无底纹"选项，不向对象添加任何新的表面属性；选择"扩散底纹"选项，可以使对象以一种柔和、扩散的方式反射光；选择"塑料效果底纹"选项，可以使对象

以一种闪烁、光亮的材质模式反射光。

➢ 预览：选中"预览"复选框，可以实时观察到参数调整的效果。

➢ 更多选项：单击该按钮，可以在展开的对话框中设置"光源强度""环境光""高光强度"等参数。

实例044　使用"照亮边缘"效果制作素描画效果

文件路径	第7章 \ 使用"照亮边缘"效果制作素描画效果
难易指数	★★★★★
技术掌握	● 矩形工具 ● 混合模式 ● "照亮边缘"效果

🔍扫码深度学习

💡操作思路

在本案例中，主要讲解如何制作素描画效果。首先在画面中置入人物素材，然后利用"照亮边缘"命令制作线条效果，并多次设置不同的混合模式，使人物素材呈现出素描画的色彩效果。

🖱案例效果

案例效果如图7-25所示。

图7-25

🎤操作步骤

01 新建一个"宽度"为210mm、"高度"为280mm的空白文档。置入人物素材"1.jpg"，调整其位置和大小，并将其嵌入文档，效果如图7-26所示。

图7-26

02 选中人物素材，执行"效果>风格化>照亮边缘"命令，在"照亮边缘"对话框中打开"风格化"效果组，选择"照亮边缘"效果，设置"边缘宽度"为2、"边缘亮度"为6、"平滑度"为5，单击"确定"按钮，如图7-27所示，此时效果如图7-28所示。

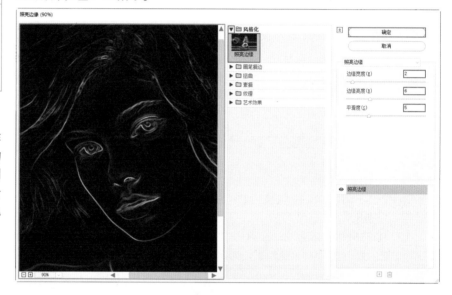

图7-27

图7-28

03 选择工具箱中的"矩形工具"，在控制栏中设置"填充"为白色、"描边"为无，绘制一个覆盖住人物素材的矩形，效果如图7-29所示。选择矩形，单击控制栏中的"不透明度"按钮，在其下拉面板中设置"混合模式"为"排除"，效果如图7-30所示。

图7-29

图7-30

04 使用同样的方法，绘制一个覆盖住人物素材的白色矩形，单击控制栏中的"不透明度"按钮，在其下拉面板中设置"混合模式"为"色相"，此时画面变为黑白色调，效果如图7-31所示。

图7-31

05 置入纹理素材"2.jpg"，调整大小并嵌入文档，如图7-32所示。单击控制栏中的"不透明度"按钮，在其下拉面板中设置"混合模式"为"正片叠底"。最终完成效果如图7-33所示。

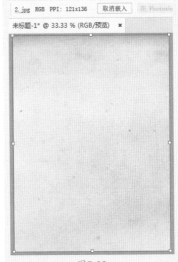

图7-32

图7-33

实例045 使用"投影"效果制作植物文字海报

文件路径	第 7 章 \ 使用"投影"效果制作植物文字海报	
难易指数	⭐⭐⭐⭐⭐	
技术掌握	"投影"效果	🔍扫码深度学习

操作思路

利用"投影"命令可以为矢量图形或者位图对象添加投影效果。在本案例中，主要讲解如何为文字添加投影，从而丰富画面效果。首先在画面中输入文字，然后利用"投影"命令制作具有投影效果的文字。

案例效果

案例效果如图7-34所示。

图7-34

🎙️ 操作步骤

01 新建一个"宽度"为713px、"高度"为1024px的空白文档。选择工具箱中的"矩形工具"，在工具箱的底部设置"填色"为绿色、"描边"为无，在画面中绘制一个与画板等大的矩形，效果如图7-35所示。

02 打开素材"1.ai"，框选小鸟与植物的图形，按快捷键Ctrl+C进行复制，切换到刚才操作的文档中，按快捷键Ctrl+V进行粘贴，并适当调整小鸟与植物图形的位置和大小，效果如图7-36所示。

图7-35　　　　　　　　　图7-36

03 选中小鸟图形，执行"效果>风格化>投影"命令，在"投影"对话框中设置"模式"为"正片叠底"、"不透明度"为80%、"X位移"为7px、"Y位移"为7px、"模糊"为4px，选中"颜色"单选按钮，颜色设置为黑色，单击"确定"按钮，如图7-37所示。效果如图7-38所示。

图7-37　　　　　　　　　图7-38

04 使用同样的方法，为植物素材添加合适的投影，效果如图7-39所示。

图7-39

05 选择工具箱中的"文字工具"，在控制栏中设置合适的字体、字号与颜色，然后输入字母"E"，效果

如图7-40所示。选中字母"E"，执行"效果>风格化>投影"命令，在"投影"对话框中设置合适的参数，单击"确定"按钮，如图7-41所示，此时效果如图7-42所示。

图7-40

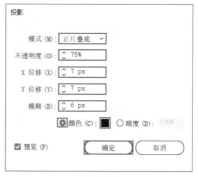

图7-41　　　　　　　　　图7-42

06 执行"对象>排列>后移一层"命令，将字母"E"移至白色花朵的后面，效果如图7-43所示。

07 使用同样的方式制作其他字母，多次执行"对象>排列>后移一层"命令，调整字母的位置顺序，效果如图7-44所示。

图7-43　　　　　　　　　图7-44

08 继续使用"文字工具"输入相应的文字，效果如图7-45所示。

09 选择工具箱中的"矩形工具"，在控制栏中设置"填充"为无、"描边"为白色、描边"粗细"为1pt，在白色文字上绘制一个矩形边框，效果如图7-46所示。选择工具箱中的"圆角矩形工具"，在控制栏中设置"填充"为无、"描边"为黑色、描边"粗细"为2pt，在倒数第二行文字上绘制一个黑色矩形边框，效果如图7-47所示。

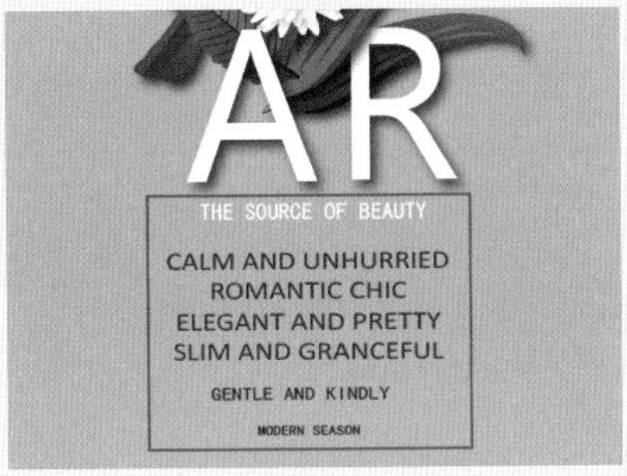
AR
THE SOURCE OF BEAUTY
CALM AND UNHURRIED
ROMANTIC CHIC
ELEGANT AND PRETTY
SLIM AND GRANCEFUL
GENTLE AND KINDLY
MODERN SEASON

图7-45

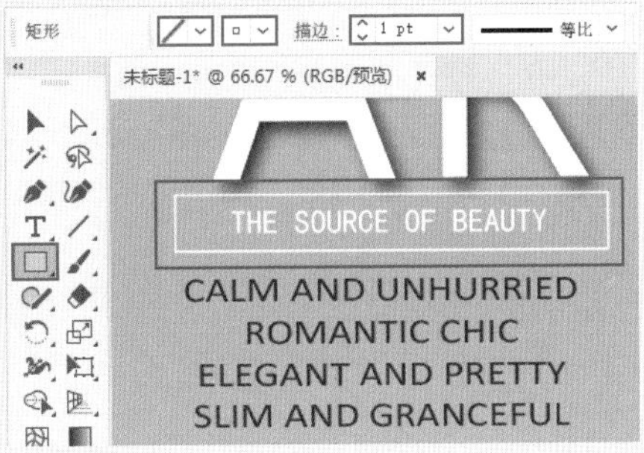
矩形
描边：1 pt
等比
未标题-1* @ 66.67 % (RGB/预览)
THE SOURCE OF BEAUTY
CALM AND UNHURRIED
ROMANTIC CHIC
ELEGANT AND PRETTY
SLIM AND GRANCEFUL

图7-46

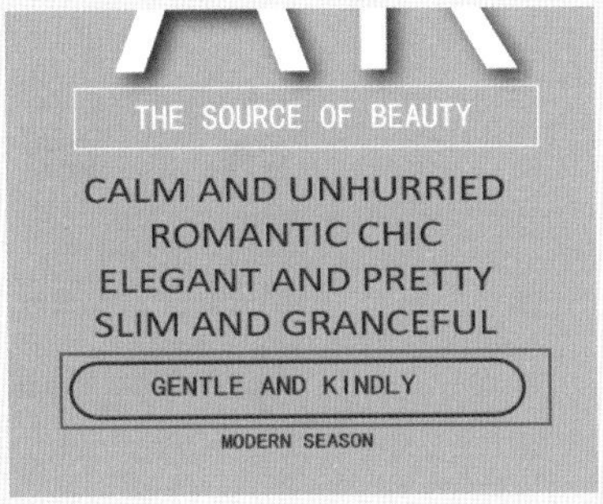
THE SOURCE OF BEAUTY
CALM AND UNHURRIED
ROMANTIC CHIC
ELEGANT AND PRETTY
SLIM AND GRANCEFUL
GENTLE AND KINDLY
MODERN SEASON

图7-47

10 选中素材“1.ai”中的标志图形，将其复制并粘贴到当前操作的文档中，适当调整标志图形的位置和大小，效果如图7-48所示。在标志图形两侧输入合适的文字，最终完成效果如图7-49所示。

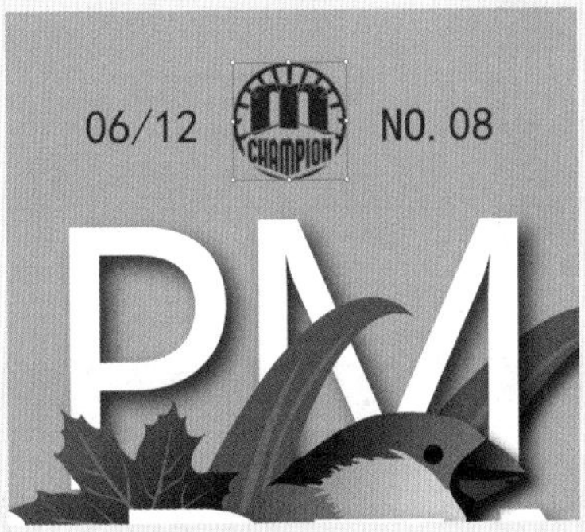
06/12
CHAMPION
NO. 08
PM

图7-48

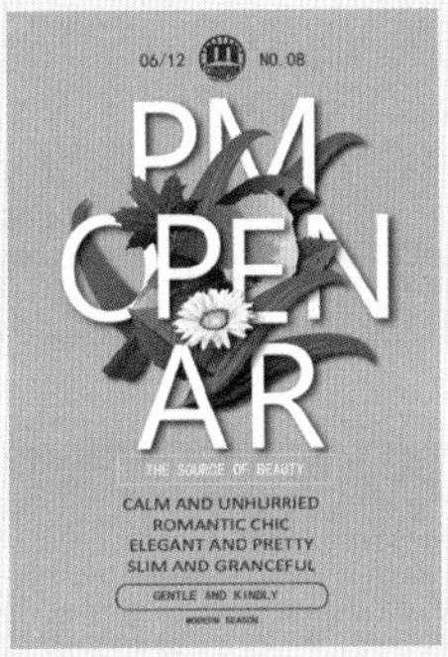
06/12
NO. 08
PM
OPEN
AR
THE SOURCE OF BEAUTY
CALM AND UNHURRIED
ROMANTIC CHIC
ELEGANT AND PRETTY
SLIM AND GRANCEFUL
GENTLE AND KINDLY

图7-49

要点速查：“投影”对话框

执行“效果>风格化>投影”命令，在“投影”对话框中可以进行混合模式、不透明度、阴影的位移及模糊程度的设置，如图7-50所示。

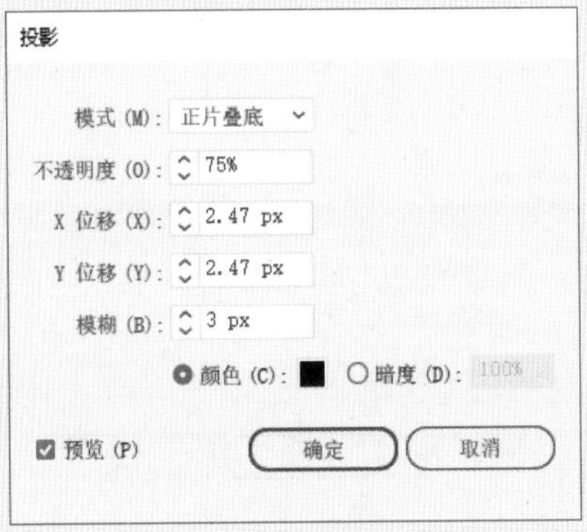
投影
模式 (M)：正片叠底
不透明度 (O)：75%
X 位移 (X)：2.47 px
Y 位移 (Y)：2.47 px
模糊 (B)：3 px
颜色 (C)：
暗度 (D)：100%
预览 (P)
确定
取消

图7-50

- 模式：设置投影的混合模式。
- 不透明度：设置投影的不透明度百分比。
- X位移/Y位移：设置投影偏离对象的距离。
- 模糊：设置要进行模糊处理的位置与阴影边缘的距离。不同数值设置的对比效果如图7-51所示。

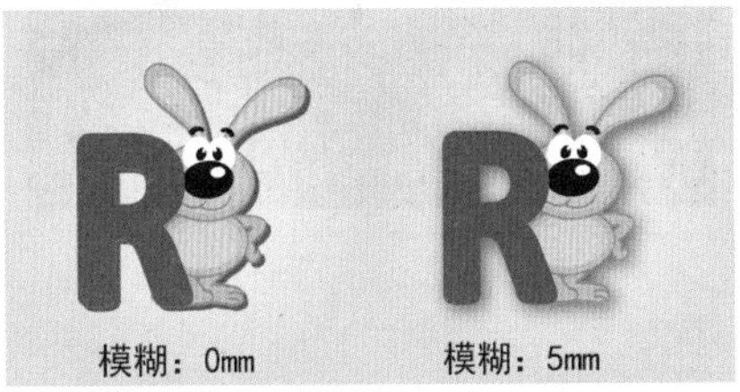
模糊：0mm
模糊：5mm

图7-51

- 颜色：设置投影的颜色。
- 暗度：设置为投影添加的黑色的深度百分比。不同数值设置的对比效果如图7-52所示。

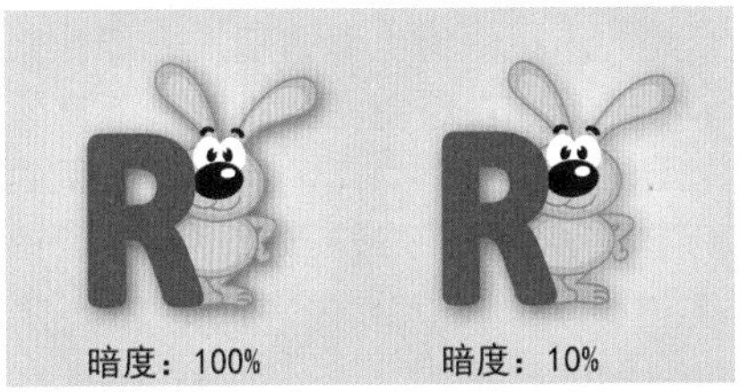
暗度：100%
暗度：10%

图7-52

实例046 使用“外发光”效果制作发光文字

文件路径	第7章\使用“外发光”效果制作发光文字
难易指数	★★★★★
技术掌握	● 文字工具 ● 渐变工具 ● “外发光”效果

扫码深度学习

操作思路

“外发光”效果主要被用于制作对象外侧产生的发光效果。在本案例中，主要讲解如何制作文字的外发光效果。首先在画面中输入文字并调整文字的颜色，然后利用“外发光”命令制作带有外发光效果的文字。

案例效果

案例效果如图7-53所示。

图7-53

操作步骤

01 新建一个"宽度"为297mm、"高度"为192mm的空白文档。置入背景素材"1.jpg",调整其位置和大小,并将其嵌入该文档,效果如图7-54所示。选择工具箱中的"文字工具",在画面中单击插入光标,删除占位符,在控制栏中设置"填充"为无、"描边"为黑色,设置合适的字体、字号,然后输入文字,按快捷键Ctrl+Enter确认输入操作完成,效果如图7-55所示。

图7-54

图7-55

02 选中文字,执行"对象>扩展"命令,在"扩展"对话框中选中"对象"和"填充"复选框,单击"确定"按钮,如图7-56所示,此时文字转换为图形。

03 选中文字,单击"填色"按钮,使之置于前面,执行"窗口>渐变"命令,打开"渐变"面板,编辑一个蓝色系的线性渐变,如图7-56所示,设置"描边"为无,效果如图7-57所示。

04 选中文字,执行"效果>风格化>外发光"命令,在"外发光"对话框中设置"模式"为"滤色"、"不透明度"为100%、"模糊"为2mm,单击"确定"按钮,如图7-58所示,此时效果如图7-59所示。

05 使用同样的方法制作副标题。最终完成效果如图7-60所示。

图7-56

图7-57　　　　　　　　　　　图7-58

图7-59　　　　　　　　　　　图7-60

要点速查:"外发光"对话框

执行"效果>风格化>外发光"命令,弹出"外发光"对话框,如图7-61所示。

图7-61

- ➤ 模式：在其下拉列表中选择不同的选项，可以指定发光的混合模式。
- ➤ 不透明度：在其微调框中输入相应的数值，可以指定发光的不透明度百分比。
- ➤ 模糊：在其微调框中输入相应的数值，可以指定要进行模糊处理的位置到选区中心或选区边缘的距离。设置不同数值的对比效果如图7-62所示。

图7-62

实例047	使用"彩色半调"效果制作时装广告
文件路径	第7章\使用"彩色半调"效果制作时装广告
难易指数	★★★★★
技术掌握	● 矩形工具 ● 渐变工具 ● "彩色半调"效果

扫码深度学习

操作思路

利用"彩色半调"命令，可以模拟在图像的每个通道中使用放大的半调网屏的效果。在本案例中，使用"彩色半调"命令制作网点背景效果。

案例效果

案例效果如图7-63所示。

图7-63

操作步骤

01 新建一个"宽度"为2049px、"高度"为1454px的空白文档。选择工具箱中的"矩形工具"，绘制一个比画板略小的矩形，效果如图7-64所示。选择矩形，单击"填色"按钮，使之置于前面。执行"窗口>渐变"命令，打开"渐变"面板，编辑一个绿色系的线性渐变，如图7-65所示。使用"渐变工具"，在矩形上拖动调整渐变效果，如图7-66所示。按快捷键Ctrl+2锁定该矩形。

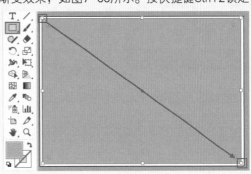

图7-64

图7-65

图7-66

02 选择工具箱中的"矩形工具"，设置"填色"为无、"描边"为墨绿色，在控制栏中设置描边"粗细"为50pt，绘制一个与画板等大的矩形边框，效果如图7-67所示。

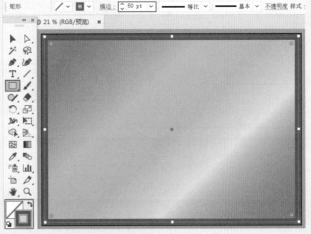

图7-67

03 置入人物素材"1.png"，调整素材的大小和位置，单击控制栏中的"嵌入"按钮，效果如图7-68所示。在选中人物素材的状态下，执行"对象>排列>后移一层"命令，使其位于墨绿色矩形边框的后面，效果如图7-69所示。

图7-68　　　　　　　　图7-69

04 在工具箱的底部单击"填色"按钮，使之置于前面，执行"窗口>渐变"命令，弹出"渐变"面板，编辑一个绿色到透明的径向渐变，如图7-70所示。选择工具箱中的"椭圆工具"，按住Shift键的同时按住鼠标左键拖动鼠标绘制一个正圆形，效果如图7-71所示。

图7-70　　　　　　　　图7-71

05 选中正圆形，执行"效果>像素化>彩色半调"命令，在"彩色半调"对话框中设置"最大半径"为50像素、"通道1"为108、"通道2"为162、"通道3"为90、"通道4"为45，单击"确定"按钮，如图7-72所示，此时效果如图7-73所示。

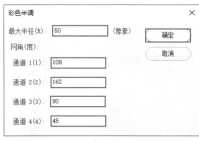

图7-72　　　　　　　　图7-73

06 选择该正圆形，执行"窗口>透明度"命令，在"透明度"面板中设置"混合模式"为明度，如图7-74所示，此时效果如图7-75所示。

图7-74　　　　　　　　图7-75

07 在选中正圆形的状态下，多次执行"对象>排列>后移一层"命令，将其移动至墨绿色矩形边框和人物素材的后面。最终完成效果如图7-76所示。

图7-76

实例048	使用"成角的线条"效果制作绘画效果
文件路径	第7章\使用"成角的线条"效果制作绘画效果
难易指数	★★★★★
技术掌握	"成角的线条"效果

扫码深度学习

💡操作思路

　　利用"成角的线条"命令，可以制作平滑的绘画效果。在本案例中，主要讲解如何使用"成角的线条"命令制作绘画效果。

🖱案例效果

　　案例效果如图7-77所示。

图7-77

操作步骤

01 新建一个"宽度"为1024px、"高度"为754px的空白文档。置入背景素材"1.jpg"，将其嵌入文档，效果如图7-78所示。使用同样的方法，置入蝴蝶素材"2.jpg"，调整其大小与位置，然后将其嵌入文档，效果如图7-79所示。

图7-78

图7-79

02 适当旋转，然后将其摆放在背景素材中相框的内部，效果如图7-80所示。

图7-80

03 选中蝴蝶素材，执行"效果>画笔描边>成角的线条"命令，在"成角的线条"对话框中打开"画笔描边"效果组，选择"成角的线条"效果，设置"方向平衡"为50、"描边

长度"为15、"锐化程度"为3，单击"确定"按钮，如图7-81所示，最终完成效果如图7-82所示。

图7-81

图7-82

实例049　使用"海报边缘"效果制作绘画效果

文件路径	第7章\使用"海报边缘"效果制作绘画效果
难易指数	★★★★★
技术掌握	"海报边缘"效果

扫码深度学习

操作思路

利用"海报边缘"命令，可以将图像海报化，并在图像的边缘添加黑色描边以改变其质感。在本案例中，主要讲解如何使用"海报边缘"命令制作绘画效果。

案例效果

案例效果如图7-83所示。

图7-83

操作步骤

01 新建一个"宽度"为2000px、"高度"为1518px的空白文档。置入背景素材"1.jpg"，调整其位置和大小，然后单击控制栏中的"嵌入"按钮，如图7-84所示。效果如图7-85所示。

图7-84　　　　　　　　　　图7-85

02 保持背景素材的选中状态，执行"效果>艺术效果>海报边缘"命令，在"海报边缘"对话框中打开"艺术效果"效果组，选择"海报边缘"效果，设置"边缘厚度"为2、"边缘强度"为1、"海报化"为2，单击"确定"按钮，如图7-86所示，此时效果如图7-87所示。

03 置入并嵌入边框素材"2.png"，然后调整其大小和位置，以增强绘画效果。最终完成效果如图7-88所示。

图7-86

图7-87　　　　　　　　　　图7-88

实例050　使用"绘图笔"效果制作炭笔画

文件路径	第7章\使用"绘图笔"效果制作炭笔画
难易指数	★★★★★
技术掌握	● "绘图笔"效果 ● 混合模式

扫码深度学习

操作思路

利用"绘图笔"命令，可以模拟绘图笔绘制的草图效果。在本案例中，首先使用"绘图笔"命令制作炭笔画效果，然后利用混合模式将木纹肌理混合到画面中。

案例效果

案例效果如图7-89所示。

图7-89

操作步骤

01 新建一个"宽度"为2000px、"高度"为1235px的空白文档。置入木纹背景素材"1.jpg"，调整其大小和位置，然后单击控制栏中的"嵌入"按钮，效果如图7-90所示。置入大象素材"2.jpg"，调整其大小和位置后进行嵌入，效果如图7-91所示。

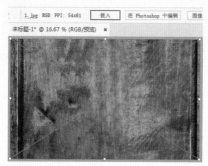

图7-90

图7-91

02 选择大象素材，执行"效果>素描>绘图笔"命令，在"绘图笔"对话框中打开"素描"效果组，选择"绘图笔"效果，设置"描边长度"为15、"明/暗平衡"为26、"描边方向"为右对角线，单击"确定"按钮，如图7-92所示，此时效果如图7-93所示。

图7-92

图7-93

03 选中大象素材，执行"窗口>透明度"命令，在"透明度"面板中设置"混合模式"为"正片叠底"，如图7-94所示。最终完成效果如图7-95所示。

图7-94　　　　　图7-95

实例051　使用"晶格化"效果制作晶格背景的名片

文件路径	第7章 \ 使用"晶格化"效果制作晶格背景的名片
难易指数	★☆★★★★
技术掌握	● 矩形工具 ● "晶格化"效果 ● 剪切蒙版

扫码深度学习

操作思路

利用"晶格化"命令，可以使图像中颜色相近的像素结块形成多边形纯色晶格化效果。在本案例中，主要讲解如何使用"晶格化"命令制作色块拼接的效果。首先在面中置入图片素材，然后执行"晶格化"命令，并利用剪切蒙版剪切出需要的部分，再添加三角形装饰和文字，制作出晶格背景的名片效果。

案例效果

案例效果如图7-96所示。

图7-96

操作步骤

01 新建一个宽度为3089px、高度为2099px的空白文档。选择工具箱中的"矩形工具"，设置"描边"为无，单击"填色"按钮，使之置于前面，双击"渐变工具"按钮，在"渐变"面板中设置"类型"为"径向"、渐变，编辑一个灰色系的渐变，效果如图7-97所示，选择"矩形工具"，按住鼠标左键拖动，绘制一个与画板等大的矩形，如图7-98所示。

图7-97

图7-98

02 置入草莓素材"1.jpg"，调整其大小和位置，然后单击控制栏中的"嵌入"按钮，效果如图7-99所示。选中草莓素材，执行"效果>像素化>晶格化"命令，在"晶格化"对话框中设置"单元格大小"为50，单击"确定"按钮，如图7-100所示，此时效果如图7-101所示。

图7-99

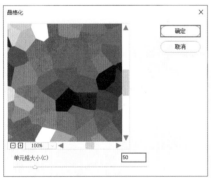

图7-100

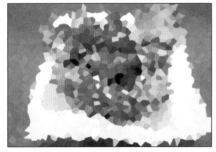

图7-101

03 选择工具箱中的"矩形工具"，在草莓素材的左上方绘制一个矩形，效果如图7-102所示。按住Shift键同时选中素材和矩形，然后按快捷键Ctrl+7创建剪切蒙版，效果如图7-103所示。

图7-102

图7-103

04 选择工具箱中的"矩形工具"，设置"填色"为白色、"描边"为无，在草莓素材的右下方绘制一个矩形，效果如图7-104所示。使用工具箱中的"直接选择工具"，单击矩形左上角的锚点，然后按住鼠标左键将锚点向右下角方向拖动，如图7-105所示，将矩形调整为直角三角形，效果如图7-106所示。

图7-104

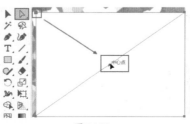

图7-105

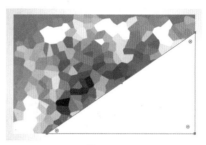

图7-106

05 使用同样的方法，绘制一个红色三角形，调整其大小，使其遮挡住大部分白色三角形，只保留边缘的部分，效果如图7-107所示。

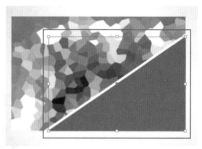

图7-107

06 下面制作文字。使用工具箱中的"文字工具"，在控制栏中设置合适的字体、字号与颜色，然后输入文字，效果如图7-108所示。

图7-108

07 使用"文字工具"选中字母"N"，将"填色"改为绿色，如图7-109所示。使用同样的方法，制作其他文字，效果如图7-110所示。按快捷键Ctrl+A全选名片中各元素，然后按快捷键Ctrl+G将名片中各元素编组。

图7-109

图7-110

08 选中名片组，执行"效果>风格化>投影"命令，在"投影"对话框中设置"模式"为"正片叠底"、"不透明度"为75%、"X位移"为7px、"Y位移"为7px、"模糊"为5px，选中"颜色"单选按钮，颜色设置为黑色，单击"确定"按钮，如图7-111所示，此时效果如图7-112所示。

图7-111

图7-112

09 选中制作完成的名片，将其复制一份，效果如图7-113所示。将名片进行适当的旋转，效果如图7-114所示。

图7-113

图7-114

10 执行"对象>排列>后移一层"命令，将旋转的名片放在后面，最终完成效果如图7-115所示。

图7-115

实例052	使用"径向模糊"效果制作飞驰的汽车
文件路径	第7章\使用"径向模糊"效果制作飞驰的汽车
难易指数	★★★★★
技术掌握	● 矩形工具 ● "径向模糊"效果

扫码深度学习

操作思路

"径向模糊"是指以指定点的中心点为基点创建的旋转或缩放的模糊效果。在本案例中，主要讲解如何使用"径向模糊"命令制作飞驰的汽车效果。制作时只要使用"径向模糊"命令改变车轮的状态，就可以呈现出汽车飞驰的场景。

案例效果

案例效果如图7-116所示。

图7-116

操作步骤

01 新建一个"宽度"为282mm、"高度"为283mm的空白文档。使用工具箱中的"矩形工具"，设置"描边"为无，单击"填色"按钮，使其置于前面，双击"渐变工具"，在"渐变"面板中编辑一个蓝色系的渐变，如图7-117所示。使用"矩形工具"绘制一个与画板等大的矩形，效果如图7-118所示。

图7-117

图7-118

02 打开素材"1.ai"，选择其中的背景图形，按快捷键Ctrl+C进行复制，切换到刚才操作的文档中，按快捷键Ctrl+V进行粘贴，然后适当调整背景图形的位置，效果如图7-119

所示。选择工具箱中的"矩形工具"，在控制栏中设置"填充"为深灰色、"描边"为无，在画面的下方绘制一个矩形，效果如图7-120所示。

图7-119

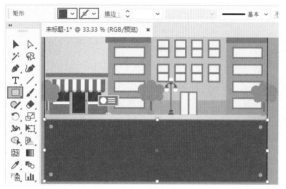

图7-120

03 使用同样的方法，绘制青灰色的细长矩形，效果如图7-121所示。继续使用"矩形工具"，在灰色矩形的上方绘制浅灰色的矩形，效果如图7-122所示。

图7-121

图7-122

04 使用与粘贴背景图形同样的方法，将素材"2.ai"中的汽车图形粘贴到画面中，并适当调整其位置，效果如图7-123所示。

05 选中汽车图形，执行"对象>取消编组"命令，然后在画面以外单击，取消汽车图形的选中状态。单击其中一个车轮，执行"效果>模糊>径向模糊"命令，在"径向模糊"对话框中设置"数量"为50、"模糊方法"

为"旋转"、"品质"为"好"，单击"确定"按钮，如图7-124所示，此时效果如图7-125所示。

06 使用同样的方法，制作另一个车轮的径向模糊效果。最终完成效果如图7-126所示。

图7-123

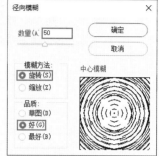

图7-124

图7-125

图7-126

实例053　使用"木刻"效果制作矢量感人像

文件路径	第7章\使用"木刻"效果制作矢量感人像
难易指数	★★★★★
技术掌握	● "木刻"效果 ● 混合模式 ● 不透明度

扫码深度学习

操作思路

利用"木刻"命令，可以将画面处理为木制雕刻的质感。在本案例中，主要讲解如何为图像添加"木刻"效果，从而制作出矢量感的人像插画。

案例效果

案例效果如图7-127所示。

图7-127

操作步骤

01 新建一个"宽度"为438px、"高度"为288px的空白文档。置入人物素材"1.jpg",调整其位置和大小,然后单击控制栏中的"嵌入"按钮,效果如图7-128所示。

图7-128

02 选中人像素材,执行"效果>艺术效果>木刻"命令,在"木刻"对话框中打开"艺术效果"效果组,选择"木刻"效果,设置"色阶数"为8、"边缘简化度"为1、"边缘逼真度"为2,单击"确定"按钮,如图7-129所示,此时效果如图7-130所示。

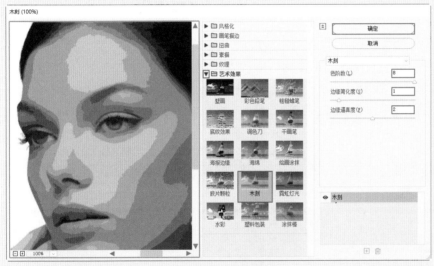

图7-129

图7-130

03 置入纹理素材"2.png",调整大小并将其嵌入,使其与画板大小相同,效果如图7-131所示。执行"窗口>透明度"命令,在"透明度"面板中设置"混合模式"为"正片叠底"、"不透明度"为70%,如图7-132所示。

最终完成效果如图7-133所示。

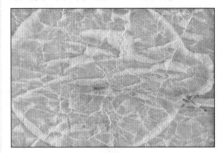

图7-131

图7-132

图7-133

实例054	制作带有涂抹边框的标志
文件路径	第7章\制作带有涂抹边框的标志
难易指数	★★★★★
技术掌握	● 文字工具 ● 不透明度 ● "涂抹"效果

🔍扫码深度学习

操作思路

利用"涂抹"命令,能够在保持图形的颜色和基本形状的前提下,在其表面添加画笔涂抹的效果。在本案例中,主要讲解如何使用"涂抹"命令制作文字边框。

🖱 案例效果

案例效果如图7-134所示。

图7-134

🎤 操作步骤

01 新建一个"宽度"为510px、"高度"为337px的空白文档。置入背景素材"1.jpg",调整其大小,然后单击控制栏中的"嵌入"按钮,如图7-135所示。选择工具箱中的"文字工具",在画面中单击插入光标,删除占位符,设置"填色"为白色、"描边"为深棕色,在控制栏中设置描边"粗细"为5pt,设置合适的字体、字号,然后输入文字,效果如图7-136所示。

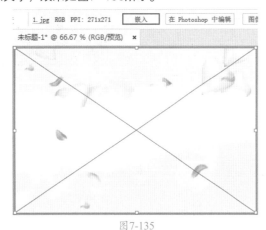

图7-135

图7-136

02 选择工具箱中的"选择工具",在字母"B"上单击以显示定界框,然后拖动控制点将字母进行旋转,效果如图7-137所示。使用同样的方法,制作不同颜色、大小、方向的字母,效果如图7-138所示。

图7-137

图7-138

03 继续使用"文字工具",设置"填色"为浅黄色、"描边"为深棕色,在控制栏中设置描边"粗细"为0.25pt,设置合适的字体、字号,在字母的上方输入文字,效果如图7-139所示。使用同样的方法,输入黄色的"~"符号,效果如图7-140所示。

图7-139

图7-140

04 选择工具箱中的"钢笔工具"，设置"填色"为无、"描边"为无，沿着字母和符号的轮廓绘制图形，效果如图7-141所示。然后设置"填色"为深棕色，多次执行"对象>排列>后移一层"命令，将红棕色图形移动到字母的后面，效果如图7-142所示。

图7-141

图7-142

05 选中深棕色图形，按快捷键Ctrl+C进行复制，按快捷键Ctrl+F将其粘贴到原红棕色图形的前面，然后设置"填色"为无、"描边"为黄色、描边"粗细"为5pt，效果如图7-143所示。

图7-143

06 执行"效果>风格化>涂抹"命令，在"涂抹选项"对话框中依次设置"角度"为30°、"路径重叠"为0px、"变化"为5px、"描边宽度"为3px、"曲度"为5%、曲度"变化"为1%、"间距"为5px、"间距变化"为0.5px，单击"确定"按钮，如图7-144所示，

此时效果如图7-145所示。

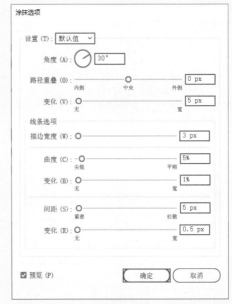

图7-144

图7-145

07 使用同样的方法，制作字母和符号最外侧的涂抹轮廓，最终完成效果如图7-146所示。

图7-146

实例055　为标志添加虚化的背景

文件路径	第7章\为标志添加虚化的背景
难易指数	⭐⭐⭐⭐⭐
技术掌握	"高斯模糊"效果

扫码深度学习

操作思路

　　在本案例中，主要讲解如何制作虚化的背景。在画面中置入背景素材，执行"高斯模糊"命令，调整合适的数值范围，即可得到虚化的背景。

案例效果

案例效果如图7-147所示。

图7-147

操作步骤

01 新建一个"宽度"为2000px、"高度"为1500px的空白文档。置入背景素材"1.jpg"，调整其位置和大小，然后单击控制栏中的"嵌入"按钮，效果如图7-148所示。

图7-148

02 选中背景素材，执行"效果>模糊>高斯模糊"命令，在"高斯模糊"对话框中设置"半径"为182像素，单击"确定"按钮，如图7-149所示，此时效果如图7-150所示。

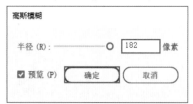

图7-149

图7-150

03 背景制作完成，下面添加标志。使用同样的方法，将文字素材"2.png"置入画面，适当调整其位置和大小，最终完成效果如图7-151所示。

图7-151

实例056　制作卡通效果画面

文件路径	第7章\制作卡通效果画面
难易指数	★★★★★
技术掌握	"木刻"效果

扫码深度学习

操作思路

利用"木刻"命令，可以将画面处理为木制雕刻的质感。在本案例中，主要讲解如何使用"木刻"命令制作卡通效果画面。

案例效果

案例效果如图7-152所示。

图7-152

操作步骤

01 新建一个"宽度"为1200px、"高度"为800px的空白文档。置入素材"1.jpg"，调整其位置和大小，然后单击控制栏中的"嵌入"按钮，效果如图7-153所示。

02 选择素材，执行"效果>艺术效果>木刻"命令，在"木刻"对话框中打开"艺术效果"效果组，选择"木刻"效果，设置"色阶数"为5、"边缘简化度"为0、"边缘逼真度"为3，单击"确定"按钮，如图7-154所示。最终完成效果如图7-155所示。

图7-153

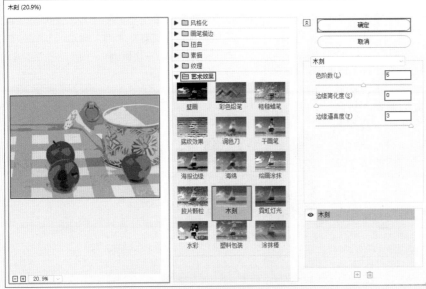

图7-154

图7-155

实例057　使用多种效果制作海报

文件路径	第7章\使用多种效果制作海报
难易指数	⭐⭐⭐⭐⭐
技术掌握	● 文字工具 ● "纹理化"效果 ● "染色玻璃"效果

🔍扫码深度学习

操作思路

　　在本案例中，主要讲解如何使用多种效果制作一张漂亮的海报。首先制作带有渐变填充和"纹理化"效果的矩形；其次置入图片素材，使用剪切蒙版得到想要的部分，并为其添加"染色玻璃"效果；再次置入同样的图片素材，使用剪切蒙版得到想要的部分；最后使用"画笔工具"为画面添加装饰，使用"文字工具"制作需要的文字，从而得到一张完整的海报。

案例效果

　　案例效果如图7-156所示。

图7-156

操作步骤

　　新建一个"宽度"为1200px、"高度"为1600px的空白文档。在画面中绘制一个与画板等大的矩形。选择矩形，设置"描边"为无，单击"填色"按钮，使之置于前面，执行"窗口>渐变"命令，在"渐变"面板中编辑一个浅黄色系的渐变，如图7-157所示。使用工具箱中的"渐变工具"在矩形上拖动调整渐变效果，如图7-158所示。

图7-157

图7-158

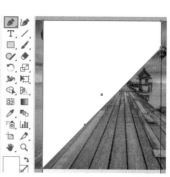 

图7-162　　　　　图7-163

02 选中矩形，执行"效果>纹理>纹理化"命令，在"纹理化"对话框中打开"纹理"效果组，选择"纹理化"效果，设置"纹理"为"画布"、"缩放"为200%、"凸现"为2、"光照"为"上"，单击"确定"按钮，如图7-159所示，此时效果如图7-160所示，按快捷键Ctrl+2锁定该矩形。

03 置入背景素材"1.jpg"，调整其位置和大小，然后单击控制栏中的"嵌入"按钮，效果如图7-161所示。使用工具箱中的"钢笔工具"，在背景素材上绘制一个四边形，效果如图7-162所示。同时选中四边形和背景素材，然后按快捷键Ctrl+7创建剪切蒙版，效果如图7-163所示。

04 选中背景素材，执行"效果>纹理>染色玻璃"命令，在"染色玻璃"对话框中打开"纹理"效果组，选择"染色玻璃"效果，设置"单元格大小"为6、"边框粗细"为1、"光照强度"为3，单击"确定"按钮，如图7-164所示，此时效果如图7-165所示。

图7-164

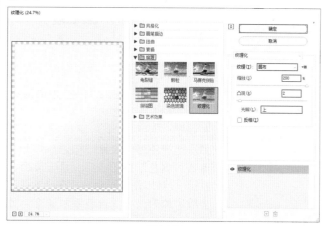

图7-159

图7-160　　　　　图7-161

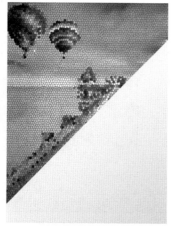

图7-165

05 再次置入背景素材"1.jpg"，选择工具箱中的"矩形工具"，按住Shift键的同时按住鼠标左键拖动并绘制一个正方形，然后将正方形进行旋转，效果如图7-166所示。同时选中背景素材和正方形后创建剪切蒙版，效果如图7-167所示。

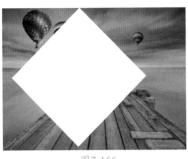
图7-166

图7-167

06 选择工具箱中的"画笔工具",在控制栏中设置"填充"为无、"描边"为白色、描边"粗细"为6pt,设置"画笔定义"为"炭笔—羽毛",然后在画面中绘制白色的线条,效果如图7-168所示。使用同样的方法,绘制其他白色和深棕色线条,效果如图7-169所示。

图7-168

图7-169

07 选择"直线工具",在控制栏中设置"填充"为无、"描边"为黑色、描边"粗细"为6pt,然后按住Shift键的同时按住鼠标左键拖动并绘制一条直线,效果如图7-170所示。

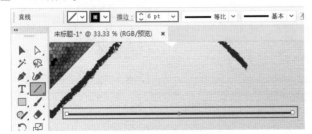
图7-170

08 下面选择工具箱中的"矩形工具",在直线的右下方绘制一个黑色矩形,效果如图7-171所示。

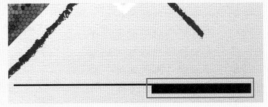
图7-171

09 选择工具箱中的"文字工具",设置合适的字体、字号与颜色,然后在菱形背景素材中输入文字,效果如图7-172所示。使用同样的方法,继续制作其他文字。最终完成效果如图7-173所示。

图7-172

图7-173

实例058 使用"高斯模糊"效果制作朦胧效果

文件路径	第7章\使用"高斯模糊"效果制作朦胧效果
难易指数	⭐⭐⭐⭐⭐
技术掌握	● 矩形工具 ● "渐变"面板 ● "高斯模糊"效果

🔍扫码深度学习

135

操作思路

在本案例中，主要讲解如何使用"高斯模糊"命令制作朦胧的效果。首先制作一个带有渐变效果的矩形作为背景，然后为矢量图形添加"高斯模糊"效果，并设置"不透明度"数值以得到朦胧效果。使用同样的方法，制作参数不同的另外一层朦胧效果，以丰富画面层次。

案例效果

案例效果如图7-174所示。

图7-174

操作步骤

01 新建一个A4（210mm×297mm）大小的横向空白文档。使用工具箱中的"矩形工具"绘制一个与画板等大的矩形。选择矩形，设置"描边"为无，单击"填色"按钮，使之置于前面，执行"窗口>渐变"命令，在"渐变"面板中编辑一个绿色系的"线性"渐变，如图7-175所示。使用"渐变工具"在矩形上拖动调整渐变效果，如图7-176所示。按快捷键Ctrl+2锁定该矩形。

图7-175

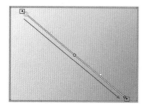

图7-176

02 打开素材"1.ai"，选中素材图形，按快捷键Ctrl+C进行复制，切换到刚才操作的文档中，按快捷键Ctrl+V进行粘贴，适当调整素材图形的位置和大小，并进行旋转，效果如图7-177所示。

图7-177

03 选中素材图形，执行"效果>模糊>高斯模糊"命令，在"高斯模糊"对话框中设置"半径"为9像素，单击"确定"按钮，如图7-178所示，此时效果如图7-179所示。

图7-178

图7-179

04 在控制栏中设置"不透明度"为20%，效果如图7-180所示。

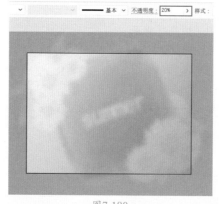

图7-180

05 再次在画面中粘贴素材图形，调整其位置、方向和大小，效果如图7-181所示。选中素材图形，执行"效果>模糊>高斯模糊"命令，在"高斯模糊"对话框中设置"半径"为9.5像素，单击"确定"按钮，如图7-182所示。将素材的"不透明度"设置为50%，效果如图7-183所示。

图7-181

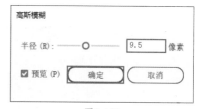

图7-182

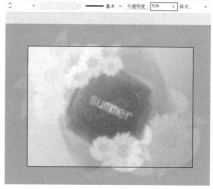

图7-183

06 第三次在画面中粘贴素材图形，调整其大小和位置。最终完成效果如图7-184所示。

图7-184

第8章

标志设计

Spirit of Seduction

8.1 饮品店标志

文件路径	第8章\饮品店标志
难易指数	★★★★★
技术掌握	● 钢笔工具 ● 渐变工具 ● 椭圆工具 ● 文字工具

扫码深度学习

操作思路

在本案例中，首先使用"钢笔工具"和"渐变工具"绘制草莓图形，然后使用"椭圆工具"及"钢笔工具"制作标志的辅助图形，最后使用"文字工具"为标志添加文字效果。

案例效果

案例效果如图8-1所示。

Spirit of Seduction

图8-1

实例059 制作草莓图形

操作步骤

01 新建一个"宽度"为1242px、"高度"为1242px、"颜色模式"为"RGB颜色"的空白文档。

02 首先制作草莓外形。使用"钢笔工具"在画面中绘制草莓的轮廓，效果如图8-2所示。选中该轮廓图形，单击"填色"按钮，使之置于前面，打开"渐变"面板，编辑一个红色系的"径向"渐变，如图8-3所示。设置完成后，使用"渐变工具"

在图形上拖动调整渐变效果，如图8-4所示。

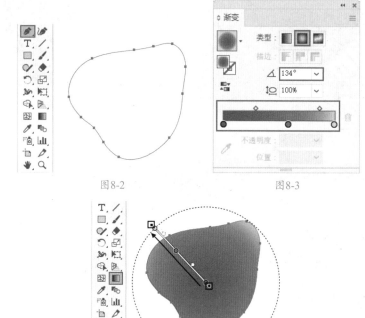

图8-2　　　　　　　　　　图8-3

图8-4

03 下面制作高光部分。使用"钢笔工具"在草莓图形上绘制高光的形状，效果如图8-5所示。选择该高光图形，双击"填色"按钮，在"拾色器"对话框中设置颜色为浅红色，单击"确定"按钮，如图8-6所示。选择高光图形，在控制栏中设置"不透明度"为72%，此时高光效果如图8-7所示。

图8-5

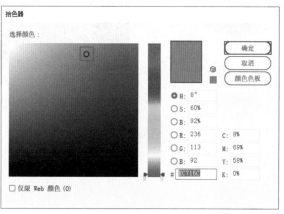

图8-6

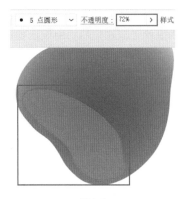

图8-7

04 继续使用"钢笔工具",设置"填色"为深粉色、"描边"为无,在草莓图形上绘制草莓籽的阴影,效果如图8-8所示。使用同样的方法,在阴影图形上继续绘制黄色的草莓籽和白色的高光,效果如图8-9所示。

图8-8

图8-9

05 按住Shift键加选草莓籽、草莓籽阴影和高光图形,按快捷键Ctrl+G进行编组。选中该草莓籽图形组,按住Alt键向下拖动,进行移动及复制。将复制得到的草莓籽图形组适当变换角度,效果如图8-10所示。使用同样的方法,继续复制多个草莓籽图形组,并将其进行移动、缩放,效果如图8-11所示。

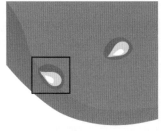

图8-10

图8-11

06 下面制作草莓叶子。使用"钢笔工具"绘制草莓叶子图形,在工具箱的底部设置"填色"为深绿色、"描边"为无,效果如图8-12所示。继续使用"钢笔工具",设置"填色"为浅绿色、"描边"为无,然后在草莓叶子上绘制叶脉,效果如图8-13所示。此时框选整个草莓图形,按快捷键Ctrl+G进行编组。

图8-12

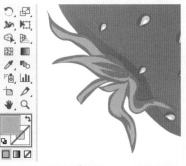

图8-13

实例060 制作标志的辅助图形和文字

操作步骤

01 下面制作标志的辅助图形。选择工具箱中的"椭圆工具",设置"填色"为墨绿色、"描边"为无,在草莓图形上按住Shift键绘制一个正圆形,效果如图8-14所示。

图8-14

02 继续使用"椭圆工具",在控制栏中设置"填充"为白色、"描边"为无,然后在正圆形上按住Shift键的同时按住鼠标左键拖动并绘制一个小正圆形,效果如图8-15所示。继续在画面中的合适位置绘制正圆形与椭圆形,效果如图8-16所示。

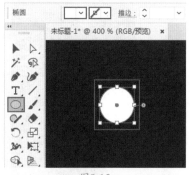

图8-15

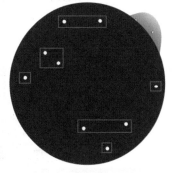

图8-16

03 按住Shift键同时选中所有白色圆点与正圆形，按快捷键Ctrl+G进行编组。选中圆形组，多次执行"对象>排列>后移一层"命令，将其移动到草莓图形的后面，效果如图8-17所示。

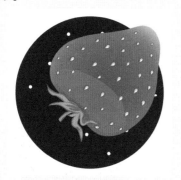

图8-17

04 选择"钢笔工具"，设置"填色"为绿色、"描边"为墨绿色，在控制栏中设置描边"粗细"为3pt，然后在正圆形上的左下方绘制不规则图形，效果如图8-18所示。继续在该不规则图形的右下方绘制其他不规则图形，效果如图8-19所示。

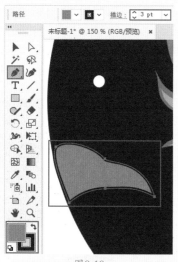

图8-18

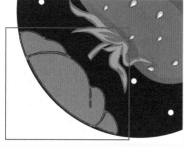

图8-19

05 下面制作标志文字。选择工具箱中的"文字工具"，在画面下方单击插入光标，删除占位符，设置"填色"为墨绿色，在控制栏中设置合适的字体、字号，然后输入文字，按快捷键Ctrl+Enter确认输入操作完成，效果如图8-20所示。

06 选择"椭圆工具"，设置"填色"为无、"描边"为墨绿色，在控制栏中设置描边"粗细"为3pt，然后在草莓图形右侧按住Shift键的同时按住鼠标左键拖动并绘制一个正圆形轮廓，效果如图8-21所示。

图8-20　　　　　　　　　　图8-21

07 使用"文字工具"，在正圆形轮廓中输入文字，并设置合适的字体与字号，效果如图8-22所示。

08 标志设计完成，最终完成效果如图8-23所示。

图8-22　　　　　　　　图8-23

8.2 带有投影效果的艺术字

文件路径	第8章\带有投影效果的艺术字	
难易指数	★★★★★	
技术掌握	● 钢笔工具 ● 矩形工具 ● 椭圆工具 ● "投影"效果 ● 文字工具	扫码深度学习

操作思路

在本案例中，首先使用"钢笔工具"制作具有切割效果的背景，然后使用"矩形工具"和"椭圆工具"制作具有艺术感的文字，最后再次使用"钢笔工具"制作前景图形，从而得到带有投影效果的艺术字。

案例效果

案例效果如图8-24所示。

图8-24

实例061 制作切割感的背景

操作步骤

01 新建一个"宽度"为640px、"高度"为640px、"颜色模式"为"RGB颜色"的空白文档。

02 选择工具箱中的"钢笔工具"，在工具箱的底部设置"填色"为黄绿色、"描边"为无，然后在画面的上方绘制五边形，效果如图8-25所示。

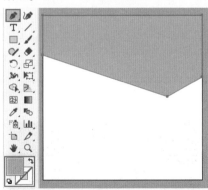

图8-25

03 继续使用"钢笔工具"，设置"填色"为稍浅一些的黄绿色，然后在画面左侧绘制三角形，效果如图8-26所示。

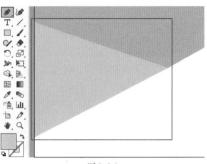

图8-26

04 使用同样的方法，在画面中绘制其他图形，效果如图8-27所示。

图8-27

实例062 制作文字部分

操作步骤

01 选择工具箱中的"矩形工具"，在控制栏中设置"填充"为白色、"描边"为无，使用"矩形工具"在画面中的适当位置绘制一个合适大小的矩形，效果如图8-28所示。

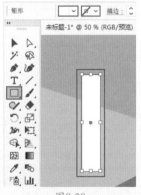

图8-28

02 选中该矩形，执行"效果>风格化>投影"命令，在"投影"对话框中设置"模式"为"正片叠底"、"不透明度"为70%、"X位移"为-15px、"Y位移"为0px、"模糊"为7px，选中"颜色"单选按钮，设置颜色为深绿色，单击"确定"按钮，如图8-29所示，此时效果如图8-30所示。

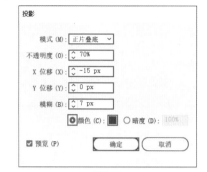

图8-29

图8-30

03 选择工具箱中的"椭圆工具"，在控制栏中设置"填充"为无、"描边"为白色、描边"粗细"为44pt，然后在矩形右侧按住Shift键的同时按住鼠标拖动并绘制一个正圆形，效果如图8-31所示。使用同样的方法，为正圆形添加投影，效果如图8-32所示。此时字母"b"制作完成。

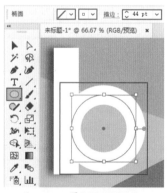

图8-31

图8-32

04 按住Shift键加选艺术字图形，按快捷键Ctrl+G进行编组。选中艺术字图形组，执行"对象>变换>镜像"命令，在"镜像"对话框中选中"垂直"单选按钮，单击"复制"按钮，如图8-33所示，将复制得到的艺术字图形组向右移动，效果如图8-34所示。

图8-33

图8-34

05 将右侧的图形组选中，右击，在弹出的快捷菜单中选择"取消编组"命令，然后选择白色矩形，将其向下移动，效果如图8-35所示。

图8-35

06 使用"文字工具"在画面中添加其他文字，效果如图8-36所示。

图8-36

实例063 制作前景图形

操作步骤

01 选择工具箱中的"钢笔工具"，设置"填色"为黄色、"描边"为无，在画面中绘制一个不规则图形，效果如图8-37所示。

图8-37

02 选中该图形，执行"效果>风格化>投影"命令，在"投影"对话框中设置"模式"为"正片叠底"、"不透明度"为70%、"X位移"为11px、"Y位移"为7px、"模糊"为2px，选中"颜色"单选按钮，颜色设置为深绿色，单击"确定"按钮，如图8-38所示，此时效果如图8-39所示。

图8-38

图8-39

03 使用同样的方法，绘制其他不同颜色的前景图形。最终完成效果

如图8-40所示。

图8-40

8.3 创意字体标志

文件路径	第8章\创意字体标志
难易指数	★★★★★
技术掌握	● 钢笔工具 ● 文字工具 ● "渐变"面板

扫码深度学习

操作思路

在本案例中，首先使用"钢笔工具"绘制翅膀图形，使用"文字工具"添加主题文字，然后将翅膀图形与文字进行结合，再使用"锚点工具"进行变形，最后使用"渐变"面板为绘制的标志填充合适的颜色。

案例效果

案例效果如图8-41所示。

图8-41

实例064 制作标志的图形部分

🎤**操作步骤**

01 新建一个A4（210mm×297mm）大小的竖向空白文档。首先绘制标志中的翅膀图形。选择工具箱中的"钢笔工具"，设置"填色"为黑色、"描边"为无，在画面中绘制翅膀图形的大体轮廓，效果如图8-42所示。

图8-42

02 选择工具箱中的"直接选择工具"，在翅膀图形上单击锚点，使其被选中，然后按住鼠标左键移动锚点，配合钢笔工具组中的"转换锚点工具"对尖角的锚点进行调整，效果如图8-43所示。

图8-43

03 选择工具箱中的"文字工具"，在画面中的翅膀图形上单击插入光标，删除占位符，设置合适的字体、字号与颜色，然后输入文字，效果如图8-44所示。

图8-44

04 选中文字，按快捷键Shift+Ctrl+O将文字创建为轮廓，并适当调整其大小与位置，效果如图8-45所示。按住Shift键加选翅膀图形和文字，执行"窗口>路径查找器"命令，弹出"路径查找器"面板，单击"联集"按钮，如图8-46所示，将翅膀图形和文字合并成一个对象，效果如图8-47所示。

图8-45

图8-46

图8-47

05 选择工具箱中的"直接选择工具"，在合并后的形状路径上单击锚点将其选中，然后配合钢笔工具组中的"锚点工具"，对路径上的锚点进行调整，效果如图8-48所示。更改图形的"填色"为黄色，此时效果如图8-49所示。

图8-48

图8-49

06 下面制作形状的镂空效果。选择工具箱中的"钢笔工具"，设置"填色"为黑色、"描边"为无，在形状上绘制一个图形，效果如图8-50所示。

图8-50

07 选择上一步的形状和绘制的图形，单击"路径查找器"面板中的"减去顶层"按钮，如图8-51所示，此时得到镂空效果的形状，如图8-52所示。

图8-51

图8-52

08 下面为形状添加渐变效果。选中形状，执行"窗口>渐变"命令，在弹出的"渐变"面板中设置"类型"为"线性"渐变、"角度"为-90°，编辑一个由红色到黄色的渐变，如图8-53所示。设置"描边"为黄色，在控制栏中设置描边"粗细"为4pt。此时效果如图8-54所示。

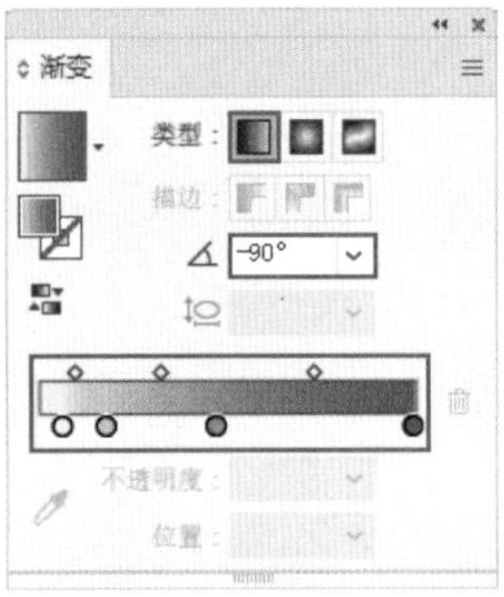

图8-53

图8-54

提示

渐变效果的调整

除了使用"渐变"面板进行渐变填充颜色与角度的设置外，还可以使用工具箱中的"渐变工具"。选择该工具，在要填充的对象上拖动鼠标指针，即可调整对象中填充颜色的角度及范围。

09 下面为形状添加反光效果。选择工具箱中的"钢笔工具"，在形状的上半部分绘制图形轮廓，效果如图8-55所示。选中该图形，执行"窗口>渐变"命令，在"渐变"面板中编辑一个橙黄色系的渐变，然后设置"描边"为无，此时渐变效果如图8-56所示。

图8-56

10 继续使用"钢笔工具"，设置"填色"为橙色、"描边"为无，在图形的右下角绘制反光图形，如图8-57所示。绘制完成后，将反光图形后移一层，然后在控制栏中设置"不透明度"为50%，此时反光效果如图8-58所示。

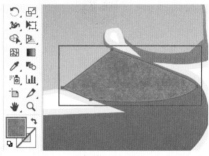

图8-57

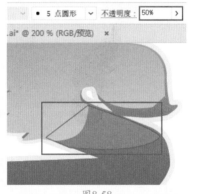

图8-58

11 下面为形状制作高光效果。选择"钢笔工具"，在控制栏中设置"填充"为无、"描边"为白色、描边"粗细"为1.5pt，在形状上绘制一条曲线，效果如图8-59所示。选择工具箱中的"宽度工具"，在曲线末端单击并向内拖动，使其呈现逐渐变细的描边效果，如图8-60所示。

12 使用同样的方式，继续在合适的位置绘制渐隐的曲线，将其作为高光图形，效果如图8-61所示。

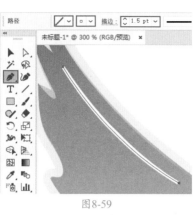

图8-59

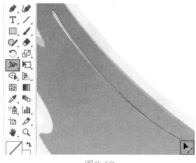

图8-60

图8-61

13 继续使用"钢笔工具"，在形状的外部绘制轮廓，如图8-62所示。选中轮廓图形，在工具箱的底部设置"填色"为红褐色、"描边"为无，然后多次执行"对象>排列>后移一层"命令，将红褐色形状移动到翅膀图形的后面，效果如图8-63所示。

图8-62

图8-55

图8-63

实例065 制作标志的其他部分

操作步骤

01 标志中其他部分的制作方法与前述相同，逐一对各字母进行变形，并且添加效果，标志的整体效果如图8-64所示。

图8-64

02 下面为标志添加外轮廓和背景。选择工具箱中的"钢笔工具"，在标志的外部绘制轮廓，如图8-65所示。然后在控制栏中设置"填充"为白色，并将其移动到标志图形的后面，为了便于观看，将全部标志图形移动至画板以外的部分，此时整体效果如图8-66所示。

图8-65

图8-66

03 选择工具箱中的"星形工具"，在控制栏中设置"填充"为白色、"描边"为无，然后在画面中单击，在"星形"对话框中设置"半径1"为2.5mm、"半径2"为1mm、"角点数"为5，单击"确定"按钮，如图8-67所示。将创建的星形旋转一定角度后摆放在字母"L"上，效果如图8-68所示。

图8-67

图8-68

04 使用"矩形工具"绘制一个与画板等大的无描边矩形，然后为其设置深蓝色系的径向渐变，如图8-69所示。选中该矩形，右击，在弹出的快捷菜单中选择"排列>置于底层"命令，将矩形移动至画面的最底层。最终完成效果如图8-70所示。

图8-69

图8-70

8.4 卡通感文字标志

文件路径	第8章 \ 卡通感文字标志
难易指数	★★★★★
技术掌握	● 文字工具 ● 封套扭曲 ● 钢笔工具 ● 符号 ● 晶格化工具

⌕ 扫码深度学习

操作思路

在本案例中，主要使用"文字工具"输入文字，使用"封套扭曲"命令将文字变形，然后在"符号"面板中选择一个合适的符号作为装饰图形，再使用"钢笔工具""矩形工具""椭圆工具"绘制气球和轮船等其他装饰图形，最后使用"晶格化工具"制作海面效果。

案例效果

案例效果如图8-71所示。

图8-71

实例066 制作变形文字

操作步骤

01 新建一个"宽度"为250mm、"高度"为150mm、"颜色模式"为"CMYK颜色"的空白文档。

02 选择工具箱中的"矩形工具"，在工具箱的底部设置"填色"为深棕色、"描边"为无，在画面中绘制一个与画板等大的矩形，效果如图8-72所示。

图8-72

03 选择工具箱中的"文字工具"，在画面中单击插入光标，删除占位符，在控制栏中设置合适的字体、字号和颜色，然后输入文字，按快捷键Ctrl+Enter确认输入操作完成，效果如图8-73所示。选中文字，按快捷键Shift+Ctrl+O，将文字创建为轮廓，效果如图8-74所示。

图8-73

图8-74

04 此时文字处于编组状态，执行"对象>取消编组"命令，将文字拆开，然后按住Shift键并按住鼠标左键拖动鼠标等比缩小，将其中三个字母逐一缩小，并调整合适的位置，效果如图8-75所示。

图8-75

05 按住Shift键加选所有字母，按快捷键Ctrl+G进行编组。选择该文字组，执行"对象>封套扭曲>用变形建立"命令，在"变形选项"对话框中设置"样式"为"弧形"，选中"水平"单选按钮，设置"弯曲"为65%、"水平"为–30%、"垂直"为0，单击"确定"按钮，如图8-76所示，此时效果如图8-77所示。

06 使用同样的方法，继续使用"文字工具"在原文字的下方输入不同颜色的文字，并将其变形，效果如图8-78所示。

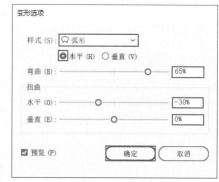

图8-76

图8-77

图8-78

07 选择工具箱中的"画笔工具"，在工具箱的底部设置"描边"为深褐色。在控制栏中设置"填充"为无、描边"粗细"为1pt，单击"画笔定义"按钮，在其下拉面板中选择合适的画笔，设置完成后，使用"画笔工具"在文字上绘制斑点效果，如图8-79所示。继续在文字中的其他位置绘制不同的斑点效果，文字的整体效果如图8-80所示。

图8-79

图8-80

实例067　制作周边图形

🎤 操作步骤

01 执行"窗口>符号"命令，打开"符号"面板，选中花朵符号，单击"置入符号实例"按钮，将所选符号置入画面，效果如图8-81所示。

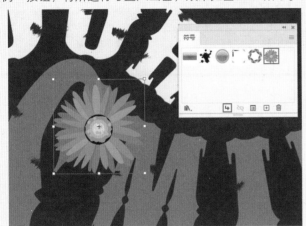

图8-81

02 该符号默认的尺寸和放置位置与背景不符，需要将其选中并适当缩小，然后移动到合适的位置，效果如图8-82所示。

图8-82

03 下面绘制气球。选择工具箱中的"钢笔工具"，设置"填色"为深橘色、"描边"为无，设置完成后，使用"钢笔工具"在文字的右上方绘制气球，效果如图8-83所示。

04 选择工具箱中的"直线段工具"，设置"填色"为无、"描边"为灰色，在控制栏中设置描边"粗细"为1pt，然后使用"直线段工具"在气球的下方绘制气球的线，效果如图8-84所示。

05 下面制作气球的高光效果。选择工具箱中的"椭圆工具"，在控制栏中设置"填充"为白色、"描边"为无，按住Shift键在气球上绘制一个白色正圆形，效果如图8-85所示。

图8-83

图8-84

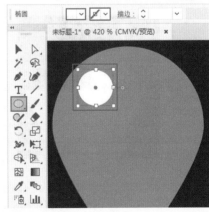

图8-85

06 使用同样的方法，制作一个青色气球，选中所有气球图形，按快捷键Ctrl+G将其编组，多次执行"对象>排列>后移一层"命令，将其移动到文字的后面，效果如图8-86所示。

图8-86

07 下面绘制轮船。选择工具箱中的"钢笔工具"，在控制栏中设置"填充"为白色、"描边"为无，使用"钢笔工具"在画面的右下方绘制船身图形，效果如图8-87所示。

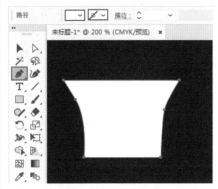

图8-87

08 选择"矩形工具"，设置相同的"填充"与"描边"颜色，在船身上方绘制烟囱图形，效果如图8-88所示。

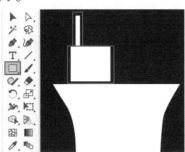

图8-88

09 选择"椭圆工具"，在工具箱的底部设置"填色"为与背景相似的颜色，设置"描边"为无，在船身绘制深色正圆，然后在烟囱的上方绘制白色正圆，效果如图8-89所示。

10 下面绘制海面。使用"矩形工具"在画面底部绘制一个矩形，然后设置"填色"为青绿色、"描边"为无，效果如图8-90所示。

图8-89

图8-90

11 选中该矩形，然后双击工具箱中的"晶格化工具"按钮，在"晶格化工具选项"对话框中设置"宽度"为40mm、"高度"为40mm、"强度"为20%，单击"确定"按钮，如图8-91所示。使用"晶格化工具"在矩形上拖动使其变形，效果如图8-92所示。

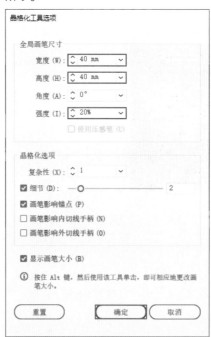

图8-91

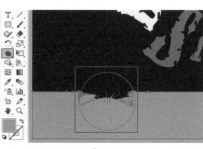

图8-92

12 继续使用"晶格化工具"在画面中的合适位置进行拖动，最终完成效果如图8-93所示。

图8-93

8.5 立体风格文字标志

文件路径	第 8 章 \ 立体风格文字标志
难易指数	★★★★★
技术掌握	● 3D 效果 ● "路径查找器"面板 ● "偏移路径"命令

🔍扫码深度学习

操作思路

在本案例中，首先使用"文字工具"输入标志中的文字内容，然后使用"钢笔工具"为输入的文字添加立面效果，并使用"渐变"面板为标志填充合适的渐变色，最后使用"椭圆工具"为标志添加辅助图形。

案例效果

案例效果如图8-94所示。

左侧竖排文字：
艺境 中文版Illustrator矢量图形设计与制作全视频 实践228例 溢彩版

图8-94

实例068　制作主体文字

🎙️操作步骤

01 新建一个A4大小的空白文档。选择工具箱中的"文字工具"，在工具箱的底部设置"填色"为粉色、"描边"为无，选择合适的字体及字号，在画面中输入文字，效果如图8-95所示。右击，在弹出的快捷菜单中选择"创建轮廓"命令，使用"直接选择工具"调整文字轮廓，效果如图8-96所示。

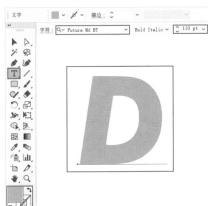

图8-95

图8-96

提示　文字对象的处理

在Illustrator中输入的文字是比较特殊的对象，因为文字具有字体、字号、间距等特定属性，而

如果当前制作的文档中含有特殊字体，将这个文档在其他没有该字体的计算机中打开时，就会无法正确地显示字体的样式。在文字上右击，在弹出的快捷菜单中选择"创建轮廓"命令，可以将文字对象转换为图形对象，虽然失去了字体等特定属性的设置功能，但却会保证文字效果不会随特殊字体文件的丢失而改变。

02 使用工具箱中的"选择工具"选择字母"D"，按快捷键Ctrl+C进行复制，按快捷键Ctrl+B将其粘贴到原文字的后面。保持文字的选中状态，执行"对象>路径>偏移路径"命令，在"偏移路径"对话框中设置"位移"为2mm、"连接"为"圆角"、"斜接限制"为2，单击"确定"按钮，如图8-97所示。适当调整其轮廓，双击工具箱底部的"填色"按钮，在"拾色器"对话框中选择适当的颜色，此时效果如图8-98所示。

图8-97

图8-98

03 使用同样的方法制作标志中的其他字母，添加描边效果后，将字母进行排列，整体效果如图8-99所示。

图8-99

提示　字体的选择

在平面设计中，字体的选择至关重要。字体不仅会影响到信息的传达，更会影响到作品所要表达的情感。例如，本案例制作的是儿童用品的标志，选择的是没有尖角的外观浑圆的字体，这样的字体形态不仅给人以可爱之感，更会传达出安全、无害、易亲近的信息。但如果是为机械产品设计标志，选择这样柔和的字体就显然不合适了。

实例069　制作星形装饰

🎙️操作步骤

01 选择工具箱中的"星形工具"，在画面中绘制一个合适大小的星形，效果如图8-100所示。选中星形内侧的控制点向中心拖动，将尖角转换为圆角，效果如图8-101所示。

图8-100

图8-101

02 选择星形，单击工具箱底部的"填色"按钮，使之置于前面，执行"窗口>色板库>渐变>大地色调"命令，在"大地色调"面板中选择一个黄色系的渐变，如图8-102所示。在工具箱的底部设置"描边"为深粉色，在控制栏中设置描边"粗细"为1pt，此时星形效果如图8-103所示。

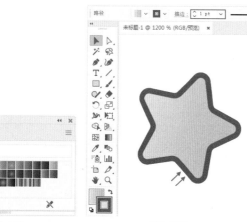

图8-102　　　　　图8-103

03 选中星形，按快捷键Ctrl+C进行复制，按快捷键Ctrl+F将其粘贴到原星形的前面。设置该星形的"填色"为土黄色、"描边"为无，适当缩放星形，并调整内侧控制点，改变圆角弧度，效果如图8-104所示。使用同样的方法，继续在原星形的前面制作两个星形，并将其调整为合适的颜色，效果如图8-105所示。

图8-104　　　　　图8-105

04 下面为星形添加反光效果。复制最前面的星形，然后使用工具箱中的"橡皮擦工具"擦除其上半部分，只保留下半部分，效果如图8-106所示。单击工具箱底部的"填色"按钮，使之置于前面，执行"窗口>渐变"命令，弹出"渐变"面板，设置"类型"为径向渐变、"角度"为-160°，然后编辑一个橙色系的渐变，如图8-107所示。

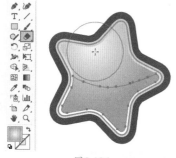

图8-106

05 同时选中制作星形的所有元素，按快捷键Ctrl+G进行编组，然后将星形组放在其中一个字母"e"上，效果如图8-108所示。

图8-107

图8-108

06 下面为字母组合添加整体外轮廓。加选所有字母元素，按快捷键Ctrl+C进行复制，按快捷键Ctrl+V进行粘贴，选中该字母组合，执行"窗口>路径查找器"命令，在"路径查找器"面板中单击"联集"按钮，如图8-109所示，得到一个完整的字母组合外轮廓图形，效果如图8-110所示。

图8-109 　　　　　图8-110

07 执行"对象>路径>偏移路径"命令，在"偏移路径"对话框中设置"位移"为2mm、"连接"为"圆角"、"斜接限制"为4，单击"确定"按钮，如图8-111所示。选中该图形，打开"渐变"面板，编辑一个白色到灰色的线性渐变。此时字母组合外轮廓图形效果如图8-112所示。

图8-111 　　　　　图8-112

08 将该图形移动到原字母组合的前面，然后执行"对象>排列>置于底层"命令，将该图形置于原字母组合的最后面，此时整体效果如图8-113所示。

图8-113

09 下面制作字母组合的立面形状效果。选择工具箱中的"钢笔工具"，在字母D的下方绘制其立面形状，执行"窗口>渐变"命令，在弹出的"渐变"面板中设置"类型"为"线性"渐变，编辑一个金色系的渐变，如图8-114所示。使用"渐变工具"在绘制的立面形状上拖动调整渐变效果，此时效果如图8-115所示。

图8-114

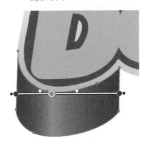

图8-115

10 继续使用"钢笔工具"，在第二个字母的下方绘制立面形状，然后选择工具箱中的"吸管工具"，单击第一个字母的立面形状，吸取其渐变颜色，此时第二个字母立面形状的效果如图8-116所示。使用同样的方法，制作其他字母的立面形状效果，如图8-117所示。

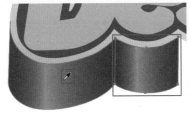

图8-116

图8-117

11 按住Shift键加选所有立面形状，按快捷键Ctrl+G进行编组。选中立面形状组，执行"效果>风格化>投影"命令，在"投影"对话框中设置"模式"为"正片叠底"、"不透明度"为80%、"X位移"为0mm、"Y位移"为1.5mm、"模糊"为1mm，选中"颜色"单选按钮，颜色设置为棕褐色，单击"确定"按钮，如图8-118所示。此时效果如图8-119所示。

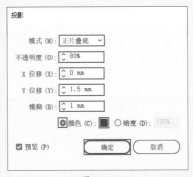

图8-118

图8-119

实例070 制作辅助文字

操作步骤

01 选择工具箱中的"文字工具"，在控制栏中设置合适的字体、字号，在主体文字的下方输入辅助文字，按快捷键Ctrl+Enter确认输入操作完成，如图8-120所示。然后按快捷键Shift+Ctrl+O，将文字创建为轮廓。

图8-120

02 选中辅助文字，执行"窗口>渐变"命令，在"渐变"面板中设置"类型"为"线性"渐变，编辑一个黄色系的渐变。然后使用"渐变工具"在辅助文字上拖动调整渐变效果，此时文字的渐变效果如图8-121所示。

图8-121

03 选中辅助文字，按快捷键Ctrl+C进行复制，按快捷键Ctrl+V进行粘贴，得到一个相同的辅助文字组。执行"对象>路径>偏移路径"命令，在"偏移路径"对话框中设置"位移"为1mm、"连接"为"斜接"、"斜接限制"为4，单击"确定"按钮，如图8-122所示，此时复制的辅助文字组效果如图8-123所示。

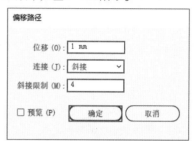

图8-122

图8-123

04 选中该文字组，执行"窗口>渐变"命令，打开"渐变"面板，设置"类型"为"线性"渐变、"角度"为-86°，然后编辑一个紫色系的渐变，如图8-124所示。此时文字效果如图8-125所示。

图8-124

图8-125

05 下面为辅助文字添加3D效果。选中紫色文字组，执行"效果>3D和材质>3D（经典）>凸出和斜角（经典）"命令，在"3D凸出和斜角选项（经典）"对话框中设置"位置"为"自定旋转"、"指定绕X轴旋转"为15°、"指定绕Y轴旋转"为3°、"指定绕Z轴旋转"为0°、"透视"为0°、"凸出厚度"为50pt、"斜角"为"无"、"表面"为"塑料效果底纹"，单击"确定"按钮，如图8-126所示，此时文字呈现3D立体效果，如图8-127所示。

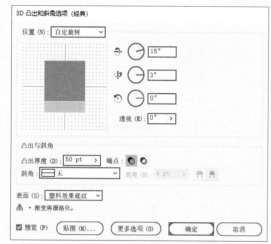

图8-126

图8-127

06 对3D立体文字执行"对象>扩展外观"命令，然后按快捷键Shift+Ctrl+G取消3D立体文字的编组，按住Shift键将3D立体文字的立面部分全部选中，按快捷键Ctrl+G进行编组，然后在"渐变"面板中编辑一个粉色到紫色的渐变，此时3D立体文字效果如图8-128所示。

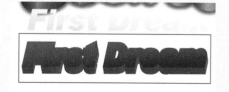

图8-128

07 框选所有的3D立体文字元素，按快捷键Ctrl+G进行编组。选中黄色系渐变的文字，右击，在弹出的快捷菜单中选择"排列>置于顶层"命令，并将黄色系渐变的文字移动至3D立体文字上，接着将两部分编组并调整文字位置，效果如图8-129所示。

图8-129

08 使用同样的方法，输入文字并为其添加3D立体效果，如图8-130所示。

图8-130

09 选择工具箱中的"椭圆工具"，执行"窗口>渐变"命令，在打开的"渐变"面板中编辑一个金色系的渐变，然后使用"椭圆工具"绘制一个椭圆形，如图8-131所示。选中椭圆形，拖动控制点，将椭圆形调整至合适的角度，效果如图8-132所示。

图8-131

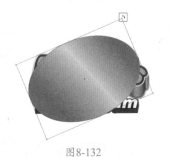

图8-132

10 执行"效果>风格化>投影"命令，在"投影"对话框中设置"模式"为"正片叠底"、"不透明度"为100%、"X位移"为0mm、"Y位移"为0.8mm、"模糊"为0mm，选中"颜色"单选按钮，颜色设置为棕色，单击"确定"按钮，如图8-133所示，此时椭圆形效果如图8-134所示。

11 在椭圆形上右击，在弹出的快捷菜单中选择"排列>置于底层"命令，将椭圆形移动至画面中所有元素的底层，最终完成效果如图8-135所示。

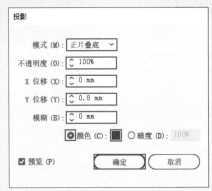

图8-133

图8-134　　　　　　　　图8-135

8.6 娱乐节目标志

文件路径	第8章\娱乐节目标志
难易指数	★★★★★
技术掌握	● 收缩工具 ● 钢笔工具 ● 文字工具 ● 星形工具 ● 椭圆工具

操作思路

在本案例中，首先使用"钢笔工具"和"矩形工具"制作标志的背景，然后使用"文字工具"添加文字，最后使用"椭圆工具""星形工具"等制作装饰部分。

案例效果

案例效果如图8-136所示。

图8-136

实例071 制作标志的背景

🎙操作步骤

01 新建一个"宽度"为800px、"高度"为800px、"颜色模式"为"CMYK颜色"的空白文档。

02 选择工具箱中的"矩形工具"，在工具箱的底部设置"填色"为深蓝色、"描边"为无。按住鼠标左键拖动，绘制一个与画板等大的正方形，效果如图8-137所示。

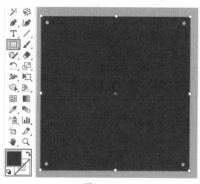

图8-137

03 选择工具箱中的"钢笔工具"，设置颜色为稍灰一些的深蓝色，然后使用"钢笔工具"在画面中的左上方绘制一个三角形，效果如图8-138所示。继续在画面中合适的位置绘制三角形，使整体画面具有放射状效果，如图8-139所示。

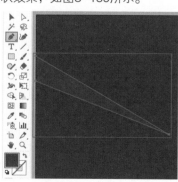

图8-138

图8-139

04 继续使用"钢笔工具"，设置"填色"为无、"描边"为深蓝色，在控制栏中设置描边"粗细"为2pt，使用"钢笔工具"在画面的上方绘制线条，效果如图8-140所示。继续在画面中合适的位置绘制其他线条，效果如图8-141所示。

图8-140

图8-141

05 选择工具箱中的"矩形工具"，在控制栏中设置"填充"为黄色、"描边"为无，按住Shift键的同时按住鼠标左键拖动，在画面中绘制一个正方形，效果如图8-142所示。按住Shift键拖动正方形边缘的控制点，将图形旋转45°，效果如图8-143所示。

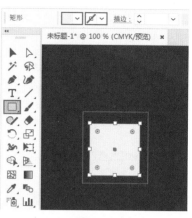

图8-142

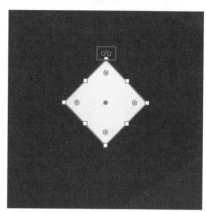

图8-143

06 选中该图形，然后双击工具箱中的"缩拢工具"按钮，在弹出的对话框中设置"宽度"为50px、"高度"为50px、"角度"为0°、"强度"为20%、"细节"为3、"简化"为67，单击"确定"按钮，如图8-144所示。将鼠标指针移动到矩形上，此时收缩工具的画笔大小正好将矩形覆盖，如图8-145所示。

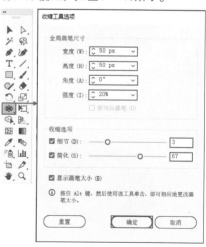

图8-144

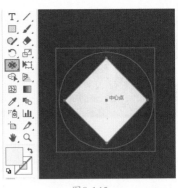

图8-145

07 在该图形上单击1~2次，将矩形进行收缩，此时正方形效果如图8-146所示。使用同样的方式，绘制其他不规则图形，效果如图8-147所示。

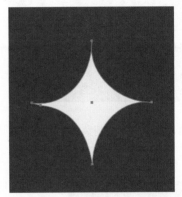

图8-146

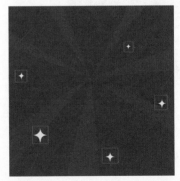

图8-147

实例072　制作星形背景图形

🎙️操作步骤

01 选择工具箱中的"钢笔工具"，在控制栏中设置"填充"为无、"描边"为黑色、描边"粗细"为7pt，使用"钢笔工具"在画面中绘制三角形，效果如图8-148所示。

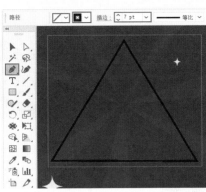

图8-148

02 继续使用"钢笔工具"，在控制栏中设置"填充"为无、"描边"为稍深一些的红色、描边"粗细"为15pt，在黑色三角形内部绘制一个稍小的三角形，效果如图8-149所示。

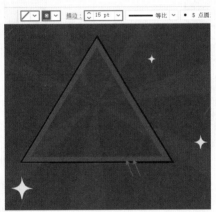

图8-149

03 继续使用"钢笔工具"，在控制栏中设置合适的参数，在红色三角形内部再绘制一个稍小的三角形，效果如图8-150所示。

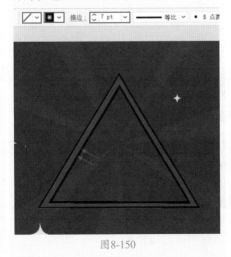

图8-150

04 按住Shift键加选所有三角形，按快捷键Ctrl+G进行编组。选中三角形组，执行"对象>变换>镜像"命令，在"镜像"对话框中选中"水平"单选按钮，单击"复制"按钮，如图8-151所示，此时效果如图8-152所示。

图8-151

图8-152

05 将复制得到的三角形向下移动至合适位置，效果如图8-153所示。

图8-153

06 选择工具箱中的"钢笔工具"，在工具箱的底部设置"填色"为深红色、"描边"为黑色，在控制栏中设置描边"粗细"为1pt，然后使用

"钢笔工具"在画面中绘制不规则图形，效果如图8-154所示。

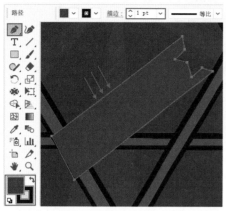

图8-154

07 使用同样的方式，在画面中合适的位置绘制其他不规则图形，效果如图8-155所示。

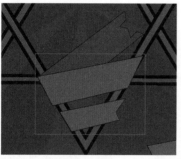

图8-155

实例073 制作文字部分

🎙️操作步骤

01 选择工具箱中的"文字工具"，在画面中单击插入光标，删除占位符，在控制栏中设置"填充"为白色、"描边"为白色、描边"粗细"为11pt，设置合适的字体、字号，然后在画面中输入文字，按快捷键Ctrl+Enter确认输入操作完成，效果如图8-156所示。

图8-156

02 使用"选择工具"拖动文字定界框的控制点，将文字进行适当的旋转，效果如图8-157所示。

图8-157

03 选择工具箱中的"钢笔工具"，在文字上绘制文字轮廓形状，然后设置"填色"为深蓝色、"描边"为黄色、描边"粗细"为9pt，效果如图8-158所示。

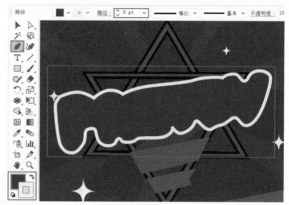

图8-158

04 在文字轮廓上右击，在弹出的快捷菜单中选择"排列>后移一层"命令，将文字轮廓移动至文字的后面，效果如图8-159所示。

图8-159

05 选择工具箱中的"星形工具"，设置"填色"为红色、"描边"为无，然后在画面以外的空白处单击，在"星形"对话框中设置"半径1"为35px、"半径2"为21px、"角点数"为6，单击"确定"按钮，如图8-160所示，此时星形效果如图8-161所示。

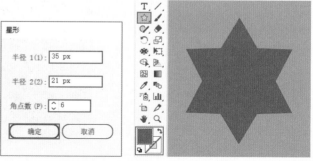

图8-160　　　　　　　图8-161

06 下面为星形制作立体效果。选择工具箱中的"钢笔工具"，设置"填色"为深红色、"描边"为无，然后使用"钢笔工具"在星形上绘制三角形，效果如图8-162所示。继续在其他位置绘制三角形，效果如图8-163所示。

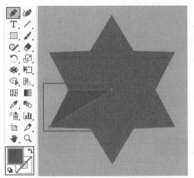

图8-162

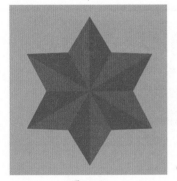

图8-163

07 按住Shift键加选星形和所有三角形，按快捷键Ctrl+G进行编组，选中图形组，旋转合适角度后将其移动至文字上方，效果如图8-164所示。

图8-164

08 继续使用"钢笔工具"，设置"填色"为深红色、"描边"为黑色，在控制栏中设置描边"粗细"为1pt，然后使用"钢笔工具"在星形的左侧绘制不规则图形，效果如图8-165所示。

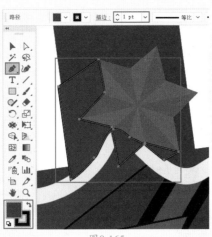

图8-165

实例074 为标志添加装饰部分

操作步骤

01 选择工具箱中的"钢笔工具"，在控制栏中设置"填充"为白色、"描边"为黑色、描边"粗细"为3pt，然后使用"钢笔工具"在画面中的左侧绘制绳索形状，效果如图8-166所示。

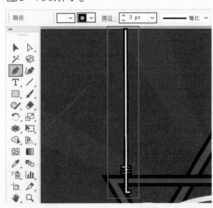

图8-166

02 选中绳索形状，按住Shift键和Alt键的同时向右拖动，进行平移及复制，然后将其放置在文字的底层，效果如图8-167所示。

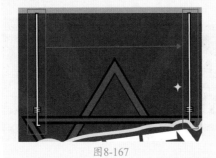

图8-167

03 继续使用"钢笔工具"，设置"填色"为黄色、"描边"为无，在画面中绘制四边形，效果如图8-168所示。

图8-168

04 继续使用"钢笔工具"，在该四边形的左侧绘制一个颜色较深的四边形，效果如图8-169所示。

图8-169

05 使用同样的方法，在四边形左侧绘制一个不规则图形，效果如图8-170所示。

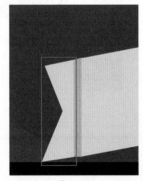

图8-170

06 按住Shift键加选刚刚绘制的三个图形，按快捷键Ctrl+G进行编组。选中该图形组，执行"对象>变换>旋转"命令，在"旋转"对话框中设置"角度"为180°，单击"复制"按钮，将图形组进行旋转，如图8-171所示。此时图形效果如图8-172所示。

图8-171

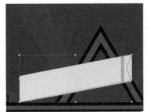

图8-172

07 将复制得到的图形向下移动至合适位置，并拖动控制点将其进行适当的旋转，效果如图8-173所示。

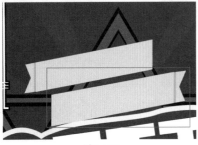

图8-173

08 选择工具箱中的"文字工具"，在画面中单击插入光标，删除占位符，在控制栏中设置"填充"为黑色、"描边"为黑色、描边"粗细"为3pt，设置合适的字体、字号，然后在画面中输入文字，按快捷键Ctrl+Enter确认输入操作完成，效果如图8-174所示。

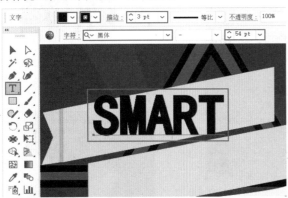

图8-174

09 使用"选择工具"拖动文字定界框的控制点，将文字进行适当的旋转，效果如图8-175所示。

10 使用同样的方法，在该文字的下方输入其他文字，并进行适当的旋转，效果如图8-176所示。

图8-175

图8-176

11 选择工具箱中的"画笔工具"，在控制栏中设置"填充"为无、"描边"为天蓝色、描边"粗细"为1.5pt，在"画笔定义"下拉面板中选择一种圆形画笔，然后在画面中绘制线条，效果如图8-177所示。

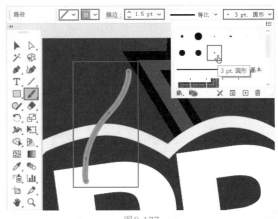

图8-177

12 继续绘制其他线条，制作出绳子缠绕的效果，如图8-178所示。

图8-178

13 下面制作飞机装饰效果。使用"钢笔工具"和"星形工具"绘制机身，效果如图8-179所示，然后使用"椭圆工具"绘制旋翼和尾桨，效果如图8-180所示，最后使用"圆角矩形工具"绘制起落架，效果如图8-181所示。

14 最终完成效果如图8-182所示。

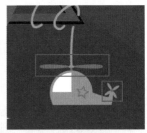

图8-179　　　　　　图8-180

图8-181　　　　　　图8-182

第9章

卡片设计

9.1 产品信息卡片

文件路径	第9章\产品信息卡片
难易指数	★★★★★
技术掌握	● 剪切蒙版 ● 不透明度 ● 描边

Q扫码深度学习

操作思路

在本案例中，将卡片分成两个部分，上半部分的制作主要是通过使用"矩形工具"与"建立剪切蒙版"命令限定置入素材的范围，将素材多余的部分隐藏起来，并通过改变矩形的"不透明度"改变素材的色调；下半部分的制作主要是通过改变"直线段工具"的"描边"和"间隙"参数来呈现虚线的效果。

案例效果

案例效果如图9-1所示。

图9-1

实例075 制作信息卡片的上半部分

操作步骤

01 新建一个"宽度"为1242px、"高度"为822px、"颜色模式"为"RGB颜色"的空白文档。

02 选择工具箱中的"矩形工具"，在工具箱的底部设置"填色"为蓝色、"描边"为无。在使用"矩形工具"的状态下，在画面中拖动鼠标指针，绘制一个与画板等大的矩形，效果如图9-2所示。

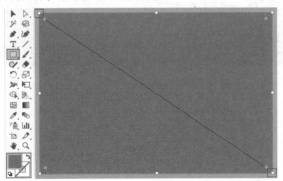

图9-2

03 执行"文件>置入"命令，将素材"1.jpg"置入画面，然后单击控制栏中的"嵌入"按钮，如图9-3所示。

图9-3

04 选择工具箱中的"矩形工具"，在素材"1.jpg"上绘制一个矩形，效果如图9-4所示。选择工具箱中的"选择工具"，按住Shift键加选素材"1.jpg"和矩形，然后右击，在弹出的快捷菜单中选择"建立剪切蒙版"命令，效果如图9-5所示。

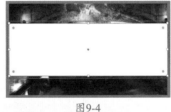

图9-4　　　　　　　　　图9-5

05 继续使用"矩形工具"，在工具箱的底部设置"填色"为黑色、"描边"为无，然后在素材"1.jpg"上绘制一个黑色的矩形，效果如图9-6所示。选中黑色矩形，在控制栏中设置"不透明度"为70%，此时效果如图9-7所示。

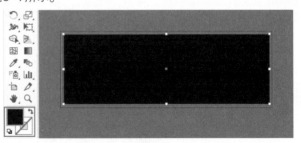

图9-6

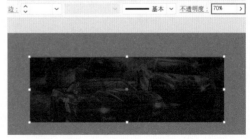

图9-7

06 选择工具箱中的"文字工具"，在黑色矩形中单击插入光标，删除占位符，在控制栏中设置"填充"为白色、"描边"为无，选择合适的字体、字号，然后输入文字，按快捷键Ctrl+Enter确认输入操作完成，效果如图9-8所示。接着使用同样的方法，在画面中输入其他文字，并设置"段落"为"左对齐"，效果如图9-9所示。

图9-8

图9-9

实例076 制作信息卡片的下半部分

🎙操作步骤

01 选择工具箱中的"矩形工具"，在控制栏中设置"填充"为白色、"描边"为无，在画面中的下方绘制一个白色的矩形，效果如图9-10所示。

图9-10

02 选择工具箱中的"圆角矩形工具"，设置"填色"为蓝灰色、"描边"为无，然后在画面中的适当位置绘制一个圆角矩形，效果如图9-11所示。使用工具箱中的"文字工具"在圆角矩形中输入文字，效果如图9-12所示。

图9-11

图9-12

03 继续使用"文字工具"在画面中的适当位置输入文字，效果如图9-13所示。

图9-13

04 选择工具箱中的"直线段工具"，在控制栏中设置"填充"为无、"描边"为黑色、描边"粗细"为3pt，单击"描边"按钮，在弹出的下拉面板中选中"虚线"复选框，设置"虚线"参数为3pt、"间隙"参数为4pt，在下方文字中间位置按住Shift键绘制虚线，效果如图9-14所示。

图9-14

05 最终完成效果如图9-15所示。

图9-15

9.2 清新自然风个人名片

文件路径	第9章\清新自然风个人名片
难易指数	★★★★★
技术掌握	● 剪切蒙版 ● 渐变工具 ● "透明度"面板

扫码深度学习

操作思路

在本案例中，首先使用"圆角矩形工具"绘制作为名片的矩形，然后使用"椭圆工具"绘制多个不同大小的圆形作为名片中的主体图形，并借助剪切蒙版隐藏多余的部分，最后使用"文字工具"为名片添加文字信息。

案例效果

案例效果如图9-16所示。

图9-16

实例077 制作名片的底色

操作步骤

01 下面制作名片的正面。新建一个"宽度"为200mm、"高度"为150mm、"颜色模式"为"CMYK颜色"的空白文档。选择工具箱中的"圆角矩形工具"，在画面中单击，在弹出的"圆角矩形"对话框中设置"宽度"为90mm、"高度"为54mm、"圆角半径"为

3mm，单击"确定"按钮，如图9-17所示，此时效果如图9-18所示。

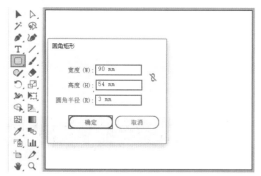

图9-17

图9-18

02 在圆角矩形被选中的状态下，双击工具箱中的"渐变工具"按钮，在弹出的"渐变"面板中设置"类型"为"径向"渐变、"角度"为0°，编辑一个绿色系的渐变，如图9-19所示，此时圆角矩形效果如图9-20所示。

图9-19

图9-20

03 选择工具箱中的"椭圆工具"，在工具箱的底部设置"填色"为"青蓝色"、"描边"为无，在圆角矩形上按住Shift键绘制一个适当大小的正圆形，效果如图9-21所示。使用同样的方法，绘制多个大小不一、颜

色不同的正圆形，重叠摆放在一起，效果如图9-22所示。使用工具箱中的"选择工具"选中这些正圆形，按快捷键Ctrl+G进行编组。

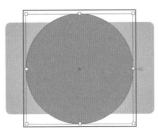

图9-21

图9-22

04 下面利用剪切蒙版将名片范围以外的正圆形部分进行隐藏。选中绿色系渐变的圆角矩形，按快捷键Ctrl+C进行复制，然后单击正圆形组，按快捷键Ctrl+F将圆角矩形粘贴到正圆的前面，效果如图9-23所示。选择工具箱中的"选择工具"，按住Shift键将复制得到的圆角矩形和正圆形组加选，然后右击，在弹出的快捷菜单中选择"建立剪切蒙版"命令，效果如图9-24所示。

图9-23

图9-24

Illustrator 中的各种粘贴命令

执行"编辑>复制"命令，可以将选中的对象进行复制；执行"编辑>粘贴"命令，可以将复制的对象粘贴一份。除此之外，执行"贴在前面"命令，可以将复制的对象粘贴到选中对象的前面；执行"贴在后面"命令，可以将复制的对象粘贴到选中对象的后面；执行"就地粘贴"命令，可以将复制的对象粘贴在原位；执行"在所有画板上粘贴"命令，可以将复制的对象粘贴在所有的画板上，如图9-25所示。

图9-25

05 选中名片图形组，执行"窗口>透明度"命令，在弹出的"透明度"面板中设置"混合模式"为"颜色加深"、"不透明度"为70%，如图9-26所示，此时效果如图9-27所示。

图9-26

图9-27

操作步骤

01 使用"椭圆工具"，在名片中合适的位置绘制一个白色的正圆形，效果如图9-28所示。选择工具箱中的"文字工具"，在白色正圆形中单击插入光标，删除占位符，在工具箱的底部设置"填色"为深绿色、"描边"为无，在控制栏中设置合适的字体、字号，设置"段落"为"左对齐"，然后输入文字，按快捷键Ctrl+Enter确认输入操作完成，效果如图9-29所示。

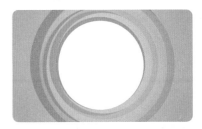

图9-28

图9-29

02 使用同样的方法输入其他文字，效果如图9-30所示。

图9-30

03 下面制作名片的背面。使用"选择工具"同时选中正圆图形组与圆角矩形，按快捷键Ctrl+C进行复制，再按快捷键Ctrl+V进行粘贴，并将复制得到的名片移动到合适的位置，效果如图9-31所示。

复制的名片图形组

图9-31

04 选中正圆图形组并右击，在弹出的快捷菜单中选择"释放剪切蒙版"命令，效果如图9-32所示。选中正圆形组，适当移动后将鼠标指针定位到定界框的控制点处，按住Shift键进行拖动，将正圆形组放大，效果如图9-33所示。

图9-32

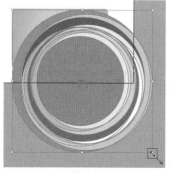

图9-33

05 继续利用剪切蒙版隐藏正圆形组多余的部分，效果如图9-34所示。

图9-34

06 选中名片背面图形组，执行"窗口>透明度"命令，在弹出的"透明度"面板中设置"混合模式"为"颜色加深"、"不透明度"为70%，如图9-35所示，此时效果如图9-36所示。

图9-35

图9-36

07 使用"文字工具"在名片中适当的位置输入文字，效果如图9-37所示。

图9-37

08 选择名片正面的背景部分，执行"效果>风格化>投影"命令，在弹出的"投影"对话框中设置"模式"为"正片叠底"、"不透明度"为30%、"X位移"为0.5mm、"Y位移"为0.5mm、"模糊"为0.1mm，选中"颜色"单选按钮，设置颜色为深蓝色，单击"确定"按钮，如图9-38所示，投影效果如图9-39所示。

图9-38

图9-39

09 使用同样的方法，制作背面名片的投影效果，最终完成效果如图9-40所示。

图9-40

提示 **单色调的配色原则**

单色调是以一种基本色为主，通过颜色的明度、纯度的变化，求得协调关系的配色方案。在本案例中，采用的就是这样的配色方案，给观者一种自然、和谐、统一的视觉感受。

9.3 简约商务风格名片

文件路径	第9章\简约商务风格名片
难易指数	★★★★★
技术掌握	● 矩形工具 ● 文字工具 ● 钢笔工具 ● 渐变工具

扫码深度学习

操作思路

在本案例中，主要使用"矩形工具""钢笔工具"和"文字工具"进行制作。首先使用"矩形工具"绘制作为名片的矩形，然后使用"钢笔工具"绘制名片中的辅助图形，最后使用"文字工具"输入名片中的文字内容。

案例效果

案例效果如图9-41所示。

图9-41

实例079　制作名片的平面图

操作步骤

01 新建一个"宽度"为95mm、"高度"为45mm、"颜色模式"为"CMYK颜色"的空白文档。下面制作名片的正面。选择工具箱中的"矩形工具"，在工具箱的底部设置"填色"为亮灰色、"描边"为无。在使用"矩形工具"的状态下，从画面的左上角拖动鼠标指针至右下角，绘制一个与画板等大的矩形，效果如图9-42所示。

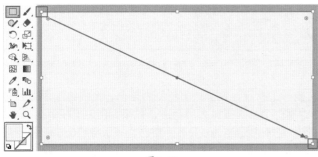

图9-42

02 选择工具箱中的"钢笔工具"，在工具箱的底部设置"填色"为灰色、"描边"为无，在画面中绘制一个多边形，效果如图9-43所示。使用工具箱中的"选择工具"选中该多边形，然后在按住Shift键和Alt键的同时向下拖动，将多边形移动及复制，并改变其颜色，使用同样的方法多次进行移动及复制，效果如图9-44所示。

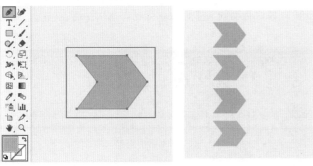

图9-43　　　　　　　　　　图9-44

03 选择"钢笔工具"，设置"填色"为绿色、"描边"为无，在画面中适当的位置绘制一个多边形，效果如图9-45所示。

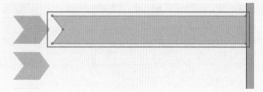

图9-45

04 继续使用"钢笔工具"，设置"填色"为无、"描边"为无，在绿色多边形上绘制一条闭合路径，效果如图9-46所示。

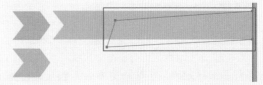

图9-46

05 选中该闭合路径，单击工具箱底部的"填色"按钮，使之置于前方，执行"窗口>渐变"命令，在弹出的"渐变"面板中设置"类型"为"线性"渐变，编辑一个由黑色到透明的渐变，如图9-47所示。选择工具箱中的"渐变工具"，在闭合路径上拖动调整渐变效果，得到黑色渐变的图形，效果如图9-48所示。

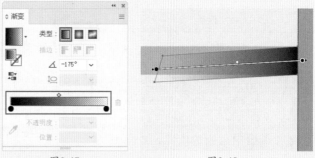

图9-47　　　　　　　　　图9-48

06 选中该黑色渐变图形，多次执行"对象>排列>后移一层"命令，将该黑色渐变的图形移动到绿色多边形的后面，作为投影，效果如图9-49所示。

图9-49

07 为了使投影效果更加真实，需要将其进行模糊。选择该黑色渐变的图形，执行"效果>模糊>高斯模糊"命令，在弹出的"高斯模糊"对话框中设置"半径"为1像素，单击"确定"按钮，如图9-50所示，此时效果如图9-51所示。

图9-50

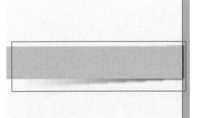

图9-51

08 同时选中绿色多边形及其投影，进行多次复制，并改变个别多边形的填充颜色，将其作为彩条，效果如图9-52所示。

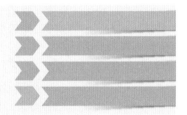

图9-52

09 打开素材"1.ai"，分别选中"1.ai"中的各个小图标，按快捷键Ctrl+C进行复制，切换到刚刚操作的文档中，按快捷键Ctrl+V将其粘贴在画面中适当的位置，效果如图9-53所示。

图9-53

10 选择工具箱中的"文字工具"，在彩条上单击插入光标，删除占位符，在控制栏中设置"填充"为白色、"描边"为无，选择合适的字体、字号，然后输入文字，按快捷键Ctrl+Enter确认输入操作完成，效果如

图9-54所示。使用同样的方法，在画面中输入其他文字，效果如图9-55所示。

图9-54　　　　　　　　　图9-55

提示

文字在平面设计中的意义

平面设计有两大构成要素，分别是图形和文字。在平面设计中，文字不仅仅局限于传达信息，文字的字体、字号及颜色的选择还会对版面的视觉效果产生较大的影响。例如，本案例中左侧的文字为重点展示的文字，采用了稍大的字号，字体也更具视觉冲击力；右侧的文字则选择了中规中矩的字体，在传达信息的同时营造和谐的版面效果。

11 下面制作名片的背面。首先需要新建一个与之前画板等大的画板。选择工具箱中的"画板工具"，单击控制栏中的"新建画板"按钮，此时在画面中出现一个与之前画板等大的新画板，效果如图9-56所示。

图9-56

12 选择工具箱中的"矩形工具"，设置"填色"为蓝色、"描边"为无，然后在"画板2"中绘制一个与画板等大的矩形，效果如图9-57所示。同时选中名片正面的彩条图形，按快捷键Ctrl+C进行复制，按快捷键Ctrl+V进行粘贴，然后将得到的彩条移动到"画板2"中并适当缩小，效果如图9-58所示。

图9-57　　　　　　　　　图9-58

13 使用"文字工具"输入名片背面的文字，效果如图9-59所示。

图9-59

实例080 制作名片的展示效果

操作步骤

01 下面制作名片的立体展示效果。选择"画板工具",在画面中适当的位置按住鼠标左键拖动,新建一个"宽度"为183mm、"高度"为127mm的"画板3",效果如图9-60所示。

图9-60

02 置入素材"2.jpg",然后单击控制栏中的"嵌入"按钮,如图9-61所示。

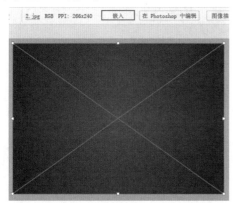

图9-61

03 同时选中名片背面的所有元素,按快捷键Ctrl+G进行编组。按快捷键Ctrl+C进行复制,再按快捷键Ctrl+V进行粘贴,将复制得到的名片背面组移动到"画板3"中,效果如图9-62所示。

图9-62

04 下面制作名片背面的投影效果。选择工具箱中的"钢笔工具",在名片的下方绘制一个三角形的闭合路径,效果如图9-63所示。

图9-63

05 选中该三角形闭合路径,为其填充灰色到黑色的线性渐变,效果如图9-64所示。

图9-64

06 选中渐变三角形,执行"对象>排列>后移一层"命令,将其移动到名片的后面,效果如图9-65所示。继续选中渐变三角形,单击控制栏中的"不透明度"按钮,在其下拉面板中设置"混合模式"为"正片叠底",效果如图9-66所示。

图9-65

图9-66

07 使用同样的方法,制作名片正面的投影效果,并将其摆放在合适的位置。最终完成效果如图9-67所示。

图9-67

9.4 健身馆业务宣传名片

文件路径	第9章\健身馆业务宣传名片
难易指数	★★★★★
技术掌握	● 钢笔工具 ● 文字工具 ● 剪切蒙版

扫码深度学习

操作思路

在本案例中，主要使用"矩形工具""钢笔工具""文字工具"。首先使用"矩形工具"绘制作为名片的矩形，然后使用"钢笔工具"绘制辅助图形，最后使用"文字工具"为名片输入文字内容。

案例效果

案例效果如图9-68所示。

图9-68

实例081 制作名片的平面图

操作步骤

01 新建一个"宽度"为95mm、"高度"为45mm、"颜色模式"为"CMYK颜色"的空白文档。

02 置入素材"1.jpg"，并单击控制栏中的"嵌入"按钮，如图9-69所示。

03 选择工具箱中的"矩形工具"，从画面的左上角拖动鼠标指针至右下角，绘制一个与画板等大的矩形，效果如图9-70所示。使用"选择工具"框选矩形和素材，

右击，在弹出的快捷菜单中选择"建立剪切蒙版"命令，此时超出矩形范围的素材部分被隐藏起来，效果如图9-71所示。

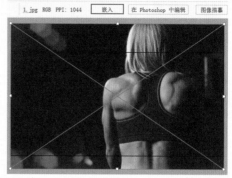

图9-69

图9-70

图9-71

04 下面制作装饰色块。选择工具箱中的"矩形工具"，在工具箱的底部设置"填色"为土黄色、"描边"为无。使用"矩形工具"在人物素材的下方绘制一个矩形，效果如图9-72所示。

图9-72

05 选择工具箱中的"直接选择工具"，单击矩形左下角的锚点，按住Shift键将其向右拖动，以制作不规则的四边形，效果如图9-73所示。使用同样的方法，制作其他两个图形，作为装饰色块，效果如图9-74所示。

图9-73

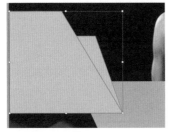

图9-74

06 下面制作两个色块之间的阴影，模拟折叠的效果。选中绘制的三角形，按快捷键Ctrl+C进行复制，然后按快捷键Ctrl+F将其粘贴在原三角形的前面。选中复制得到的三角形，执行"窗口>渐变"命令，在弹出的"渐变"面板中编辑一个由白色到黑色的线性渐变，如图9-75所示。使用"渐变工具"在图形上方拖动调整渐变效果，效果如图9-76所示。

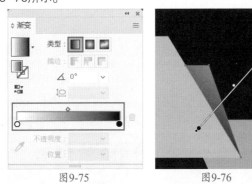

图9-75   图9-76

07 选择黑白渐变的三角形，在控制栏中设置"不透明度"为30%，效果如图9-77所示。

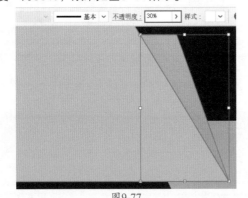

图9-77

08 选择工具箱中的"文字工具"，在左侧梯形中单击插入光标，删除占位符，在控制栏中设置"填充"

为白色、"描边"为无，选择合适的字体、字号，然后输入文字，按快捷键Ctrl+Enter确认输入操作完成，效果如图9-78所示。使用同样的方法，在该文字的下方再次输入文字，效果如图9-79所示。

图9-78

图9-79

09 选择工具箱中的"直线段工具"，在控制栏中设置"填充"为无、"描边"为白色、描边"粗细"为1pt，在画面中适当的位置绘制一条白色线段，效果如图9-80所示。

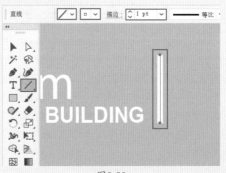

图9-80

10 下面制作标志图形。选择工具箱中的"钢笔工具"，在控制栏中设置"填充"为无、"描边"为白色、描边"粗细"为1pt，然后单击"描边"按钮，在其下拉面板中设置"端点"为"圆头端点"，在画面中绘制一个弧形，效果如图9-81所示。继续使用"钢笔工具"绘制另外两个弧形，效果如图9-82所示。

11 将绘制的三个弧形同时选中，执行"对象>扩展"命令，在弹出的"扩展"对话框中选中"填充"和"描边"复选框，单击"确定"按钮，如图9-83所示，此时效果如图9-84所示。

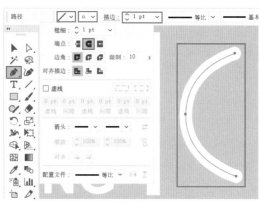

图9-81

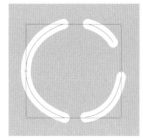

图9-82

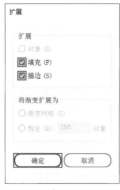

图9-83

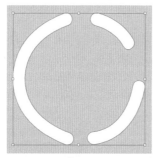

图9-84

12 选择工具箱中的“椭圆工具”，在控制栏中设置“填充”为白色、“描边”为无，然后按住Shift键的同时按住鼠标左键拖动，在弧形中间绘制一个正圆形，效果如图9-85所示。使用同样的方法，再次绘制两个正圆形，效果如图9-86所示。

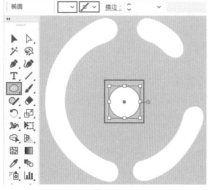

图9-85

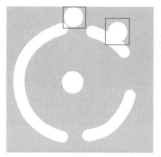

图9-86

13 选择工具箱中的“圆角矩形工具”，设置“填色”为白色、“描边”为无，在画面中单击，在弹出的“圆角矩形”对话框中设置“宽度”为0.22mm、“高度”为0.6mm、“圆角半径”为0.25mm，单击“确定”按钮，如图9-87所示，圆角矩形的绘制效果如图9-88所示。

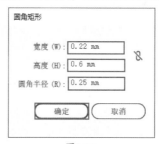

图9-87

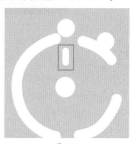

图9-88

14 使用同样的方法，绘制另一个稍大的圆角矩形，效果如图9-89所示。

15 打开素材“2.ai”，选中素材中的二维码，按快捷键Ctrl+C进行复制，然后切换到刚刚操作的文档中，按快捷键Ctrl+V进行粘贴，并将其移动到合适的位置，效果如图9-90所示。

图9-89

图9-90

16 使用“文字工具”在画面的右侧输入文字，效果如图9-91所示。将素材“2.ai”中的图标复制到文档中，并摆放在合适的位置，效果如图9-92所示。

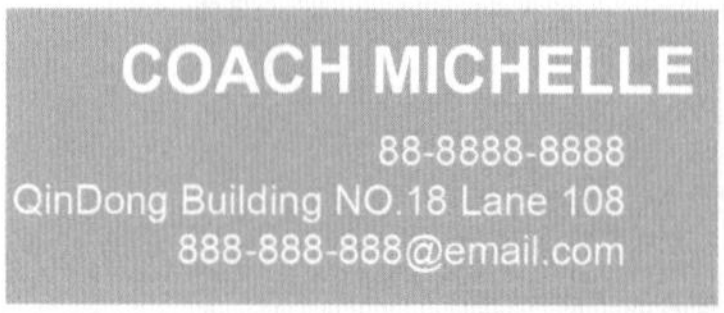

图9-91

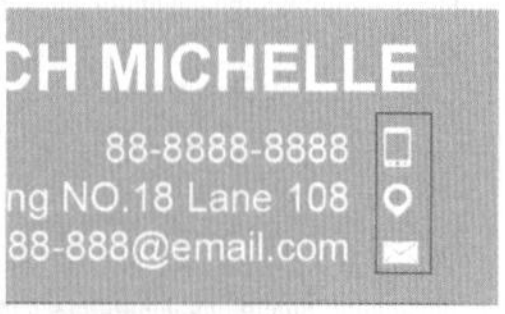

图9-92

17 下面制作名片的背面。选择工具箱中的“画板工具”，在控制栏中单击“新建画板”按钮，此时画面中出现一个与之前画板等大的新画板，效果如图9-93所示。选择工具箱中的"矩形工具"，在画面中绘制一个与画板等大的黄色矩形，效果如图9-94所示。

图9-93

图9-94

18 选择工具箱中的"钢笔工具"，在画面中绘制一个不规则图形，效果如图9-95所示。选中该不规则图形，执行"窗口>渐变"命令，在弹出的"渐变"面板中设置"类型"为"线性"渐变、"角度"为-150°，在面板底部编辑一个白色到黑色的渐变，如图9-96所示，此时效果如图9-97所示。

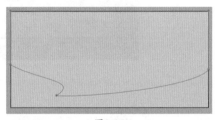

图9-95

图9-96

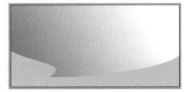

图9-97

19 在不规则图形被选中的状态下，在控制栏中设置"不透明度"为30%，效果如图9-98所示。保持该图形的选中状态，按快捷键Ctrl+C进行复制，再按快捷键Ctrl+F将其粘贴在前面，复制一个相同的不规则图形，

更改"填色"为黄色、"不透明度"为100%，拖动该图形下方中心位置的控制点进行缩放，效果如图9-99所示。

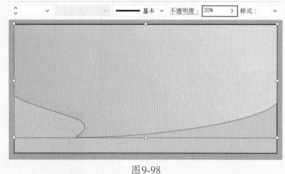

图9-98

图9-99

20 下面绘制箭头。选择工具箱中的"多边形工具"，在控制栏中设置"填充"为白色、"描边"为无，在画面中单击，在弹出的"多边形"对话框中设置"半径"为0.8mm、"边数"为3，单击"确定"按钮，如图9-100所示，此时效果如图9-101所示。

图9-100 　　　　　　　　　图9-101

21 将三角形向右旋转90°，使用"矩形工具"在三角形的左侧绘制一个白色的矩形，效果如图9-102所示。同时选中矩形和三角形，执行"窗口>路径查找器"命令，在弹出的面板中单击"联集"按钮，即可制作出一个箭头图形，效果如图9-103所示。

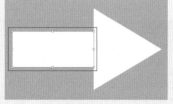

图9-102

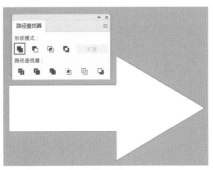

图9-103

22 将箭头图形复制五份，放置合适的位置，效果如图9-104所示。使用"文字工具"输入健身馆的健身项目等信息，效果如图9-105所示。

图9-104

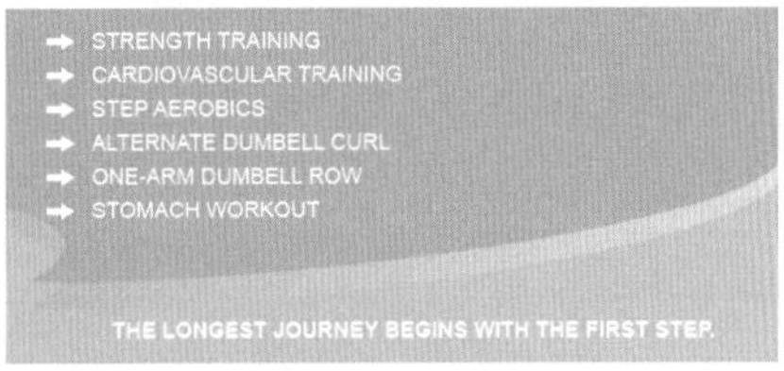

图9-105

提示

如何让箭头整齐排列

可以先将箭头同时选中，然后执行"窗口>对齐"命令，在弹出的"对齐"面板中单击"水平居中对齐"按钮，使其进行对齐；然后单击"垂直居中分布"按钮，使每个箭头的间距相等。

23 将名片正面的标志复制一份，放置在名片背面的右上角，并进行适当的缩放，效果如图9-106所示。

图9-106

实例082 制作名片的展示效果

操作步骤

01 新建一个画板，将素材"3.jpg"置入并嵌入文档，将其作为背景，效果如图9-107所示。使用"选择工具"加选名片背面的所有元素，并将其复制一份，放置在背景素材的中间，效果如图9-108所示。

图9-107

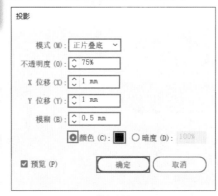

图9-108

02 选择名片最后面的矩形，执行"效果>风格化>投影"命令，在弹出的"投影"对话框中设置"模式"为"正片叠底"、"不透明度"为75%、"X位移"为1mm、"Y位移"为1mm、"模糊"为0.5mm，选中"颜色"单选按钮，颜色设置为黑色，单击"确定"按钮，如图9-109所示，此时效果如图9-110所示。

图9-109

图9-110

03 将名片内容再复制一份，并旋转至合适的角度，效果如图9-111所示。使用同样的方法，制作名片正面的投影效果，并进行旋转。最终完成效果如图9-112所示。

图9-111

图9-112

9.5 奢华感会员卡

文件路径	第9章\奢华感会员卡
难易指数	★★★★★
技术掌握	● 矩形工具 ● 渐变工具 ● 文字工具 ● 自由变换工具 ● "投影"效果

扫码深度学习

操作思路

在本案例中，首先使用"矩形工具"划分卡片的几个部分，然后使用"文字工具"将文字输入卡片的适当位置，完成卡片平面图的制作，最后使用"自由变换工具"将卡片进行变形，以制作出立体的效果。

案例效果

案例效果如图9-113所示。

图9-113

实例083　制作卡片的正面

操作步骤

01 新建一个"宽度"为89mm、"高度"为54mm的空白文档。选择工具箱中的"矩形工具"，在工具箱的底部单击"填色"按钮，将其置于前方，双击工具箱中的"渐变工具"按钮，在弹出的"渐变"面板中设置"类型"为"径向"渐变，在面板底部编辑一个红色系的渐变，如图9-114所示。设置"描边"为无，使用"矩形工具"在画面中绘制一个渐变的矩形，效果如图9-115所示。

02 继续使用"矩形工具"，在渐变矩形的下方绘制一个黑色的矩形，效果如图9-116所示。

图9-114

图9-115

图9-116

03 继续使用"矩形工具"，在工具箱的底部设置"填色"为红色、"描边"为无，在画板以外绘制一个矩形，效果如图9-117所示。使用工具箱中的"选择工具"选中该矩形，在按住Shift键和Alt键的同时按住鼠标左键拖动，将矩形进行移动及复制，效果如图9-118所示。

图9-117

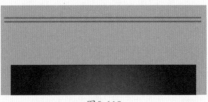

图9-118

04 多次按快捷键Ctrl+D，将矩形进行多次复制及移动，效果如图9-119所示。同时选中复制得到的所有矩形，按Ctrl+G进行编组，将图形组移动到渐变图形上，然后在使用"选择工具"的状态下，将鼠标指针定位到定界框以外，当鼠标指针变为带有弧度的双箭头时，按住鼠标左键拖动，将矩形组进行旋转，效果如图9-120所示。

图9-119

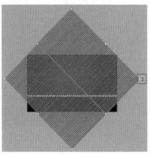

图9-120

05 使用"矩形工具"在画面中绘制一个与红色渐变矩形大小相同的矩形，效果如图9-121所示。加选黄色的矩形和红色的矩形组，然后右击，在弹出的快捷菜单中选择"建立剪切蒙版"命令，效果如图9-122所示。

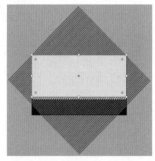

图9-121

图9-122

06 在矩形组被选中的状态下，单击控制栏中的"不透明度"按钮，在弹出的下拉面板中设置"混合模式"为"明度"、"不透明度"为20%。效果如图9-123所示。

图9-123

图9-128

07 打开素材"1.ai"，选中钻石素材，按快捷键Ctrl+C进行复制，切换到刚刚操作的文档中，按快捷键Ctrl+V进行粘贴，并将其调整至合适的大小，效果如图9-124所示。

08 在钻石图形的下方单击插入光标，删除占位符，在控制栏中设置合适的字体、字号与颜色，然后输入文字，效果如图9-125所示。

10 同时选中文字和钻石素材，执行"效果>风格化>投影"命令，在弹出的"投影"对话框中设置"模式"为"正片叠底"、"不透明度"为75%、"X位移"为0.3mm、"Y位移"为0.3mm、"模糊"为0mm，选中"颜色"单选按钮，设置颜色为黑色，单击"确定"按钮，如图9-129所示，此时效果如图9-130所示。

图9-124　　　　　　　图9-125

09 选中文字，按快捷键Shift+Ctrl+O，将文字创建为轮廓。选中文字，单击工具箱底部的"填色"按钮，将其置于前面，然后双击工具箱中的"渐变工具"按钮，在弹出的"渐变"面板中编辑一个金色系的渐变，如图9-126所示。在"渐变"面板中单击"描边"按钮，使之置于前面，为描边编辑一个金色系的渐变，如图9-127所示。此时文字效果如图9-128所示。

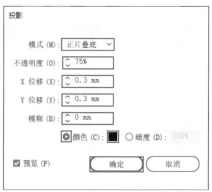

图9-129

图9-126　　　　　　　图9-127

图9-130

11 选择"文字工具"，在画面中适当的位置输入文字，效果如图9-131所示。将钻石素材复制一份，放置在画面中适当的位置，效果如图9-132所示。

图9-131

图9-132

图9-136

图9-137

如图9-137所示。

12 选择工具箱中的"圆角矩形工具"，在控制栏中设置"填充"为黑色、"描边"为白色、描边"粗细"为0.5pt，设置完成后，在画面的右上角绘制一个圆角矩形，效果如图9-133所示。选中该圆角矩形，多次执行"对象>排列>后移一层"命令，将圆角矩形移动到文字和钻石素材的后面，效果如图9-134所示。

03 选择工具箱中的"矩形工具"，在画面中绘制一个矩形，并为其设置黑色系的渐变，如图9-138所示，此时效果如图9-139所示。

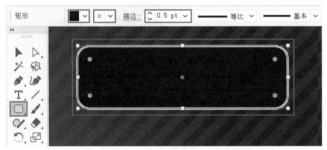
图9-133

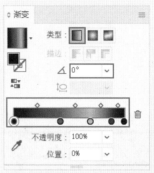
图9-138

图9-139

图9-134

04 继续使用"矩形工具"在画面的下方绘制一个黑色的矩形，效果如图9-140所示。使用"文字工具"在黑色矩形中输入文字，然后按快捷键Shift+Ctrl+O，将其创建为轮廓，效果如图9-141所示。

图9-140

图9-141

实例084 制作卡片的背面

操作步骤

01 选择工具箱中的"画板工具"，然后单击控制栏中的"新建画板"按钮，此时画面中出现一个与之前画板等大的新画板2，效果如图9-135所示。

05 继续使用"矩形工具"在文字的右侧绘制一个白色的矩形，效果如图9-142所示。

图9-142

图9-135

02 使用"选择工具"框选卡片正面的红色渐变矩形和红色矩形组，按住Alt键将其移动并复制到"画板2"中，效果如图9-136所示。使用同样的方法，将卡片正面的标志部分进行复制，并放置在卡片背面的右上角，效果

实例085 制作卡片的展示效果

操作步骤

01 新建一个画板，选择工具箱中的"矩形工具"，设置"填色"为深灰色、"描边"为无，在画面中绘制一个与画板等大的矩形，效果如图9-143所示。

02 选中卡片背面所有元素，按快捷键Ctrl+G进行编组，然后按快捷键Ctrl+C进行复制，再按快捷键Ctrl+V进行粘贴，最后将其移动到深灰色矩形上，效果如图9-144所示。

图9-143　　　　　　　　图9-144

03 下面将卡片的直角改成圆角。选择工具箱中的"圆角矩形工具"，在卡片上绘制一个与卡片等大的圆角矩形，效果如图9-145所示。按住Shift键加选圆角矩形和卡片组，右击，在弹出的快捷菜单中选择"建立剪切蒙版"命令，此时卡片效果如图9-146所示。

图9-145　　　　　　　　图9-146

04 选中卡片背面组，选择工具箱中的"自由变换工具"，单击"自由扭曲"按钮，单击卡片背面组左上角的控制点并进行拖动，将卡片背面组进行变形，如图9-147所示。使用同样的方法，修改其他三个控制点，将卡片背面组变形至合适的效果，如图9-148所示。

图9-147

图9-148

05 选中卡片背面组，按快捷键Ctrl+C进行复制，然后按快捷键Ctrl+B将其粘贴在原卡片背面组的后面。

执行"对象>扩展"命令，在弹出的"扩展"对话框中选中"填充"和"描边"复选框，单击"确定"按钮，如图9-149所示。将复制得到的卡片背面组向左移动，在工具箱的底部设置"填色"为灰色、"描边"为无，此时效果如图9-150所示。

图9-149　　　　　　　　图9-150

06 在灰色的卡片背面组被选中的状态下，执行"效果>风格化>投影"命令，在弹出的"投影"对话框中设置"模式"为"正片叠底"、"不透明度"为50%、"X位移"为-1mm、"Y位移"为1mm、"模糊"为0.5mm，选中"颜色"单选按钮，颜色设置为黑色，单击"确定"按钮，如图9-151所示，此时效果如图9-152所示。

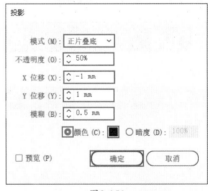

图9-151

图9-152

07 使用同样的方法，将卡片正面组复制到"画板3"中，使用"自由变换工具"将其进行变形并添加投影效果。最终完成效果如图9-153所示。

图9-153

9.6 婚礼邀请卡

文件路径	第9章 \ 婚礼邀请卡
难易指数	★★★★★
技术掌握	● 符号工具组 ● 椭圆工具 ● 文字工具 ● "投影"效果

扫码深度学习

操作思路

在本案例中，首先执行"建立剪切蒙版"命令，将素材的多余部分隐藏起来，然后使用"符号喷枪工具"在画面中适当的位置置入符号，再使用"椭圆工具"在画面中绘制正圆形，最后使用"文字工具"在正圆形中输入文字。

案例效果

案例效果如图9-154所示。

图9-154

实例086 制作邀请卡的背景

操作步骤

01 新建一个"宽度"为418mm、"高度"为297mm的空白文档，置入素材"1.jpg"并进行嵌入，如图9-155所示。

02 使用同样的方法，将素材"2.jpg"置入并嵌入文档，效果如图9-156所示。

图9-155

图9-156

03 选择工具箱中的"矩形工具"，在素材"2.jpg"上绘制一个矩形，效果如图9-157所示。选择工具箱中的"选择工具"，按住Shift键加选素材"2.jpg"和矩形，然后右击，在弹出的快捷菜单中选择"建立剪切蒙版"命令，效果如图9-158所示。

图9-157

图9-158

04 在素材"2.jpg"被选中的状态下，执行"窗口>描边"命令，在弹出的"描边"面板中设置"粗细"为10pt，如图9-159所示，此时效果如图9-160所示。

图9-159

图9-160

05 选中人物素材，执行"效果>风格化>投影"命令，在弹出的"投影"对话框中设置"模式"为"正片叠底"、"不透明度"为75%、"X位移"为1mm、"Y位移"为1mm、"模糊"为0.5mm，选中"颜色"单选按钮，设置颜色为蓝色，单击"确定"按钮，如图9-161所示，此时效果如图9-162所示。

图9-161 　　　　　　　　图9-162

实例087　丰富邀请卡的画面效果

操作步骤

01 使用"符号"功能为画面添加装饰。执行"窗口>符号库>庆祝"命令，在弹出的"庆祝"面板中选择"五彩纸屑"，如图9-163所示。选择工具箱中的"符号喷枪工具"，在画面中添加大量"五彩纸屑"符号，效果如图9-164所示。

图9-163 　　　　　　　　图9-164

提示 使用"符号喷枪工具"

　　使用"符号喷枪工具"能够在短时间内快速向画板中置入大量的符号。

　　选择工具箱中的"符号喷枪工具"，然后在符号面板中选择一个符号，如图9-165所示。在画面中按住鼠标左键拖动鼠标指针，在所经过的位置会出现选择的符号，释放鼠标左键完成符号的置入，效果如图9-166所示。

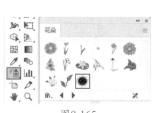

图9-165 　　　　　　　　图9-166

设置符号工具选项

　　双击符号工具组中的任意一个工具按钮，都会弹出"符号工具选项"对话框。在该对话框中，"直径""强度""符号组密度"等常规选项出现在对话框的顶部，特定于某一工具的选项则出现在对话框的底部，如图9-167所示。在该对话框中，可以通过单击不同的工具按钮，对不同的符号工具进行调整。

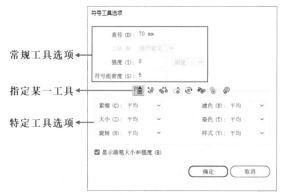

图9-167

　　若要在已经绘制好的符号组中添加符号，可以选择这个符号组，然后在符号面板中选择一个符号，如图9-168所示，然后选择"符号喷枪工具"，按住鼠标左键拖动鼠标指针，即可在当前符号组中添加新的符号，效果如图9-169所示。

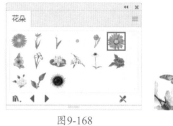
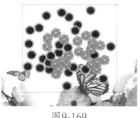

图9-168 　　　　　　　　图9-169

02 选中符号组，选择工具箱中的"符号缩放器工具"，按住鼠标左键在"五彩纸屑"符号的部分区域拖动鼠标指针，使部分符号放大，按住鼠标左键的同时按住Alt键，可以使符号缩小，效果如图9-170所示。选择工具箱中的"符号滤色器工具"，按住鼠标左键拖动，对部分"五彩纸屑"符号适当进行滤色处理，效果如图9-171所示。

图9-170 图9-171

03 选择工具箱中的"椭圆工具",在工具箱的底部设置"填色"为粉色、"描边"为无,使用"椭圆工具",按住Shift键的同时按住鼠标左键拖动,绘制一个正圆形,效果如图9-172所示。在控制栏中设置"不透明度"为60%,效果如图9-173所示。

图9-172 图9-173

04 使用同样的方法,在画面中再绘制两个正圆形,并设置不同的颜色,效果如图9-174所示。选中黄绿色的正圆形,然后在控制栏中设置"不透明度"为60%,效果如图9-175所示。

图9-174 图9-175

05 选择工具箱中的"文字工具",在粉色正圆形中单击插入光标,删除占位符,在控制栏中设置"填充"为白色、"描边"为无,选择适当的字体,设置"段落"为"居中对齐",然后输入文字,按快捷键Ctrl+Enter确认输入操作完成,然后分别调整上下行文字的字号,效果如图9-176所示。继续在其他正圆中输入文字,效果如图9-177所示。

图9-176

图9-177

06 框选除了背景以外的所有元素,右击,在弹出的快捷菜单中选择"编组"命令,将其进行编组,效果如图9-178所示。选中该组,按快捷键Ctrl+C进行复制,再按快捷键Ctrl+B将其粘贴在原组的后面,然后进行适当的旋转与缩放,以同样的方法再复制一份并进行旋转。最终完成效果如图9-179所示。

图9-178 图9-179

要点速查:认识符号工具组

符号工具组中包含八种工具,使用鼠标右键单击符号工具组按钮,即可看到符号工具组中的各个工具,如图9-180所示。使用这些工具,不仅可以将符号置入画面,还可以调整符号的间距、大小、颜色、样式等。

符号喷枪工具　(Shift+S)

符号移位器工具

符号紧缩器工具

符号缩放器工具

符号旋转器工具

符号着色器工具

符号滤色器工具

符号样式器工具

图9-180

➢ 符号喷枪工具：使用该工具，能够将所选符号快速、批量地置入画板。

➢ 符号移位器工具：使用该工具，能够更改画板中已存在的符号的位置和堆叠顺序。

➢ 符号紧缩器工具：使用该工具，能够调整画板中已存在的符号的分布密度，使符号更集中或更分散。

➢ 符号缩放器工具：使用该工具，可以调整画板中已存在的符号的大小。

➢ 符号旋转器工具：使用该工具，能够旋转画板中已存在的符号。

➢ 符号着色器工具：使用该工具，能够将选中的符号进行着色。

➢ 符号滤色器工具：使用该工具，可以改变选中符号的透明度。

➢ 符号样式器工具：该工具需要配合"图形样式"面板使用，可以为画板中已存在的符号添加或删除图形样式。

第10章

海报与招贴设计

10.1 复古风文艺海报

文件路径	第10章 \ 复古风文艺海报
难易指数	★★★★★
技术掌握	● 矩形工具 ● 文字工具 ● 刻刀工具 ● 混合模式

扫码深度学习

操作思路

本案例制作的是一张复古风的文艺海报。首先将海报的基本版面效果制作完成，然后置入纹理素材，通过设置混合模式将其融入画面。

案例效果

案例效果如图10-1所示。

图10-1

实例088 制作海报内容

操作步骤

01 新建一个"宽度"为1436px、"高度"为2215px的空白文档。选择工具箱中的"文字工具"，在工具箱的底部设置"填色"为棕色、"描边"为无，在画面中单击插入光标，删除占位符，在控制栏中设置合适的字体、字号，然后输入数字

"6"，按快捷键Ctrl+Enter确认输入操作完成，效果如图10-2所示。使用同样的方法，在画面的右下角输入黑色的数字"0"，效果如图10-3所示。

图10-2

图10-3

02 置入人物素材"1.jpg"，调整其大小，单击控制栏中的"嵌入"按钮，效果如图10-4所示。使用工具箱中的"矩形工具"在人物素材上绘制一个矩形，效果如图10-5所示。按住Shift键加选矩形和人物素材，然后按快捷键Ctrl+7创建剪切蒙版，并移动到合适的位置，效果如图10-6所示。

图10-4

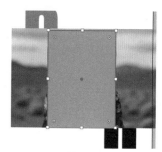

图10-5

图10-6

03 使用工具箱中的"文字工具"输入数字"0"，然后执行"文字>创建轮廓"命令，效果如图10-7所示，选择工具箱中的"美工刀"工具，按住Alt键的同时，按住鼠标左键拖动，效果如图10-8所示。

图10-7

图10-8

04 使用工具箱中的"直接选择工具"选中数字"0"分离出来的一小部分，按Delete键将其删除，文字效果如图10-9所示。使用同样的方法，制作字母"N"，效果如图10-10所示。

图10-9　　　　　　　　图10-10

05 选择工具箱中的"矩形工具"，在工具箱的底部设置"填色"为棕色、"描边"为无，在画面中绘制一个细长矩形，效果如图10-11所示。将该矩形旋转至合适的角度，并移动到合适的位置，效果如图10-12所示。

图10-11　　　　　　　图10-12

06 复制刚刚绘制的矩形，并填充为黑色，将其向下移动，摆放在字母"N"的左上方，效果如图10-13所示。使用"文字工具"输入其他相应的文字，效果如图10-14所示。

图10-13　　　　　　　图10-14

实例089　制作海报做旧感

操作步骤

01 使用"矩形工具"在画面的左上角绘制一个矩形，效果如图10-15所示。单击工具箱底部的"填色"按钮，使之置于前面，执行"窗口>渐变"命令，在弹出的"渐变"面板中设置"类型"为"线性"渐变，编辑一个

黑白的渐变，如图10-16所示。使用工具箱中的"渐变工具"在矩形上拖动调整渐变效果，效果如图10-17所示。

图10-15　　　　图10-16　　　　图10-17

02 选择该矩形，执行"对象 > 变换>镜像"命令，在弹出的"镜像"对话框中选中"垂直"单选按钮，单击"复制"按钮，如图10-18所示。将复制得到的矩形向下移动，效果如图10-19所示。

图10-18　　　　　　　图10-19

03 同时选中两个矩形，按住Shift键和Alt键的同时将其向右拖动复制，效果如图10-20所示。

04 使用Shift键加选四个矩形，按快捷键Ctrl+G将它们进行编组。单击控制栏中的"不透明度"按钮，在其下拉面板中设置"混合模式"为"正片叠底"、"不透明度"为20%，效果如图10-21所示。

图10-20　　　　　　　图10-21

05 置入纹理素材"2.png",调整其大小并嵌入文档,单击控制栏中的"不透明度"按钮,在其下拉面板中设置"混合模式"为"正片叠底"、"不透明度"为60%,如图10-22所示。最终完成效果如图10-23所示。

图10-22   图10-23

10.2 动物主题招贴

文件路径	第10章\动物主题招贴
难易指数	★★★★★
技术掌握	● 椭圆工具 ● 剪切蒙版 ● "路径查找器"面板 ● "内发光"效果

操作思路

在本案例中,首先使用"矩形工具"和"渐变工具"绘制招贴的背景效果;然后使用"椭圆工具"与"直线段工具"绘制数字"9",再利用"路径查找器"面板将数字"9"的两个部分合为一体,并为其添加"内发光"效果,使之呈现内陷的效果;最后添加动物素材,并使用"文字工具"输入主题文字。

案例效果

案例效果如图10-24所示。

图10-24

实例090 制作招贴的主体图形

操作步骤

01 新建一个"宽度"为200mm、"高度"为260mm的空白文档。选择工具箱中的"矩形工具",绘制一个与画板等大的矩形,效果如图10-25所示。选中矩形,单击工具箱底部的"填色"按钮,使之置于前面,执行"窗口>渐变"命令,弹出"渐变"面板,编辑一个灰色系的径向渐变,如图10-26所示。使用"渐变工具"在矩形上拖动调整渐变效果,如图10-27所示。

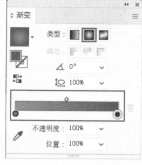

图10-25   图10-26

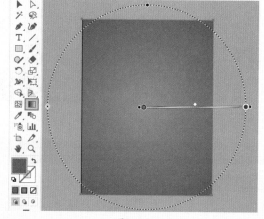

图10-27

02 选择工具箱中的"椭圆工具",在控制栏中设置"填充"为无、"描边"为深灰色、描边"粗细"

为70pt。按住Shift键的同时按住鼠标左键拖动，绘制一个正圆形，效果如图10-28所示。选择工具箱中的"直线段工具"，在控制栏中设置相同的参数，然后在合适的位置绘制一段直线，效果如图10-29所示。

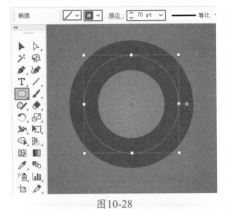

图10-28

图10-29

03 使用"选择工具"加选正圆形和直线，执行"对象>扩展"命令，在弹出的"扩展"对话框中选中"填充"和"描边"复选框，单击"确定"按钮，如图10-30所示，此时效果如图10-31所示。

图10-30

图10-31

04 执行"窗口>路径查找器"命令，在弹出的"路径查找器"面板中单击"联集"按钮，如图10-32所示，即可得到数字"9"的图形，效果如图10-33所示。

图10-32

图10-33

05 选择工具箱中的"直接选择工具"，选中数字"9"底部的锚点，并将其移动到合适的位置，效果如图10-34所示。

图10-34

06 选中数字图形，执行"效果>风格化>内发光"命令，在弹出的"内发光"对话框中设置"模式"为"正常"、颜色为黑色、"不透明度"为40%、"模糊"为3mm，选中"边缘"单选按钮，单击"确定"按钮，如图10-35所示，此时效果如图10-36所示。

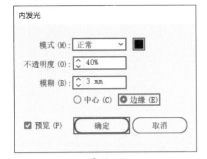

图10-35

图10-36

实例091　添加其他元素

操作步骤

01 下面为画面添加动物素材。置入动物素材"1.png"，单击控制栏中的"嵌入"按钮，将动物素材嵌入文档，效果如图10-37所示。

图10-37

02 选择工具箱中的"钢笔工具"，然后参照数字"9"的底部形状绘制不规则图形，效果如图10-38所示。按住Shift键加选动物素材与不规则图形，按快捷键Ctrl+7建立剪切蒙版，效果如图10-39所示。

图10-38　　　　　　　　　图10-39

03 下面为画面添加标题文字。选择工具箱中的"文字工具"，在画面中单击插入光标，删除占位符，在控制栏中设置"填充"为白色、"描边"为白色、描边"粗细"为2pt，设置合适的字体、字号，然后输入文字，按快捷键Ctrl+Enter确认输入操作完成，效果如图10-40所示。将刚刚输入的文字中的数字"9"选中，将其字号调整为50pt，效果如图10-41所示。

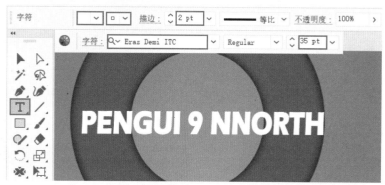

图10-40

图10-41

04 使用同样的方法输入其他文字，效果如图10-42所示。最终完成效果如图10-43所示。

图10-42　　　　　　　　　图10-43

10.3 变形数字海报

文件路径	第10章 \ 变形数字海报
难易指数	★★★★★
技术掌握	● 钢笔工具 ● 剪切蒙版 ● 文字工具

⌕ 扫码深度学习

💡 操作思路

本案例制作的是一幅变形数字海报，利用置入的素材和绘制的矩形多次创建剪切蒙版，剪切出由花纹图案拼接而成的数字；并使用"画笔工具"和"文字工具"为画面制作线条和文字效果，以平衡画面。

🖱 案例效果

案例效果如图10-44所示。

图10-44

实例092　制作海报的立体图形

🎤 操作步骤

01 新建一个宽度为1200px、高度为1700px的空白文档。选择工具箱中的"矩形工具"，在工具箱的底部设置"填色"为米色、"描边"为无，然后绘制一个与画板等大的矩形，效果如图10-45所示。按快捷键Ctrl+2锁定该矩形。

图10-45

02 选择工具箱中的"文字工具",在画面中单击插入光标,删除占位符,在控制栏中设置"填充"为黑色、"描边"为无,设置合适的字体、字号,然后输入文字,按快捷键Ctrl+Enter确认输入操作完成,效果如图10-46所示。再按快捷键Ctrl+C进行复制,然后按快捷键Ctrl+F将其粘贴在原文字的前面。

图10-46

03 接下来制作文字上的图案。置入花朵素材"1.jpg",调整其大小,然后单击控制栏中的"嵌入"按钮,效果如图10-47所示。

图10-47

04 选择工具箱中的"矩形工具",在工具箱的底部设置"填色"为绿色、"描边"为无,在画面中绘制一个与花朵素材等大的矩形,效果如图10-48所示。

图10-48

05 单击控制栏中的"不透明度"按钮,在其下拉面板中设置"混合模式"为"正片叠底",效果如图10-49所示。

图10-49

06 使用工具箱中的"选择工具"框选花朵素材和矩形,按快捷键Ctrl+G进行编组,然后使用工具箱中的"矩形工具"在花朵素材上绘制一个矩形,效果如图10-50所示。按住Shift键将花朵素材与矩形加选,按快捷键Ctrl+7建立剪切蒙版,效果如图10-51所示。

图10-50

图10-51

07 将绿色图像移动至画面中的数字上，然后进行旋转，如图10-52所示。选择数字，按快捷键Ctrl+C进行复制，然后单击绿色图像，按快捷键Ctrl+F将数字粘贴在其前面，效果如图10-53所示。

图10-52　　　　　　　图10-53

08 按住Shift键加选前面的数字和绿色图像，按快捷键Ctrl+7建立剪切蒙版，效果如图10-54所示。

图10-54

09 使用同样的方法置入纹理素材"2.jpg"，同样对素材进行上色处理，并创建剪切蒙版，然后将其旋转到合适的位置，效果如图10-55所示。

10 选择数字，按快捷键Ctrl+C进行复制，然后单击蓝色图像，按快捷键Ctrl+F将数字粘贴在其前面，效果如图10-56所示。按住Shift键加选数字和蓝色图像，按快捷键Ctrl+7建立剪切蒙版，此时效果如图10-57所示。

11 使用同样的方法制作其他图像，制作完成后可以将后面的数字选中并删除，效果如图10-58所示。

图10-55　　　　　　　图10-56

图10-57　　　　　　　图10-58

实例093　制作海报的其他内容

🎙️操作步骤

01 选择工具箱中的"画笔工具"，在工具箱的底部设置"填色"为无、"描边"为墨绿色，在控制栏中设置描边"粗细"为1pt、"画笔定义"为"炭笔—羽毛"，然后在画面中合适的位置按住Shift键绘制一段线条，效果如图10-59所示。继续使用"画笔工具"绘制其他线条，效果如图10-60所示。

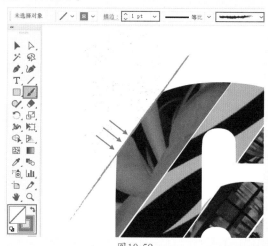

图10-59

图10-60

02 下面制作一个小标志。选择工具箱中的"矩形工具"，设置"填色"为墨绿色、"描边"为米色，在控制栏中设置描边"粗细"为2pt，在画面的左下角绘制一个细长的矩形，效果如图10-61所示。选中该矩形，按住Shift键和Alt键的同时向下拖动，进行平移及复制，共复制两份，效果如图10-62所示。

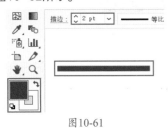

图10-61

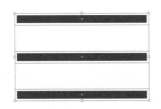

图10-62

03 框选三个矩形，按快捷键Ctrl+G进行编组。选择矩形组，执行"对象>变换>旋转"命令，在弹出的"旋转"对话框中设置"角度"为90°，单击"复制"按钮，如图10-63所示，此时图形效果如图10-64所示。

图10-63

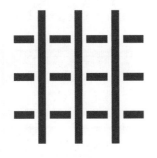

图10-64

04 框选该图形中的所有元素，然后进行编组。按住Shift键进行拖动，将图形组旋转45°，效果如图10-65所示。

图10-65

05 选择工具箱中的"文字工具"，在画面中单击插入光标，删除占位符，在工具箱的底部设置"填色"为深绿色、"描边"为无，在控制栏中设置合适的字体、字号，在画面中输入文字，按快捷键Ctrl+Enter确认输入操作完成，效果如图10-66所示。

图10-66

06 使用同样的方法制作其他文字，效果如图10-67所示。

07 选择工具箱中的"钢笔工具"，在工具箱的底部设置"填色"为浅青色、"描边"为无，在画面中绘制一个四边形，效果如图10-68所示。

图10-67

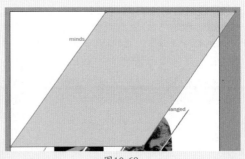

图10-68

08 在控制栏中设置"不透明度"为20%，效果如图10-69所示。使用同样的方法制作另一处图形效果。最终完成效果如图10-70所示。

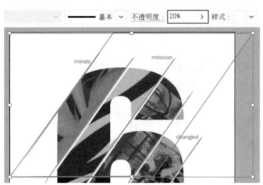

图10-69

图10-70

10.4 立体质感文字海报

文件路径	第10章\立体质感文字海报
难易指数	★★★★★
技术掌握	● 文字工具 ● "凸出和斜角"效果 ● 涂抹工具 ● 椭圆工具

扫码深度学习

操作思路

本案例制作的是一幅带有立体质感的文字海报。首先在画面中置入图片素材；然后利用混合模式将渐变填充的矩形混合到画面中，以形成渐变色的天空；再使用"椭圆工具"和"钢笔工具"制作文字后面的装饰图形；最后输入文字，执行"凸出和斜角（经典）"命令，为文字制作立体效果。

案例效果

案例效果如图10-71所示。

图10-71

实例094 制作多彩背景部分

操作步骤

01 新建一个宽度为2208px、高度为1242px的空白文档。置入背景素材"1.jpg"，调整其大小，然后单击控制栏中的"嵌入"按钮，效果如图10-72所示。

图10-72

02 下面制作渐变色的天空效果。选择工具箱中的"矩形工具"，绘制一个与画板等大的矩形。选择矩形，单击工具箱底部的"填色"按钮，使之置于前面，执行"窗口>渐变"命令，弹出"渐变"面板，设置"类型"为"线性"渐变，编辑一个由粉色到青绿色的渐变，如图10-73所示。选择工具箱中的"渐变工具"，按住鼠标左键拖动调整渐变效果，如图10-74所示。

图10-73

图10-74

03 选中渐变矩形，单击控制栏中的"不透明度"按钮，在其下拉面板中设置"混合模式"为"变亮"，如图10-75所示。按快捷键Ctrl+2锁定该矩形。

图10-75

04 使用同样的方法，置入光斑素材"2.jpg"并嵌入，调整至合适的大小，单击控制栏中的"不透明度"按钮，在其下拉面板中设置"混合模式"为"变亮"、"不透明度"为50%，如图10-76所示。按快捷键Ctrl+2锁定该图形。

图10-76

05 选择工具箱中的"椭圆工具"，在工具箱的底部设置"填色"为深紫色、"描边"为无，按住Shift键在画面中绘制一个深紫色正圆形，效果如图10-77所示。

图10-77

06 选择工具箱中的"钢笔工具"，在正圆形的右侧绘制一个不规则图形，效果如图10-78所示。选择该不规则图形，在工具箱的底部设置"填色"为稍浅一些的紫色、"描边"为无，效果如图10-79所示。按住Shift键加

选正圆形和不规则图形，然后按快捷键Ctrl+G将其编组。

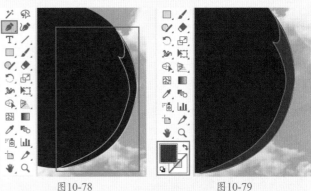

图10-78　　　　　　　图10-79

07 选择图形组，执行"对象>变换>镜像"命令，在弹出的"镜像"对话框中选中"水平"单选按钮，然后单击"复制"按钮，如图10-80所示。将复制得到的图形旋转至合适的角度，并调整其位置，效果如图10-81所示。

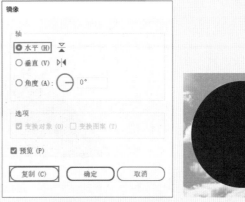

图10-80　　　　　　　图10-81

08 选择工具箱中的"椭圆工具"，绘制一个深棕色的椭圆形，在椭圆形的控制点处按住鼠标左键进行拖动，如图10-82所示，得到一个扇形，效果如图10-83所示。

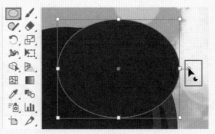

图10-82

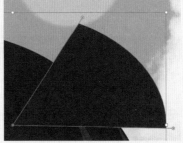

图10-83

09 使用同样的方法制作其他图形，然后将其调整至合适的位置，效果如图10-84所示。

10 再绘制一个正圆形，单击工具箱底部的"填色"按钮，使之置于前面，执行"窗口>渐变"命令，在弹出的"渐变"面板中编辑一个黄色系的线性渐变，使用"渐变工具"在正圆形上拖动调整渐变效果，如图10-85所示。

图10-84

图10-85

11 将正圆形向左旋转45°，如图10-86所示。使用"直接选择工具"选中黄色渐变正圆形右下角的锚点，按Delete键进行删除，此时效果如图10-87所示。

图10-86

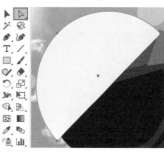
图10-87

12 使用同样的方法再制作一个粉色渐变的半圆形，并适当地调整其形状，效果如图10-88所示。选择粉色渐变的半圆形，选择工具箱中的"变形工具"，在半圆形上拖动鼠标指针，进行涂抹变形，效果如图10-89所示。

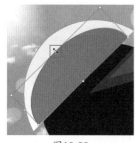
图10-88

图10-89

13 使用同样的方法制作其他形状，效果如图10-90所示。

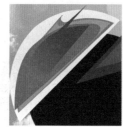
图10-90

实例095　制作立体文字部分

操作步骤

01 使用工具箱中的"文字工具"，在画面中单击插入光标，删除占位符，在控制栏中设置合适的字体、字号，然后输入主标题文字，按快捷键Ctrl+Enter确认输入操作完成，效果如图10-91所示。使用同样的方法，在画面中输入副标题文字，如图10-92所示。

图10-91

图10-92

02 置入黄金纹理素材"3.jpg"，将其进行嵌入。选择该素材，执行"对象>排列>后移一层"命令，将其移动到文字的后面，效果如图10-93所示。将素材复制一份，选择文字和黄金纹理素材，按快捷键Ctrl+7建立剪切蒙版，使用同样的方法，为下方文字制作剪切蒙版，同时选中两组文字，然后将其旋转至合适的角度，效果如图10-94所示。

图10-93

图10-94

03 将文字选中，按快捷键Ctrl+C进行复制，按快捷键Ctrl+V进行粘贴。将复制得到的两行文字移动至画板以外的空白区域，单击鼠标右键，在弹出的快捷菜单中选择"释放剪切蒙版"命令，将黄金纹理素材删除，并将文字编组，如图10-95所示，然后将文字颜色设置为棕色，效果如图10-96所示。

图10-95   图10-96

04 选择棕色文字，执行"效果>3D和材质>3D（经典）>凸出和斜角（经典）"命令，在弹出的"3D凸出和斜角选项（经典）"对话框中设置"位置"为"自定旋转"、"指定绕X轴旋转""指定绕Y轴旋转""指定绕Z轴旋转"均为0°，设置"透视"为60°、"凸出厚度"为963pt、"表面"为"塑料效果底纹"，单击"确定"按钮，如图10-97所示，此时效果如图10-98所示。

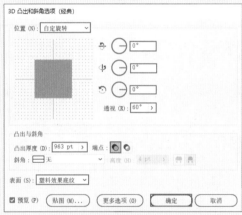

图10-97

图10-98

05 将立体文字移动到黄金纹理文字上，然后执行"对象>排列>后移一层"命令，将立体文字移动到黄金纹理文字的后面，效果如图10-99所示。在画面中输入其他文字，效果如图10-100所示。

图10-99   图10-100

06 在画面中置入云朵素材"4.png"并嵌入，调整其大小和位置，最终完成效果如图10-101所示。

图10-101

10.5 儿童食品信息图海报

文件路径	第10章\儿童食品信息图海报
难易指数	★★★★☆
技术掌握	● 符号 ● 文字工具 ● 钢笔工具 ● 矩形工具

操作思路

在本案例中，首先使用"矩形工具"绘制信息图的背景，然后使用"钢笔工具"绘制不规则图形并置入卡通素材作为装饰图案，再利用符号快速制作部分列表的底色，最后使用"文字工具"输入文字信息。

案例效果

案例效果如图10-102所示。

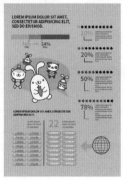

图10-102

实例096　制作条状图形

操作步骤

01 新建一个A4（210mm×297mm）大小的竖向空白文档。选择工具箱中的"矩形工具"，设置"填色"为黄色、"描边"为无，按住鼠标左键拖动，绘制一个与画板等大的矩形，效果如图10-103所示。

图10-103

02 使用同样的方法，绘制三个矩形，调整其位置和大小，并将其放置在合适的位置，效果如图10-104所示。

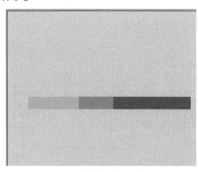

图10-104

实例097　制作装饰图案

操作步骤

01 选择工具箱中的"椭圆工具"，在画面中绘制一个颜色稍深的黄色椭圆，使用"钢笔工具"在其右下角绘制三角形，效果如图10-105所示。加选两个图形，执行"窗口>路径查找器"命令，单击"联集"按钮，如图10-106所示，将两个图形合并为一个整体，效果如图10-107所示。

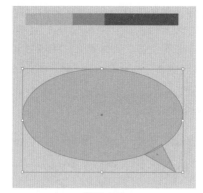

图10-105

图10-106

图10-107

02 打开卡通素材"1.ai"，选择素材图形，按快捷键Ctrl+C进行复制，切换到刚才操作的文档中，按快捷键Ctrl+V进行粘贴，然后适当调整素材图形的位置及大小，效果如图10-108所示。

图10-108

03 选择工具箱中的"星形工具"，在控制栏中设置"填充"为青

色、"描边"为无，在画面右上角的位置绘制星形，如图10-109所示，然后旋转至合适的角度，效果如图10-110所示。

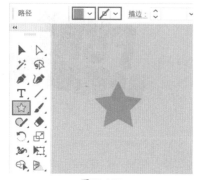

图10-109

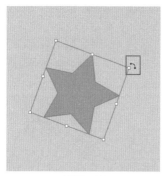

图10-110

04 选中星形，按住Shift键和Alt键的同时按住鼠标左键拖动，得到另一个星形，然后将其填充为黑色，效果如图10-111所示。选择黑色星形，多次按快捷键Ctrl+D，复制出多个黑色星形，效果如图10-112所示。

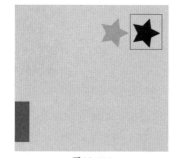

图10-111

图10-112

05 将整行星形选中，按住Shift键和Alt键的同时按住鼠标左键向下拖动，进行平移及复制，并更改星形的颜色，效果如图10-113所示。使用同样的方法复制得到另外两行星形，并更改星形的颜色，效果如图10-114所示。

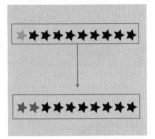

图10-113

图10-114

06 执行"窗口>符号库>箭头"命令，弹出"箭头"面板，选择"箭头26"符号，按住鼠标左键将其拖动到画面中，然后单击控制栏中的"断开链接"按钮，如图10-115所示。选择箭头符号并右击，在弹出的快捷菜单中选择"变换>镜像"命令，在弹出的"镜像"对话框中选中"垂直"单选按钮，单击"确定"按钮，如图10-116所示。在工具箱的底部设置"填色"为黄色、"描边"为无，然后调整箭头符号至合适的大小，效果如图10-117所示。

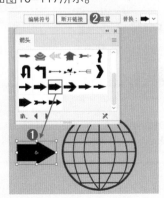

图10-115

镜像

轴
○ 水平 (H)
● 垂直 (V)
○ 角度 (A)：　　90°

选项
☑ 变换对象 (O)　　□ 变换图案 (T)

☑ 预览 (P)

复制 (C)　　确定　　取消

图10-116

图10-117

07 使用同样的方法制作另一个箭头，效果如图10-118所示。

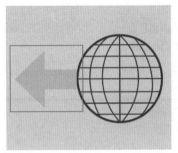

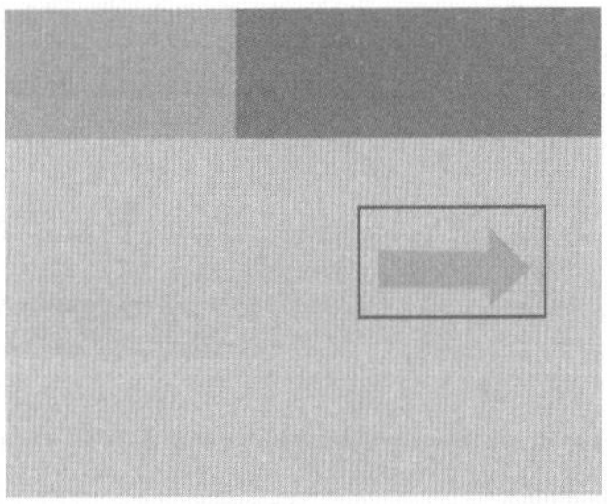

图10-118

实例098　制作成分列表的底色

🎤操作步骤

01 执行"窗口>符号库>Web按钮和条形"命令，弹出"Web按钮和条形"面板，选择"按钮3-绿色"符号，按住鼠标左键将其拖动到画面中，单击控制栏中的"断开链接"按钮，然后将其摆放在合适的位置并调整大小，效果如图10-119所示。选择该按钮符号，按住Shift键和Alt键的同时按住鼠标左键向下移动，复制得到另一个按钮符号，效果如图10-120所示。选择该按钮符号，多次按快捷键

Ctrl+D，将按钮符号复制6份，得到一列按钮符号。框选该列按钮符号，使用同样的方法复制得到另外一列按钮符号，将其作为成分列表的底色，效果如图10-121所示。

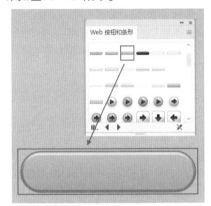

图10-119

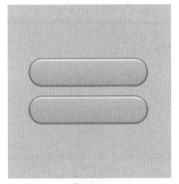

图10-120

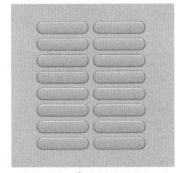

图10-121

02 使用同样的方法制作蓝色的按钮符号，并调整其位置，效果如图10-122所示。

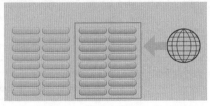

图10-122

实例099 制作文字信息

操作步骤

01 选择工具箱中的"文字工具",在画面中单击插入光标,删除占位符,在控制栏中设置"填充"为黑色、"描边"为无,设置合适的字体、字号,然后输入文字,按快捷键Ctrl+Enter确认输入操作完成,效果如图10-123所示。使用同样的方法制作其他文字,效果如图10-124所示。

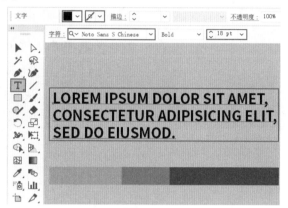

图10-123

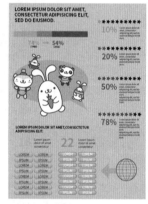

图10-124

02 选择工具箱中的"钢笔工具",在控制栏中设置"填充"为无、"描边"为黑色,描边"粗细"为1pt,然后按住Shift键绘制一段折线,按Enter键确认绘制操作完成,效果如图10-125所示。使用同样的方法绘制其他线条,效果如图10-126所示。最终完成效果如图10-127所示。

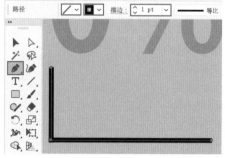

图10-125

图10-126

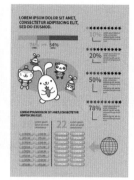

图10-127

10.6 卡通风格文字招贴

文件路径	第10章\卡通风格文字招贴	
难易指数	★★★★★	
技术掌握	● "扩展"命令 ● "平均"命令 ● 符号 ● "投影"效果	扫码深度学习

操作思路

在本案例中,首先使用"矩形工具"配合"扩展"命令与"平均"命令制作放射状背景,然后使用"椭圆工具"绘制彩虹,并置入草地素材,再使用符号为画面添加一些小草,最后使用"文字工具"输入主体文字。

案例效果

案例效果如图10-128所示。

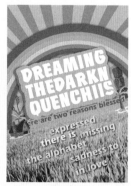

图10-128

实例100 制作放射状背景

操作步骤

01 新建一个A4(210mm×297mm)大小的竖向空白文档。选择工具箱中的"矩形工具",绘制一个与画板等大的矩形。单击工具箱底部的"填色"按钮，使之置于前面，执行"窗口>渐变"命令，然后在弹出的"渐变"面板中设置"类型"为"径向"渐变，编辑一个橙色系的渐变，如图10-129所示。使用"渐变工具"在矩形上拖动调整渐变效果，如图10-130所示。按快捷键Ctrl+2锁定该矩形。

图10-129

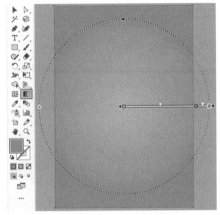

图10-130

02 下面制作放射状背景。选择工具箱中的"矩形工具"，在工具箱的底部设置"填色"为无、"描边"为橘黄色，然后单击"描边"按钮，在其下拉面板中设置"粗细"为30pt，选中"虚线"复选框，设置"虚线"参数为50pt、"间隙"参数为50pt，然后在画面中绘制一个矩形，效果如图10-131所示。

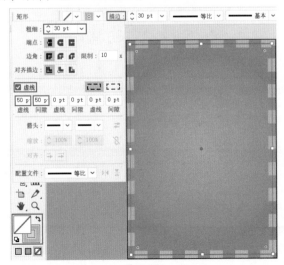

图10-131

03 选择矩形，执行"对象>扩展"命令，在弹出的"扩展"对话框中选中"填充"和"描边"复选框，单击"确定"按钮，如图10-132所示。将矩形进行扩展后，选择"直接选择工具"，按住Shift键加选矩形内部的锚点，如图10-133所示。

图10-132　　　　　　　图10-133

04 执行"对象>路径>平均"命令，在弹出的"平均"对话框中选中"两者兼有"单选按钮，单击"确定"按钮，如图10-134所示。将得到的图形调整至与画板等大，效果如图10-145所示。使用快捷键Ctrl+2锁定该图形。

图10-134　　　　　　　图10-135

实例101　制作卡通彩虹

操作步骤

01 下面制作彩虹效果。选择工具箱中的"椭圆工具"，设置"填色"为无、"描边"为粉色，在控制栏中设置描边"粗细"为20pt，按住Shift键的同时按住鼠标左键拖动，在画面中绘制一个正圆形，效果如图10-136所示。使用同样的方法调整描边的颜色和粗细，分别绘制其他六个不同颜色、大小的正圆形，并依次摆放在一起，然后将其编组，效果如图10-137所示。

02 使用"矩形工具"绘制一个矩形，效果如图10-138所示。按住Shift键加选矩形和正圆形，执行"对象>剪切蒙版>建立"命令，建立剪切蒙版，得到彩虹图形，效果如图10-139所示。

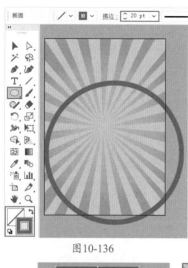

图10-136

图10-137

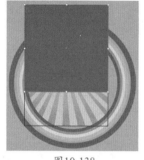

图10-138

图10-139

03 选中彩虹图形，执行"效果>风格化>投影"命令，在弹出的"投影"对话框中设置"模式"为"正片叠底"、"不透明度"为75%、"X位移"和"Y位移"为0mm、"模糊"为1.8mm，选中"颜色"单选按钮，颜色设置为黑色，单击"确定"按钮，如图10-140所示，此时效果如图10-141所示。

图10-140

图10-141

04 执行"窗口>符号库>提基"命令，在弹出的"提基"面板中选择"Tiki 棚屋"符号，按住鼠标左键将其拖动到画面中。在选中符号的状态下，在控制栏中单击"断开链接"按钮，效果如图10-142所示。然后按住Shift键将其进行等比缩小并适当旋转，使用同样的方式，再次在画面中添加"植物"符号，调整其大小和位置并进行旋转，多次执行"对象>排列>后移一层"命令，将其放在彩虹的后面，效果如图10-143所示。继续使用同样的方法，

添加其他符号，对其进行适当的旋转并调整其位置，效果如图10-144所示。

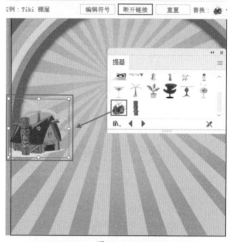

图10-142

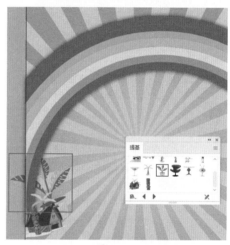

图10-143

图10-144

05 置入草地素材"1.png"，单击控制栏中的"嵌入"按钮，完成素材的嵌入操作。将素材调整到合适的位置和大小，将其移动到符号的后面，效果如图10-145所示。

图10-145

实例102　制作辅助文字

操作步骤

01 选择工具箱中的"文字工具"，在画面中单击插入光标，删除占位符，设置"填色"为浅灰色、"描边"为无，选择合适的字体、字号，然后在相应位置输入文字，按快捷键Ctrl+Enter确认输入操作完成，效果如图10-146所示。使用同样的方法，继续为画面添加文字，效果如图10-147所示。

图10-146

图10-147

02 按住Shift键加选这些文字，执行"效果>风格化>投影"命令，在弹出的"投影"对话框中设置"模式"为"正片叠底"、"不透明度"为75%、"X位移"为1mm、"Y位移"为1mm、"模糊"为1mm，选中"颜色"单选按钮，颜色设置为黑色，如图10-148所示，此时文字效果如图10-149所示。

图10-148

图10-149

03 按住Shift键将文字加选，然后将其进行旋转，效果如图10-150所示。

图10-150

04 下面在文字前面添加小草作为装饰。执行"窗口>符号库>自然"命令，弹出"自然"面板，然后选择相应的小草符号，在文字前面进行添加。调整小草符号的大小及角度，效果如图10-151所示。

图10-151

实例103 制作主体文字

操作步骤

01 使用同样的方法输入"填充"为白色、"描边"为无的文字，设置合适的字体、字号，将文字进行旋转，效果如图10-152所示。

图10-152

02 下面制作主体文字的立体效果。选中文字，按快捷键Ctrl+C进行复制，按快捷键Ctrl+B将其粘贴在原文字的后面，然后执行"效果>路径>偏移路径"命令，在弹出的"偏移路径"对话框中设置"位移"为6mm、"连接"为"斜接"、"斜接限制"为4，单击"确定"按钮，如图10-153所示。将偏移路径后的文字填充为黄色，此时效果如图10-154所示。

图10-153

图10-154

03 在选中黄色文字的状态下，按快捷键Ctrl+C进行复制，按快捷键Ctrl+B将其粘贴在原文字的后面，并将其填充为深黄色。多次按↓键和←键，调整其位置，效果如图10-155所示。

图10-155

04 在选中深黄色文字的状态下，执行"效果>风格化>投影"命令，在弹出的"投影"对话框中设置"模式"为"正片叠底"、"不透明度"为75%、"X位移"为0mm、"Y位移"为0mm、"模糊"为1.76mm，选中"颜色"单选按钮，颜色设置为黑色，单击"确定"按钮，如图10-156所示。

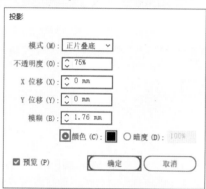

图10-156

05 选择制作的文字，将其移动到"棕榈"符号和"Tiki棚屋"符号的后面，效果如图10-157所示。

图10-157

06 使用同样的方法制作其他文字，效果如图10-158所示。最终完成效果如图10-159所示。

图10-158

图10-159

10.7 幸运转盘活动招贴

文件路径	第10章\幸运转盘活动招贴
难易指数	★★★★☆
技术掌握	● 极坐标网格工具 ● 文字工具 ● 椭圆工具 ● "路径查找器"面板

◎扫码深度学习

操作思路

在本案例中，首先制作浅蓝色矩形背景，然后使用"椭圆工具"制作转盘图形，再置入素材丰富画面，最后制作转盘上的文字等以装饰画面。

案例效果

案例效果如图10-160所示。

图10-160

实例104 制作背景及文字

操作步骤

01 新建一个"宽度"为1200px、"高度"为1700px的空白文档。选择工具箱中的"矩形工具"，在工具箱的底部设置"填色"为浅蓝色、"描边"为无，绘制一个与画板等大的矩形，效果如图10-161所示。

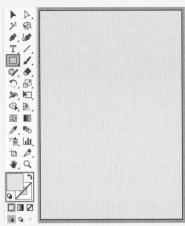

图10-161

02 选择工具箱中的"文字工具"，在画面中单击插入光标，删除占位符，然后在控制栏中设置"填充"为白色、"描边"为无，设置合适的字体、字号，然后输入文字，按快捷键Ctrl+Enter确认输入操作完成，效果如图10-162所示。使用同样的方法，制作其他文字，效果如图10-163所示。

图10-162

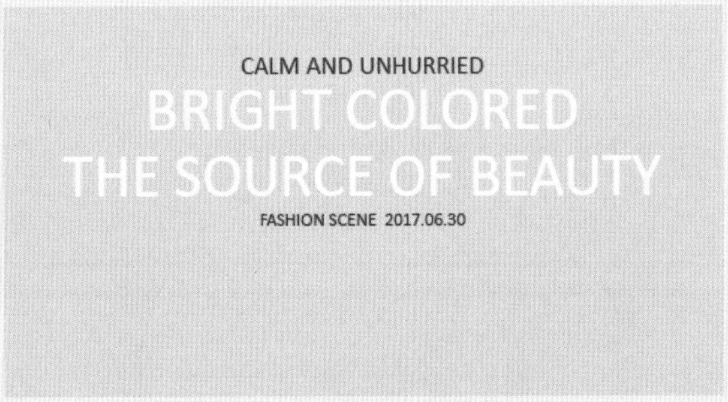

CALM AND UNHURRIED

BRIGHT COLORED
THE SOURCE OF BEAUTY

FASHION SCENE 2017.06.30

图10-163

实例105 制作转盘图形

操作步骤

01 选择工具箱中的"椭圆工具"，设置"填色"为黄色、"描边"为无，按住Shift键的同时按住鼠标左键拖动，绘制一个正圆形，效果如图10-164所示。

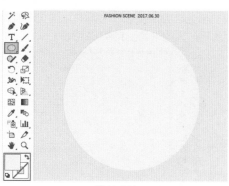

图10-164

A 艺境

中文版illustrator矢量图形设计与制作全视频

实践228例 溢彩版

02 选择工具箱中的"极坐标网格工具"，在画面中单击，在弹出的"极坐标网格工具选项"对话框中设置"同心圆分隔线"的"数量"为0、"径向分割线"的"数量"为8，单击"确定"按钮，如图10-165所示。在工具箱的底部设置"填色"为亮灰色、"描边"为红色，效果如图10-166所示。

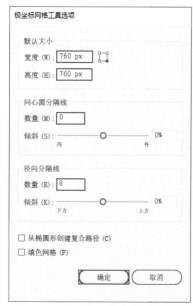

图10-165

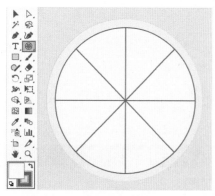

图10-166

03 选择该图形，执行"对象>扩展"命令，在弹出的"扩展"对话框中选中"填充"和"描边"复选框，

单击"确定"按钮，如图10-167所示。执行"窗口>路径查找器"命令，在弹出的"路径查找器"面板中单击"分割"按钮，然后按快捷键Shift+Ctrl+G取消编组，如图10-168所示。

图10-167   图10-168

04 选择图形中的红线，按Delete键将其删除，效果如图10-169所示。

05 下面制作转盘上的小缺口。使用"椭圆工具"绘制一个小椭圆形，然后将其旋转，并摆放在两个扇形外侧的中间位置，效果如图10-170所示。加选小椭圆形和两个扇形，单击"路径查找器"面板中的"分割"按钮，将三个图形进行分割，按快捷键Shift+Ctrl+G取消编组，如图10-171所示。选择黑色椭圆部分，按Delete键将其删除，效果如图10-172所示。

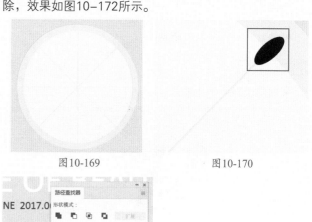

图10-169   图10-170

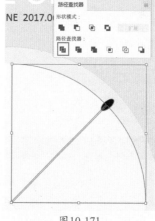

图10-171   图10-172

06 使用同样的方法制作其他缺口，效果如图10-173所示。继续使用同样的方法，在亮灰色正圆形上制作一个填充为白色的正圆形，并将其等分为8个扇形，效果如图10-174所示。

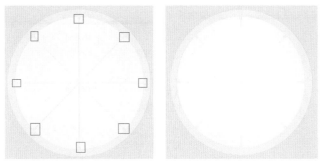

图10-173　　　　　　　　图10-174

07 置入蛋糕素材"1.png"，调整其位置、大小和方向，然后单击控制栏中的"嵌入"按钮，效果如图10-175所示。选择蛋糕素材后面的扇形，按快捷键Ctrl+C进行复制，然后单击蛋糕素材，按快捷键Ctrl+F将其粘贴到蛋糕素材的前面，效果如图10-176所示。按住Shift键加选扇形和蛋糕素材，按快捷键Ctrl+7创建剪切蒙版，效果如图10-177所示。

图10-175

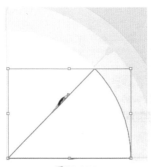

图10-176　　　　　　　　图10-177

08 使用同样的方法继续在画面中置入其他素材，然后调整其位置、大小和方向，并创建剪切蒙版，效果如图10-178所示。

09 选择工具箱中的"椭圆工具"，设置"填色"为黄色、"描边"为无，然后按住Shift键的同时按住鼠标左键在画面中间绘制一个正圆形，效果如图10-179所示。在黄色正圆形上绘制一个"填充"为无、"描边"为白色、"描边"粗细为4pt的正圆形，效果如图10-180所示。

图10-178　　　　　　　　图10-179

图10-180

10 在正圆形中输入文字，设置合适的字体、字号，效果如图10-181所示。使用同样的方法，制作转盘上的其他文字，将文字旋转至合适的角度，并调整至合适的位置，效果如图10-182所示。

图10-181　　　　　　　　图10-182

11 选择工具箱中的"钢笔工具"，在控制栏中设置"填充"为无、"描边"为黑色、描边"粗细"为3pt，在画面中的合适位置绘制装饰箭头，效果如图10-183所示。使用同样的方法，绘制转盘旁边的两个浅蓝色箭头，效果如图10-184所示。

图10-183 图10-184

实例106 制作底部图形

操作步骤

01 选择工具箱中的"圆角矩形工具",在控制栏中设置"填充"为白色、"描边"为无,在画面底部绘制一个圆角矩形,效果如图10-185所示。使用"矩形工具"在圆角矩形的左侧绘制两个"填充"为白色、"描边"为灰色的矩形,如图10-186所示。

图10-185 图10-186

02 再次绘制一个与下方矩形等大的矩形,执行"窗口>渐变"命令,打开"渐变"面板,编辑一个黑色到透明的线性渐变,如图10-187所示。效果如图10-188所示。

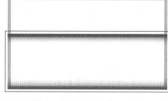

图10-187 图10-188

03 使用"钢笔工具"在矩形右上角绘制一个棕色的图形,效果如图10-189所示。选择工具箱中的"文字工具",在矩形中单击插入光标,删除占位符,设置合适的字体、字号与颜色,然后输入文字,效果如图10-190所示。

04 继续输入文字,设置合适的字体、字号,并调整文字的位置,效果如图10-191所示。置入篮球素材"9.png"并嵌入,调整至合适的大小,摆放在合适的位置,效果如图10-192所示。

图10-189

图10-190

图10-191

图10-192

05 使用"钢笔工具"绘制一个水滴形状的图形并填充为黑色,效果如图10-193所示。在其中输入合适的文字,并调整文字的角度,效果如图10-194所示。

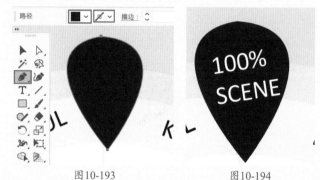

图10-193 图10-194

06 使用"椭圆工具"与"圆角矩形工具"制作画面左侧的粉色装饰,并使用"文字工具"在图形中添加合适的文字,效果如图10-195所示。

图10-195

07 置入雪花素材,然后选择"选择工具",按住Alt键的同时按住鼠标左键拖动,将雪花素材复制一份。使用同样的方法多次进行复制,调整素材的大小并将其摆放在合适的位置，效果如图10-196所示。最终完成效果如图10-197所示。

图10-196

图10-197

10.8 唯美人像海报

文件路径	第10章\唯美人像海报
难易指数	★★★★★
技术掌握	● "高斯模糊"效果 ● 文字工具 ● "内发光"效果 ● "投影"效果 ● 封套扭曲 ● 符号

扫码深度学习

操作思路

　　在本案例中，首先置入合适的背景素材，并通过"高斯模糊"命令将背景虚化；然后输入主体文字，配合"投影""内发光"等效果制作艺术文字；最后在画面的底部添加合适的素材、符号和辅助文字，完成海报的制作。

案例效果

　　案例效果如图10-198所示。

图10-198

实例107　制作背景与人物部分

操作步骤

01 新建一个宽度为659mm、高度为1014mm的空白文档。置入背景素材"1.jpg"，调整其位置和大小，单击控制栏中的"嵌入"按钮，如图10-199所示。效果如图10-200所示。

图10-199　　　　　　　　图10-200

02 选择背景素材，执行"效果>模糊>高斯模糊"命令，在弹出的"高斯模糊"对话框中设置"半径"为100像素，单击"确定"按钮，如图10-201所示，此时效果如图10-202所示。

图10-201　　　　　　　　图10-202

03 使用同样的方法，在画面中置入花环素材"2.png"和人物素材"3.png"，调整其大小和位置，然后分别在控制栏中单击"嵌入"按钮，效果如图10-203和图10-204所示。

图10-203　　　　　　　　图10-204

操作步骤

01 选择工具箱中的"文字工具",在画面中单击插入光标,删除占位符,在控制栏中设置"填充"为黑色、"描边"为无,设置合适的字体、字号,然后输入文字,按快捷键Ctrl+Enter确定输入操作完成,效果如图10-205所示。选择工具箱中的"修饰文字工具",在字母"S"上单击以显示定界框,然后拖动控制点将文字进行旋转,效果如图10-206所示。

图10-205

图10-206

02 使用同样的方法,制作其他两个字母的旋转效果,并将其移动到合适的位置,效果如图10-207所示。使用同样的方法,制作其他文字,效果如图10-208所示。

图10-207

图10-208

03 选中所有文字,执行"对象>扩展"命令,在弹出的"扩展"对话框中选中"对象"和"填充"复选框,单击"确定"按钮,如图10-209所示。在文字被选中的状态下,按快捷键Ctrl+G将其编组,更改"填色"为白色、"描边"为紫色,在控制栏中设置描边"粗细"为10pt,效果如图10-210所示。

04 执行"效果>风格化>内发光"命令,在弹出的"内发光"对话框中设置"模式"为"正常"、颜色为紫色、"不透明度"为75%、"模糊"为10mm,选中"边

缘"单选按钮,单击"确定"按钮,如图10-211所示,此时效果如图10-212所示。

图10-209

图10-210

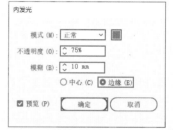

图10-211

图10-212

05 执行"效果>风格化>投影"命令,在弹出的"投影"对话框中设置"模式"为"正片叠底"、"不透明度"为60%、"X位移"为-5mm、"Y位移"为0.5mm、"模糊"为3mm,选中"颜色"单选按钮,设置颜色为黑色,单击"确定"按钮,如图10-213所示,此时效果如图10-214所示。

图10-213

图10-214

06 选中文字，按快捷键Ctrl+C进行复制，然后按快捷键Ctrl+F将其粘贴到原文字的前面。执行"窗口>外观"命令，弹出"外观"面板，如图10-215所示，选择"内发光"效果，单击面板底部的"删除所选项目"按钮，删除"内发光"效果，使用同样的方法删除"投影"效果。在控制栏中更改文字的"描边"为无，效果如图10-216所示。将文字再复制一份，将复制得到的文字移动到画板以外的地方，用于后期制作描边效果。

图10-215　　　　　　　　　图10-216

07 选择工具箱中的"椭圆工具"，在工具箱的底部单击"填色"按钮，使之置于前面，执行"窗口>渐变"命令，在弹出的"渐变"面板中设置"类型"为"径向"渐变，编辑一个粉色系的渐变，如图10-217所示。使用"椭圆工具"，按住Shift键的同时按住鼠标左键拖动，绘制一个正圆形，并适当调整正圆形的渐变效果，效果如图10-218所示。

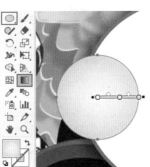

图10-217　　　　　　　　　图10-218

08 选中正圆形，按住Alt键的同时按住鼠标左键拖动，复制得到同样大小的正圆形，多次重复此操作，并调整正圆形的位置。选中所有的正圆形，按快捷键Ctrl+G将它们编组，效果如图10-219所示。执行"对象>排列>后移一层"命令，将正圆形组移动到白色无描边文字的后面，效果如图10-220所示。

图10-219　　　　　　　　　图10-220

09 选中文字和正圆形组，单击控制栏中的"不透明度"按钮，在其下拉面板中单击"制作蒙版"按钮创建不透明度蒙版，接着设置"混合模式"为"正片叠底"，如图10-221所示，此时效果如图10-222所示。

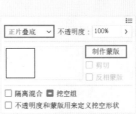

图10-221　　　　　　　　　图10-222

10 将画板以外的文字移动到带有正圆形装饰效果的文字上，单击工具箱底部的"描边"按钮，使之置于前面，执行"窗口>渐变"命令，在弹出的"渐变"面板中设置"类型"为"线性"渐变，编辑一个紫色系的渐变，如图10-223所示，在控制栏中设置描边"粗细"为50pt，效果如图10-224所示。

图10-223　　　　　　　　　图10-224

11 多次执行"对象>排列>后移一层"命令，将制作的文字描边效果移动到文字的后面、背景的前面，效果如图10-225所示，此时整体效果如图10-226所示。

图10-225　　　　　　　　　图10-226

实例109　制作底部装饰

🎙️**操作步骤**

01 下面制作文字下方的飘带。选择工具箱中的"钢笔工具"，设置"填色"为紫色、"描边"为无，在画面中绘制图形，效果如图10-227所示。使用同样的方法，在其右侧绘制填充为深紫色的图形，效果如图10-228所示。多次执行"对象＞排列＞后移一层"命令，将深紫色图形移动到紫色图形的后面，效果如图10-229所示。

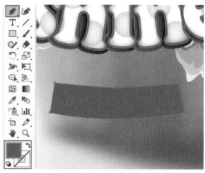

图10-227

图10-228

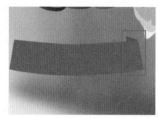

图10-229

02 使用同样的方法继续绘制图形，以制作完整的飘带，效果如图10-230所示。

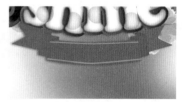

图10-230

03 选择工具箱中的"文字工具"，在画面中单击插入光标，删除占位符，设置"填色"为浅黄色、"描边"为无，在控制栏中设置合适的字体、字号，然后输入文字，效果如图10-231所示。执行"对象＞封套扭曲＞用变形建立"命令，在弹出的"变形选项"对话框中设置"样式"为"弧形"，选中"水平"单选按钮，设置"弯曲"为−10%，单击"确定"按钮，如图10-232所示，此时效果如图10-233所示。

图10-231

图10-232

图10-233

04 置入花朵与蛋糕素材"4.jpg"，调整其位置和大小，然后单击控制栏中的"嵌入"按钮，效果如图10-234所示。使用同样的方法置入其他素材，调整其位置和大小，效果如图10-235所示。

图10-234

图10-235

05 在蛋糕素材底部添加合适的文字，效果如图10-236所示。执行"窗口＞符号库＞网页图标"命令，弹出"网页图标"面板，选择"视频"符号，按住鼠标左键将其拖动到画面中，将其进行放大并断开链接，然后将其填充为紫色，效果如图10-237所示。

图10-236

图10-237

06 最终完成效果如图10-238所示。

图10-238

10.9 剪影效果海报

文件路径	第10章\剪影效果海报
难易指数	★★★★★
技术掌握	● 椭圆工具 ● 矩形工具 ● 剪切蒙版 ● 符号

扫码深度学习

操作思路

本案例制作的是一张剪影效果的海报。在本案例中，使用频率最高的是"椭圆工具"，也会使用到"矩形工具"。为了丰富画面效果，还会使用到"符号库"中的大量符号。

案例效果

案例效果如图10-239所示。

图10-239

实例110 制作顶部图形

操作步骤

01 新建一个"宽度"为210mm、"高度"为285mm的空白文档。选择工具箱中的"矩形工具"，在工具箱的底部设置"填色"为青色、"描边"为无，在画面中绘制一个与画板等大的青色矩形，效果如图10-240所示。

图10-240

02 在画面的上方绘制一个黑色矩形，效果如图10-241所示。选择工具箱中的"椭圆工具"，在黑色矩形的下方按住Shift键的同时按住鼠标左键拖动，绘制一个黑色正圆形，效果如图10-242所示。

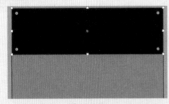

图10-241

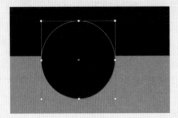

图10-242

03 使用同样的方法，绘制其他大小不一的正圆形，效果如图10-243所示。在画面的左上角绘制一个"填充"为青色、"描边"为无的正圆形，效果如图10-244所示。

 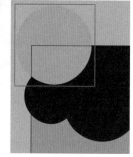

图10-243　　　　　　图10-244

04 下面制作云朵。选择工具箱中的"椭圆工具"，在工具箱的底部设置"填色"为青色，然后绘制多个椭圆形，并组合成云朵图形，如图10-245所示，按住Shift键加选这些椭圆形，按快捷键Ctrl+G进行编组，然后移动到合适的位置。

图10-245

05 选择云朵图形，按住Alt键的同时按住鼠标左键拖动，将其移动及复制，效果如图10-246所示。将云朵图形进行放大，然后将"填充"设置为墨绿色。选中该图形，执行"对象>排列>后移一层"命令，将其移动至青色云朵图形的后面，效果如图10-247所示。

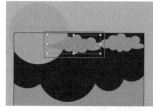 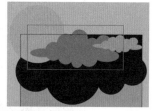

图10-246　　　　　　图10-247

06 使用同样的方法制作其他云朵图形，效果如图10-248所示。

图10-248

07 绘制两个不同大小的、"填充"为米色、"描边"为无的正圆形。选择其中的小正圆形，多次执行"对象

>排列>后移一层"命令，将其移动至云朵图形的后面，效果如图10-249所示。绘制大小不一的三个深棕色正圆形，效果如图10-250所示。

 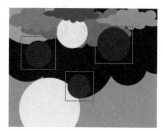

图10-249　　　　　　图10-250

08 选择工具箱中的"椭圆工具"，单击工具箱底部的"填色"按钮，使之置于前面，执行"窗口>渐变"命令，弹出"渐变"面板，设置"类型"为"径向"，编辑一个青色系的渐变，如图10-251所示。按住Shift键的同时按住鼠标左键拖动，绘制一个正圆形，使用工具箱中的"渐变工具"在正圆形上拖动调整渐变效果，如图10-252所示。

 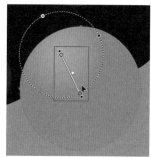

图10-251　　　　　　图10-252

09 绘制画面上方颜色不一、大小各异的正圆形，效果如图10-253所示。

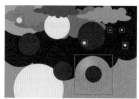

图10-253

10 下面制作一些小装饰。在三个深棕色正圆形的中间绘制一个墨绿色的正圆形，效果如图10-254所示。在墨绿色正圆形上绘制一个稍浅一些的墨绿色正圆形，效果如图10-255所示。在浅墨绿色正圆形上再绘制一个白色正圆形，效果如图10-256所示。

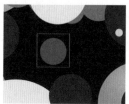

图10-254

图10-255

图10-256

11 使用同样的方法制作其他正圆形，效果如图10-257所示。再次制作云朵图形，并调整其位置，效果如图10-258所示。

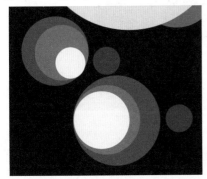

图10-257

图10-258

12 选择工具箱中的"矩形工具"，绘制一个与画板等大的矩形，效果如图10-259所示。按快捷键Ctrl+A全选画面中的元素，按快捷键Ctrl+7创建剪切蒙版，效果如图10-260所示。

图10-259

图10-260

实例111 为画面添加装饰元素

操作步骤

01 选择工具箱中的"文字工具"，在画面中单击插入光标，删除占位符，设置"填色"为米色、"描边"为无，在控制栏中设置合适的字体、字号，然后输入文字，按快捷键Ctrl+Enter确认输入操作完成，效果如图10-261所示。使用同样的方法制作其他文字并调整其位置，效果如图10-262所示。

图10-261

图10-262

02 下面制作画面中的装饰元素。执行"窗口>符号库>提基"命令，弹出"提基"面板。选择"男性"符号，按住鼠标左键将其拖动到画面中，然后按住Shift键将其进行等比缩小，效果如图10-263所示。在该符号被选中的状态下，在控制栏中单击"断开链接"按钮，效果如图10-264所示。

图10-263

图10-264

03 选中人物，在工具箱的底部设置"填色"为无、"描边"为灰色，效果如图10-265所示。

04 使用"钢笔工具"绘制一个气泡图形，效果如图10-266所示。选择该图形，执行"对象>变换>镜像"命令，在弹出的"镜像"对话框中选中"垂直"单选按钮，单击"复制"按钮，如图10-267所示。将复制得到的图形向右移动，然后将其等比缩小，效果如图10-268所示。

图10-265　　　　　　　图10-266

图10-267　　　　　　　图10-268

05 使用同样的方法为画面添加其他符号，然后进行断开链接、取消编组、填色等操作，整体画面效果如图10-269所示。

图10-269

实例112　绘制装饰图形

操作步骤

01 置入椅子素材"1.png"并嵌入，调整其位置和大小，效果如图10-270所示。

02 选择工具箱中的"钢笔工具"，设置"填色"为墨绿色、"描边"为无，沿着椅子的轮廓绘制图形，然后设置其"混合模式"为"正片叠底"，效果如图10-271所示。

图10-270　　　　　　　图10-271

03 使用同样的方法，绘制其他图形，调整其大小和角度，效果如图10-272所。

图10-272

实例113　制作条形装饰和纹理

操作步骤

01 选择"矩形工具"，在米色正圆形上绘制一个墨绿色细长矩形，效果如图10-273所示。选中该矩形，按住Shift键和Alt键的同时向右拖动，进行平移及复制，效果如图10-274所示。按快捷键Ctrl+D重复上一次操作，复制出多个矩形，效果如图10-275所示，将这些矩形同时选中后编组。

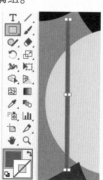

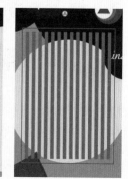

图10-273　　　　图10-274　　　　图10-275

02 使用"钢笔工具"绘制一个四边形，效果如图10-276 所示。加选四边形和墨绿色矩形组，按快捷键Ctrl+7 创建剪切蒙版，效果如图10-277所示。

05 在选中覆盖素材的状态下，执行"窗口>透明度"命令，在弹出的"透明度"面板中设置"混合模式"为"柔光"，如图10-280所示。

06 最终完成效果如图10-281所示。

 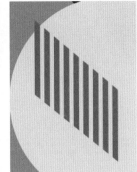

图10-276 图10-277

03 使用同样的方法，继续制作另一组青色的图形，效果如图10-278所示。

04 置入覆盖素材"2.jpg"，调整其位置、大小、角度后进行嵌入，效果如图10-279所示。

图10-280 图10-281

图10-278 图10-279

第11章

书籍画册设计

11.1 单色杂志内页

文件路径	第11章\单色杂志内页
难易指数	★★★★★
技术掌握	● 矩形工具 ● 文字工具 ● 渐变工具

扫码深度学习

操作思路

在本案例中，首先将素材置入文档，并对素材设置适当的效果，然后使用"矩形工具"在画面中绘制红色的矩形，再使用"文字工具"在画面的适当位置输入文字，最后绘制渐变的矩形，使画面效果看起来更加逼真、立体。

案例效果

案例效果如图11-1所示。

图11-1

实例114 制作版面背景

操作步骤

01 新建一个空白文档。然后置入素材"1.jpg"并嵌入，效果如图11-2所示。

图11-2

02 在素材"1.jpg"被选中的状态下，执行"效果>素描>半调图案"命令，在弹出的"半调图案"对话框中设置"大小"为1、"对比度"为6、"图案类型"为"网点"，单击"确定"按钮，如图11-3所示。

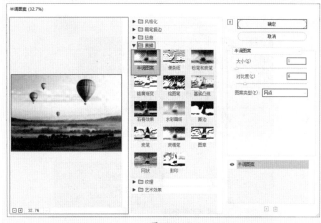

图11-3

03 选择工具箱中的"矩形工具"，在工具箱的底部设置"填色"为稍深的红色、"描边"为无，在画面的左侧绘制一个矩形，效果如图11-4所示。

图11-4

04 使用同样的方法，在画面的右上方绘制深红色矩形，效果如图11-5所示。

图11-5

实例115 制作杂志文字

操作步骤

01 选择工具箱中的"文字工具"，在左侧矩形上单击插入光标，删除占位符，在控制栏中设置"填充"为白色、"描边"为无，选择合适的字体、字号，设置"段落"为"左对齐"，然后在画面中输入文字，按快捷键Ctrl+Enter确认输入操作完成，效果如图11-6所示。使用同样的方法在画面中适当的位置输入其他文字，效果如图11-7所示。

图11-6

图11-7

02 使用"矩形工具"绘制一个矩形，效果如图11-8所示。选中该矩形，单击工具箱底部的"填色"按钮，使之置于前面，然后双击工具箱中的"渐变工具"按钮，在弹出的"渐变"面板中设置"类型"为"线性"渐变、"角度"为0°，在面板底部编辑一个透明到半透明的渐变，设置"描边"为无，效果如图11-9所示。

图11-8

图11-9

03 为了让折叠效果更加自然，选中半透明的矩形，执行"窗口>透明度"命令，在弹出的"透明度"面板中设置"混合模式"为"正片叠底"，如图11-10所示，此时效果如图11-11所示。

图11-10

图11-11

04 继续选中半透明的矩形，执行"对象>变换>镜像"命令，在弹出的"镜像"对话框中选中"垂直"单选按钮，然后单击"复制"按钮，如图11-12所示。将复制得到的矩形移动到版面的右侧，最终完成效果如图11-13所示。

图11-12

图11-13

11.2 购物杂志内页

文件路径	第 11 章 \ 购物杂志内页
难易指数	★★★★☆
技术掌握	● 矩形工具 ● 文字工具 ● 椭圆工具 ● 渐变工具

🔍 扫码深度学习

💡 操作思路

在本案例中，主要使用"矩形工具"和"文字工具"制作杂志内页的内容，并通过置入素材和绘制图形，使画面看上去更富有美感。

🖱 案例效果

案例效果如图11-14所示。

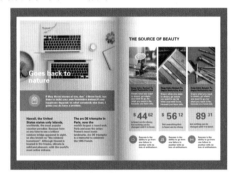

图11-14

实例116 制作左侧版面

🎤 操作步骤

01 新建一个横向空白文档。选择工具箱中的"矩形工具"，在工具箱的底部设置"填色"为深灰色、"描边"为无，在使用"矩形工具"的状态下，绘制一个与画板等大的矩形，效果如图11-15所示。

图11-15

02 在画面的左侧再次绘制一个白色的矩形，效果如图11-16所示。选中白色矩形，按住Shift键和Alt键的

同时按住鼠标左键向右拖动，将白色的矩形进行平移及复制，效果如图11-17所示。

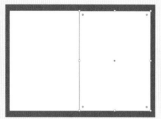

图11-16 图11-17

03 置入素材"1.png"，调至合适的大小并移动到合适的位置，在控制栏中单击"嵌入"按钮将素材嵌入，效果如图11-18所示。使用"矩形工具"在素材上绘制一个合适大小的矩形，如图11-19所示。按住Shift键加选素材与矩形，按快捷键Ctrl+7建立剪切蒙版，效果如图11-20所示。

图11-18

图11-19 图11-20

04 使用"矩形工具"在左侧素材下方绘制两个矩形，效果如图11-21所示。

图11-21

05 选择工具箱中的"文字工具"，在素材"1.png"上单击插入光标，删除占位符，在控制栏中设置"填充"为白色、"描边"为无，选择合适的字体、字号，设置"段落"为"左对齐"，然后输入文字，按快捷键Ctrl+Enter确认输入操作完成，效果如图11-22所示。

图11-22

图11-27

06 使用"文字工具"在深灰色矩形上绘制一个文本框，在控制栏中选择合适的字体、字号，然后在文本框内输入文字，效果如图11-23所示。使用同样的方法，在画面的下方输入其他文字，效果如图11-24所示。

图11-23　　　　　　　　图11-24

图11-28

02 按住Shift键加选素材"3.jpg"和矩形，然后右击，在弹出的快捷菜单中选择"建立剪切蒙版"命令，效果如图11-29所示。使用同样的方法，置入素材"4.jpg"和素材"5.jpg"并嵌入文档，执行"建立剪切蒙版"命令，效果如图11-30所示。

07 选择工具箱中的"椭圆工具"，在工具箱的底部设置"填色"为绿色、"描边"为无，设置完成后，按住Shift键的同时按住鼠标左键拖动，在深灰色矩形的左侧绘制一个绿色的正圆形，效果如图11-25所示。

08 打开素材"2.ai"，选中第一个图形，按快捷键Ctrl+C进行复制，切换到刚刚操作的文档中，按快捷键Ctrl+V将其粘贴在绿色正圆形中，效果如图11-26所示。

图11-25　　　　　　　　图11-26

图11-29

实例117　制作右侧三栏版面

🎙️操作步骤

01 置入素材"3.jpg"并嵌入文档，效果如图11-27所示。使用"矩形工具"在素材"3.jpg"上绘制一个矩形，效果如图11-28所示。

图11-30

03 使用"矩形工具"在画面中绘制多个矩形，效果如图11-31所示。使用"文字工具"在画面中合适的位置输入文字，效果如图11-32所示。

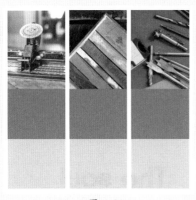

THE SOURCE OF BEAUTY

图11-31 图11-32

04 使用"椭圆工具"在画面右侧矩形的下方绘制绿色的正圆形，效果如图11-33所示。选中绿色正圆形，按住Shift键和Alt键的同时按住鼠标左键拖动，将正圆形进行移动及复制，效果如图11-34所示。

图11-33 图11-34

05 使用同样的方法再复制出一个正圆形，效果如图11-35所示。将"2.ai"中的素材图形分别复制、粘贴在绿色正圆形中，效果如图11-36所示。

图11-35 图11-36

06 使用工具箱中的"文字工具"在绿色正圆形的右侧输入文字，效果如图11-37所示。

07 选择工具箱中的"矩形工具"，打开"渐变"面板，设置一个透明到半透明的线性渐变，如图11-38所示。在使用"矩形工具"的状态下，绘制一个与左侧页面等大的矩形，效果如图11-39所示。

图11-37 图11-38

图11-39

08 选中渐变矩形，单击控制栏中的"不透明度"按钮，在弹出的下拉面板中设置"混合模式"为"正片叠底"、"不透明度"为80%，如图11-40所示。使用同样的方法，在画面的右侧绘制一个渐变的矩形。最终完成效果如图11-41所示。

图11-40

图11-41

11.3 旅行杂志内页

文件路径	第11章 \ 旅行杂志内页
难易指数	★★★★★
技术掌握	● 文字工具 ● 剪切蒙版 ● "投影"效果

扫码深度学习

操作思路

在本案例中，首先使用"矩形工具"绘制矩形，并置入图片素材，然后使用"文字工具"在版面中输入文字，最后为整个版面添加投影效果，以增强立体感。

案例效果

案例效果如图11-42所示。

图11-42

实例118　制作左侧版面

操作步骤

01 新建一个A4（210mm×297mm）大小的横向空白文档。按快捷键Ctrl+R调出标尺，然后建立辅助线，如图11-43所示。下面制作左侧版面。选择工具箱中的"矩形工具"，在控制栏中设置"填充"为白色、"描边"为无，然后参照辅助线的位置在画面的左侧绘制一个与左侧版面等大的矩形，效果如图11-44所示。

图11-43

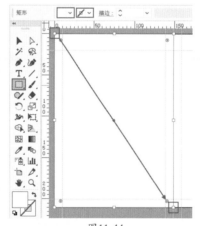

图11-44

02 置入素材"1.jpg"，在控制栏中单击"嵌入"按钮，将素材嵌入文档，效果如图11-45所示。

图11-45

03 选择工具箱中的"文字工具"，在画面中输入文字，在控制栏中设置"填充"为黑色、"描边"为黑色、描边"粗细"为2pt，选择合适的字体、字号，设置"段落"为"左对齐"，效果如图11-46所示。使用同样的方法，在画面中的适当位置输入其他文字，效果如图11-47所示。

图11-46

图11-47

04 选择工具箱中的"直线段工具"，在控制栏中设置"填充"为无、"描边"为黑色、描边"粗细"为2pt。设置完成后，按住Shift键在页眉文字的下方绘制一条水平的直线，效果如图11-48所示。

图11-48

05 选择工具箱中的"椭圆工具"，在工具箱的底部设置"填色"为青色、"描边"为无，按住Shift键在风景素材的右上角绘制一个正圆形，效果如图11-49所示。

06 在正圆形被选中的状态下，在控制栏中设置"不透明度"为64%，效果如图11-50所示。

图11-49

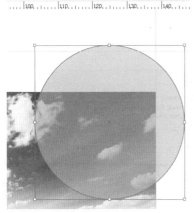

图11-50

07 使用"文字工具"在正圆形中输入文字，效果如图11-51所示。

图11-51

08 将素材"2.jpg"和"3.jpg"置入并嵌入画面，然后调整其大小并放置在合适的位置，效果如图11-52所示。

图11-52

提示
图像的"链接"与"嵌入"

链接：在保存AI文件时图片文件不被计算在AI文件中，而是采用保存图片存储路径的方式（外链）。这样的好处是，AI文件比较小，而且如果想要替换图片，只要重新更改链接就可以了；缺点是，AI文件和所链接的图片文件必须一起移动，否则会出现链接丢失。

嵌入：在保存AI文件时图片文件被一同保存在AI文件中，这样AI文件会变大，但是不会出现图片链接丢失的情况。

09 选择工具箱中的"文字工具"，在画面的适当位置绘制文本框，效果如图11-53所示，然后删除占位符，打开素材文件夹中的文本文件"4.txt"，复制其中的全部文字，如图11-54所示。

图11-53

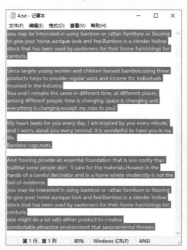

图11-54

10 切换到刚刚操作的文档中，在控制栏中设置"填充"为黑色、"描边"为无，选择合适的字体、字号，然后将文本文件中的文字粘贴到当前的文本框中。由于文本框比较小，此时会看到文本溢出，如图11-55所示。

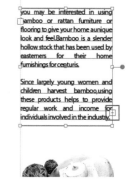

图11-55

11 下面制作串接文本。单击文本框右下角的标志，然后在画面中的空白区再次拖动鼠标指针绘制一个文本框，此时该文本框中会自动出现文字，效果如图11-56所示。继续绘制串接文本，在绘制的过程中要考虑文本框的大小和位置，效果如图11-57所示。

图11-56

图11-57

12 使用"文字工具"在正文文字的上方输入小标题文字，设置颜色为青色，效果如图11-58所示。

图11-58

实例119 制作右侧版面

操作步骤

01 置入素材"5.jpg"并嵌入文档，适当调整素材的大小，然后摆放在合适的位置，效果如图11-59所示。

图11-59

02 选择工具箱中的"钢笔工具"，设置"填色"为青色、"描边"为无，然后在画面右侧的下方绘制一个图形，效果如图11-60所示。选中该图形，在控制栏中设置"不透明度"为64%，效果如图11-61所示。

图11-60

图11-61

03 使用同样的方法，绘制另一个图形，效果如图11-62所示。使用"文字工具"在右侧版面中输入两组文字，版面的平面图制作完成，效果如图11-63所示。

图11-62

图11-63

实例120 制作杂志的展示效果

操作步骤

01 选择工具箱中的"画板工具"，拖动鼠标指针绘制一个新的画板，在控制栏中设置其"宽度"为334mm、"高度"为236mm，如图11-64所示。使用"矩形工具"绘制一个与画板等大的亮灰色矩形，然后将杂志页面所有元素框选，移动到该画板上，效果如图11-65所示。

图11-64

图11-65

02 使用"矩形工具"在左侧版面中绘制一个矩形。选择该矩形，为其设置一个黑色到白色的线性渐变，如图11-66所示。在渐变矩形被选中的状态下，单击控制栏中的"不透明度"按钮，在其下拉面板中设置"混合模式"为"正片叠底"、"不透明度"为20%，效果如图11-67所示。

图11-66　　　　　图11-67

03 下面为整个版面添加投影。将版面所有元素框选，然后右击，在弹出的快捷菜单中选择"编组"命令进行编组。执行"效果>风格化>投影"命令，在弹出的"投影"对话框中设置"模式"为"正片叠底"、"不透明度"为75%、"X位移"为0.2mm、"Y位移"为0.2mm、"模糊"为0.5mm，选中"颜色"单选按钮，颜色设置为黑色，如图11-68所示，单击"确定"按钮，得到投影效果。最终完成效果如图11-69所示。

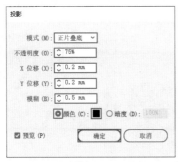

图11-68

图11-69

11.4 企业宣传画册

文件路径	第11章\企业宣传画册
难易指数	⭐⭐⭐⭐⭐
技术掌握	● 渐变工具 ● "路径查找器"面板 ● "投影"效果

🔍扫码深度学习

操作思路

在本案例中，首先使用"矩形工具"绘制矩形，将其作为画册背景，然后使用"钢笔工具"绘制装饰元素，并使用"椭圆工具"与"路径查找器"面板制作画册封面下半部分的图形，最后使用"文字工具"输入文字。

案例效果

案例效果如图11-70所示。

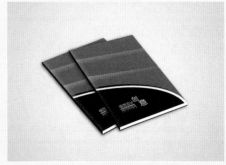

图11-70

实例121　制作封面平面图

操作步骤

01 新建一个A4（210mm×297mm）大小的横向空白文档。选择工具箱中的"矩形工具"，在工具箱的底部设置"填色"为红色、"描边"为无。使用"矩形工具"绘制一个与画板等大的矩形，效果如图11-71所示。

图11-71

02 使用"钢笔工具"在画面中绘制一个多边形。选中该多边形，单击工具箱底部的"填色"按钮，使之置于前面，双击工具箱中的"渐变工具"按钮，在弹出的"渐变"面板中编辑一个由透明到橘色的渐变，如图11-72所示。填充渐变后，使用"渐变工具"在图形上拖动调整渐变效果。

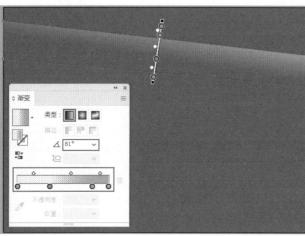

图11-72

提示

如何设置渐变色标的不透明度

选中需要编辑的色标，在"不透明度"下拉列表框中设置相应的参数，即可调整其不透明度，如图11-73所示。

图11-73

03 选择橘色渐变的图形，按住Shift键和Alt键的同时按住鼠标左键向下拖动，进行平移及复制，效果如

图11-74所示。

04 选择工具箱中的"椭圆工具"，在控制栏中设置"填充"为黑色、"描边"为无，然后在画面的下方绘制一个椭圆形，效果如图11-75所示。使用"矩形工具"绘制一个与画板等大的矩形，效果如图11-76所示。

图11-74

图11-75

05 同时选中矩形和黑色椭圆形，执行"窗口>路径查找器"命令，在弹出的"路径查找器"面板中单击"交集"按钮，如图11-77所示。将得到的图形填充为黑色，效果如图11-78所示。

图11-76

图11-77

06 将黑色不规则图形复制一份放置在画板外，在控制栏中设置"填充"为无，将"描边"设置为任意颜色，效果如图11-79所示。将该图形复制一份并向下移动，效果如图11-80所示。

图11-78

图11-79

07 将这两个图形同时选中，执行"窗口>路径查找器"命令，在弹出的"路径查找器"面板中单击"减去顶层"按钮，即可得到一个弧形边框，效果如图11-81所示。在该弧形边框被选中的状态下，在控制栏中设置"填充"为白色、"描边"为无。将得到的白色弧线移动到合适的位置，效果如图11-82所示。

图11-80

图11-81

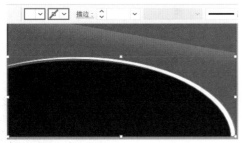

图11-82

08 使用同样的方法制作另一条黑色的弧线，效果如图11-83所示。

图11-83

09 选择工具箱中的"文字工具"，设置"填充"为白色、"描边"为无，选择合适的字体、字号，设置"段落"为"左对齐"，然后输入文字，效果如图11-84所示。使用同样的方法，设置不同的文字属性，继续在画面中添加文字，并将其放置在合适的位置，效果如图11-85所示。

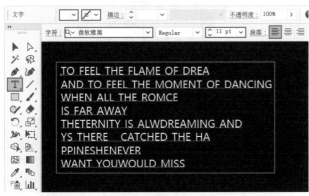

图11-84

图11-85

10 选择工具箱中的"直线段工具"，在控制栏中设置"填充"为无、"描边"为白色、描边"粗细"为3.5pt。按住Shift键在文字之间绘制与文字等长的一条线条，效果如图11-86所示。封面制作完成，效果如图11-87所示。

图11-86

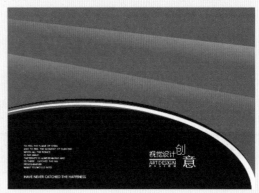

图11-87

实例122 制作展示效果

操作步骤

01 将文字选中，执行"文字>创建轮廓"命令，将文字创建为轮廓。然后将封面所有元素框选，按快捷键Ctrl+G进行编组。选择工具箱中的"画板工具"，单击控制栏中的"新建画板"按钮，新建一个同样大小的画板2，效果如图11-88所示。

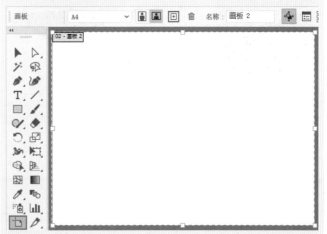

图11-88

02 使用"矩形工具"绘制一个与画板2等大的矩形。选择这个矩形，为其填充灰色系的渐变，参数设置如图11-89所示，此时效果如图11-90所示。

图11-89　　　　　　　图11-90

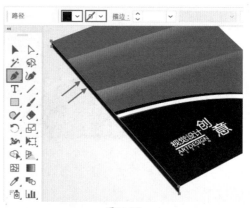

图11-95

03 将封面图形组复制一份，放置在"画板2"中，并进行适当的缩放。选中文字部分，右击，在弹出的快捷菜单中选择"创建轮廓"命令。效果如图11-91所示。使用"矩形工具"在封面的右侧绘制一个矩形，效果如图11-92所示。

图11-91　　　　　　　图11-92

图11-96　　　　　　　图11-97

04 同时选中矩形和封面，右击，在弹出的快捷菜单中选择"建立剪切蒙版"命令，效果如图11-93所示。

05 选择封面，然后选择工具箱中的"自由变换工具"，单击"自由扭曲"按钮，拖动控制点对封面进行变形，效果如图11-94所示，画册的基本图形制作完成。

图11-98

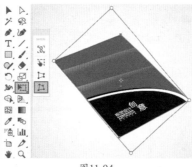

图11-93　　　　　　　图11-94

08 将画册所有元素进行编组，然后执行"效果>风格化>投影"命令，在弹出的"投影"对话框中设置"模式"为"正片叠底"、"不透明度"为75%、"X位移"为–1mm、"Y位移"为1mm、"模糊"为1.8mm，颜色设置为黑色，如图11-99所示，单击"确定"按钮，效果如图11-100所示。

06 制作画册的厚度。选择工具箱中的"钢笔工具"，在控制栏中设置"填充"为黑色、"描边"为无，然后在画册的左侧绘制图形，效果如图11-95所示。使用同样的方法，在画册的下方绘制其他图形，制作出画册的厚度，效果如图11-96所示。

07 制作封面上的光泽感。使用工具箱中的"钢笔工具"绘制一个与封面形状一样的图形，并为其填充由白色半透明到透明的渐变，参数设置如图11-97所示。完成填充后，使用"渐变工具"对渐变角度进行调整，此时封面效果如图11-98所示。

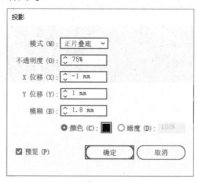

图11-99

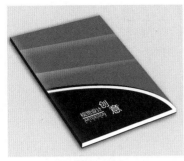

图11-100

09 将画册组复制一份并调整其位置，最终完成效果如图11-101所示。

图11-101

11.5 健身馆三折页

文件路径	第11章 \ 健身馆三折页
难易指数	★★★★★
技术掌握	● 钢笔工具 ● 文字工具 ● 剪切蒙版 ● 渐变工具

🔍扫码深度学习

操作思路

在本案例中，首先使用"钢笔工具"在画面中绘制不同颜色的图形作为画面的背景，然后使用"建立剪切蒙版"命令将素材添加到画面中，最后使用"文字工具"在画面中输入文字。

案例效果

案例效果如图11-102所示。

图11-102

实例123 制作版面中的色块

操作步骤

01 新建一个"宽度"为291mm、"高度"为216mm的空白文档。选择工具箱中的"钢笔工具"，设置"填色"为洋红色、"描边"为无，在画面中绘制一个三角形，效果如图11-103所示。

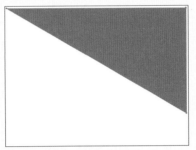

图11-103

02 使用同样的方法，在画面中绘制不同颜色的其他图形，效果如图11-104所示。

图11-104

实例124 添加素材

操作步骤

01 置入素材"1.jpg"并调整至合适的大小，然后单击控制栏中的"嵌入"按钮进行嵌入，效果如图11-105所示。

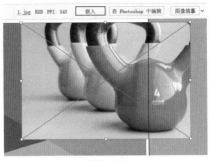

图11-105

02 使用"钢笔工具"在素材"1.jpg"上方绘制一个黑色图形，效果如图11-106所示。

图11-106

03 同时选中素材"1.jpg"和黑色图形，右击，在弹出的快捷菜单中选择"建立剪切蒙版"命令，将素材多余的部分隐藏起来，效果如图11-107所示。

图11-107

04 使用同样的方法，将素材"2.jpg"和素材"3.png"置入并嵌入文档，然后执行"建立剪切蒙版"命令，效果如图11-108所示。

图11-108

实例125 制作文字信息

操作步骤

01 选择工具箱中的"文字工具"，设置"填充"为白色、"描边"为无，选择合适的字体、字号，然后输入文字，效果如图11-109所示。使用同样的方法，设置不同的颜色和字号，在刚刚输入的文字下方再次输入文字，效果如图11-110所示。

图11-109

图11-110

02 继续使用"文字工具"在洋红色图形区域绘制一个文本框。在控制栏中设置"填充"为白色、"描边"为无，选择合适的字体、字号，设置"段落"为"左对齐"，然后在文本框内输入文字，按快捷键Ctrl+Enter确认输入操作完成，效果如图11-111所示。

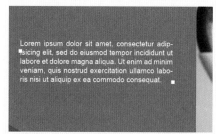

图11-111

03 继续使用"文字工具"在画面中输入文字，效果如图11-112所示。使用"选择工具"选中文字，将文字逆时针旋转90°，效果如图11-113所示。

图11-112　　　　　图11-113

04 使用同样的方法，在画面中输入其他文字，效果如图11-114所示。

图11-114

05 选择工具箱中的"钢笔工具"，在控制栏中设置"填充"为白色、"描边"为无，然后在画面的右侧绘制图形，效果如图11-115所示。

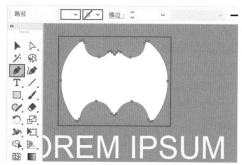

图11-115

06 使用"矩形工具"在画面左侧绘制一个矩形。选中矩形，执行"窗口>渐变"命令，在弹出的"渐变"面板中编辑一个透明到黑色半透明的线性渐变，如图11-116所示。选中矩形，单击控制栏中的"不透明度"按钮，在下拉面板中设置"混合模式"为"正片叠底"、"不透明度"为40%，此时效果如图11-117所示。

图11-116　　　　　　　　图11-117

07 选中半透明矩形，执行"对象>变换>镜像"命令，在弹出的"镜像"对话框中选中"垂直"单选按钮，单击"复制"按钮，如图11-118所示。将复制得到的图形移动到画面右侧，最终完成效果如图11-119所示。

图11-118

图11-119

11.6 婚礼三折页画册

文件路径	第11章\婚礼三折页画册	
难易指数	★★★★★	
技术掌握	● 标尺、辅助线 ● 剪切蒙版 ● 自由变换工具	🔍扫码深度学习

操作思路

在本案例中，首先使用"矩形工具"制作折页的底色，然后置入图片素材并通过"建立剪切蒙版"命令制作圆形的照片效果，再使用"文字工具"输入文字，最后使用"自由变换工具"制作折页的立体效果。

案例效果

案例效果如图11-120所示。

图11-120

实例126 制作折页的平面图

操作步骤

01 新建一个A4（210mm×297mm）大小的横向空白文档。按快捷键Ctrl+R调出标尺，然后分别在横向和纵向拖动鼠标指针，建立辅助线。图中红线所在的位置为折页折叠位置的辅助线，其他位置的辅助线主要用于限定每个折页页面版心的区域，以辅助排版，效果如图11-121所示。

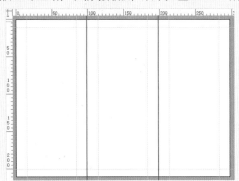

图11-121

02 选择工具箱中的"矩形工具"，设置"填色"为山茶红色、"描边"为无。在使用"矩形工具"的状态下，在画面的左侧绘制一个矩形，效果如图11-122所示。

图11-122

03 使用同样的方法，在粉红色矩形的右侧绘制两个相同大小的亮灰色的矩形，效果如图11-123所示。

图11-123

04 置入素材"1.png"并调整至合适的大小，在控制栏中单击"嵌入"按钮将素材嵌入文档，效果如图11-124所示。

05 选择工具箱中的"椭圆工具"，按住Shift键拖动鼠标指针，在素材"1.png"上绘制一个白色正圆形，效果如图11-125所示。按住Shift键加选素材"1.png"和白色正圆形，右击，在弹出的快捷菜单中选择"建立剪切蒙版"命令，效果如图11-126所示。

06 使用同样的方法将素材"2.png""3.png""4.png"置入并嵌入文档。执行"建立剪切蒙版"命令，将素材多余的部分隐藏起来，效果如图11-127所示。

图11-124

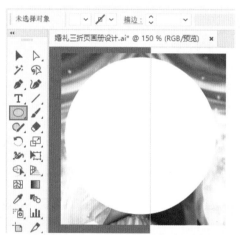

图11-125

图11-126

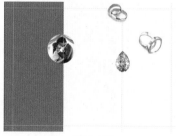

图11-127

07 继续使用"椭圆工具"，设置"填色"为亮灰色、"描边"为无，然后按住Shift键的同时按住鼠标左键拖动，绘制一个正圆形，效果如图11-128所示。选择这个正圆形，右击，在弹出的快捷菜单中选择"排列>后移一层"命令，将正圆形移动到人像素材的后面，效果如图11-129所示。

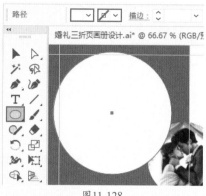

图11-128

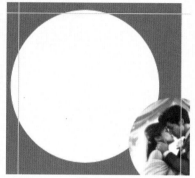

图11-129

08 使用同样的方法绘制其他几个不同大小的正圆形，并设置合适的颜色，然后将绘制的正圆形放置在合适的位置，效果如图11-130所示。

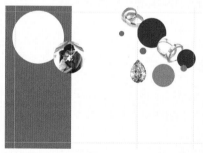

图11-130

09 选择工具箱中的"文字工具"，在白色正圆形中绘制一个文本框，删除占位符，在控制栏中设置"填充"为黑色、"描边"为无，选择合适的字体、字号，设置"段落"为"居中对齐"。在文本框内输入文字，效果如图11-131所示。

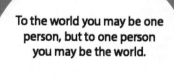

To the world you may be one
person, but to one person
you may be the world.

图11-131

艺境 中文版Illustrator矢量图形设计与制作全视频 实践228例 溢彩版

10 使用同样的方法设置合适的字体、字号和颜色，输入多组不同的文字，对其进行编辑并将其放置在合适的位置，效果如图11-132所示。

图11-132

11 选择工具箱中的"直线段工具"，设置"填色"为无、"描边"为粉色、描边"粗细"为3pt。按住Shift键的同时按住鼠标左键拖动，在文字与文字之间绘制直线，效果如图11-133所示。选中刚刚绘制的粉色直线，按住Shift键和Alt键的同时向右拖动，将直线移动并复制两份，效果如图11-134所示。

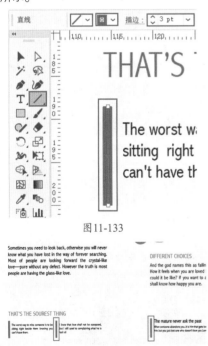

图11-133

图11-134

12 使用"椭圆工具"在画面的左上方绘制一个白色正圆形，效果如图11-135所示。选择白色正圆形，然后按住Alt键的同时按住鼠标左键移动并复制一个相同的图形，继续进行移动及复制，效果如图11-136所示。

图11-135

图11-136

13 使用同样的方法，制作另外两个版面中的灰色正圆形，效果如图11-137所示。

图11-137

14 选择工具箱中的"画板工具"，单击控制栏中的"新建画板"按钮，新建一个与"画板1"等大的画板，得到"画板2"，如图11-138所示。使用同样的方法制作折页的另一面，效果如图11-139所示。

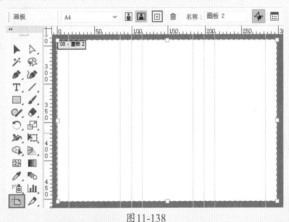

图11-138

图11-139

实例127　制作三折页的展示效果

🎤操作步骤

01 框选"画板1"中的所有元素，按快捷键Ctrl+G进行编组，执行"文字>创建轮廓"命令将其创建为轮廓。然后将其复制一份，并放置在画板外。使用"矩形工具"在画面左侧绘制一个矩形，效果如图11-140所示。将这两个对象框选，执行"对象>剪切蒙版>建立"命令，建立剪切蒙版，效果如图11-141所示。

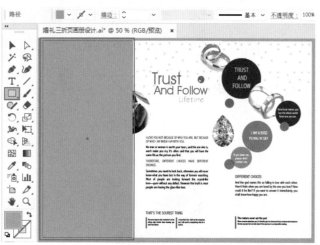

图11-140

图11-141

02 使用同样的方法，分别制作其他两组被分割的独立版面，效果如图11-142所示。

图11-142

03 再次新建画板，使用"矩形工具"绘制一个与画板等大的浅灰色矩形，效果如图11-143所示。将折页左侧的版面移动到画板中，选择工具箱中的"自由变换工具"，单击"自由扭曲"按钮，然后调整版面四周的控制点，将版面进行变形，制作出立体效果，如图11-144所示。

图11-143

图11-144

提示

"自由变换工具"的使用方法

选择需要变换的对象，选择工具箱中的"自由变换工具"，然后拖动控制点，即可对选中的对象进行变形，如图11-145所示。

图11-145

在使用"自由变换工具"时单击"限制"按钮，可以进行等比缩放，如图11-146所示；单击"透视扭曲"按钮，拖动控制点可以进行透视扭曲，如图11-147所示；单击"自由扭曲"按钮，拖动控制点可以进行任意扭曲，如图11-148所示。

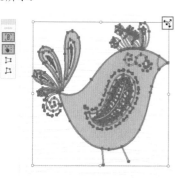

图11-146

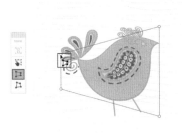

图11-147

图11-152所示。

图11-148

图11-151　　　　　　　图11-152

07 单击控制栏中的"不透明度"按钮，在弹出的下拉面板中设置"混合模式"为"正片叠底"、"不透明度"为20%，效果如图11-153所示。

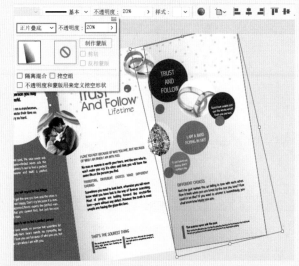

图11-153

04 使用同样的方法对其他版面进行变形，效果如图11-149所示。

图11-149

05 下面制作折页的明暗关系。使用工具箱中的"钢笔工具"绘制与右侧版面形状相同的图形，效果如图11-150所示。

08 使用同样的方法，在左侧版面中绘制一个图形，并填充黑白渐变，效果如图11-154所示。在控制栏中设置"混合模式"为"正片叠底"、"不透明度"为20%，制作左侧版面的阴影效果，如图11-155所示。使用同样的方法为中间版面添加阴影效果，效果如图11-156所示。

图11-150

06 选择该图形，执行"窗口>渐变"命令，在弹出的"渐变"面板中设置"类型"为"线性"，编辑一个由白色到黑色的渐变，如图11-151所示，此时图形效果如

图11-154

图11-155

图11-156

09 下面为折页添加投影。框选制作好的折叠效果图形，按快捷键Ctrl+G进行编组，执行"效果>风格化>投影"命令，在弹出的"投影"对话框中设置"模式"为"正片叠底"、"不透明度"为75%、"X位移"为−1mm、"Y位移"为1mm、"模糊"为1.8mm，颜色设置为黑色，如图11-157所示，单击"确定"按钮，效果如图11-158所示。

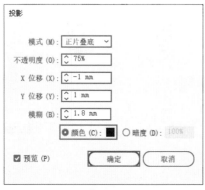

图11-157

图11-158

10 使用同样的方法制作折页封面的展示效果。最终完成效果如图11-159所示。

图11-159

11.7 杂志封面

文件路径	第11章 \ 杂志封面	
难易指数	⭐⭐⭐⭐⭐	
技术掌握	● 混合模式 ● 吸管工具 ● 自由变换工具	扫码深度学习

操作思路

在本案例中，首先置入图片素材，然后使用"文字工具"输入文字，再使用"椭圆工具"和"矩形工具"绘制图形并将其作为文字的底色，最后使用"自由变换工具"制作杂志的立体效果。

案例效果

案例效果如图11-160所示。

图11-160

实例128 制作杂志封面的平面图

操作步骤

01 新建一个"宽度"为210mm、"高度"为285mm的空白文档。选择工具箱中的"画板工具",在"画板1"的左侧新建一个画板,在控制栏中设置宽度为21mm、高度为285mm的画板,将其作为书脊所在的画板,效果如图11-161所示。

图11-161

> **提示**
> **如何删除不需要的画板**
> 　在使用"画板工具"的状态下,选择需要删除的画板,单击控制栏中的"删除画板"按钮,即可将选中的画板删除。

02 置入素材"1.png"并嵌入文档,使用"矩形工具"绘制一个与画板1等大的矩形,如图11-162所示,选中素材与矩形,按快捷键Ctrl+7创建剪切蒙版,效果如图11-163所示。

图11-162

03 选择工具箱中的"文字工具",设置"填色"为深蓝色、"描边"为无。在画面的上方单击插入光标,删除占位符,在控制栏中选择合适的字体、字号,然后输入文字,按快捷键Ctrl+Enter确认输入操作完成,如图11-164所示。

图11-163

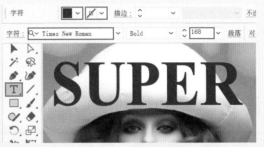

图11-164

04 使用"文字工具"选中部分字母,设置"填色"为黄色、"描边"为无,将其作为标题文字,效果如图11-165所示。

图11-165

05 选择工具箱中的"椭圆工具",设置"填色"为深蓝色、"描边"为无,然后按住Shift键的同时按住鼠标左键拖动,在标题文字的左下角绘制一个正圆形,效果如图11-166所示。在该正圆形被选中的状态下,单击控制栏中的"不透明度"按钮,在弹出的下拉面板中设置"混合模式"为"强光",效果如图11-167所示。

图11-166

235

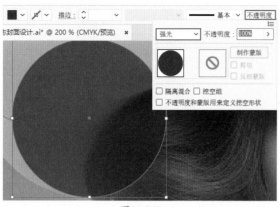

图11-167

06 使用同样的方法，在适当的位置绘制一个黄色的正圆形，效果如图11-168所示。选中该正圆形，右击，在弹出的快捷菜单中选择"排列>后移一层"命令，将其移动到深蓝色正圆形后侧，效果如图11-169所示。

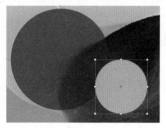

图11-168　　　　　　　图11-169

07 使用"文字工具"在画面中输入其他文字，效果如图11-170所示。

图11-170

08 下面制作文字的底色。选择工具箱中的"矩形工具"，设置"填色"为黑色、"描边"为无，然后在适当的位置绘制一个黑色的矩形，效果如图11-171所示。选择该黑色矩形，多次执行"对象>排列>后移一层"命令，将黑色矩形移动到文字的后面，效果如图11-172所示。

09 使用同样的方法，在适当的位置绘制一个深蓝紫色的矩形，然后将其移动到文字的后面，效果如图11-173所示。为了使画面不显得过于沉闷，选择这个矩形，在控制栏中设置"混合模式"为"强光"，效果如图11-174所示。

图11-171

图11-172

图11-173

图11-174

10 下面为大小不一的文字添加底色。若使用"钢笔工具"进行绘制，很有可能绘制得不够标准，在此可以使用"矩形工具"绘制多个矩形，然后通过"路径查找器"面板制作底色的不规则图形。使用"矩形工具"参照文字的位置绘制矩形，效果如图11-175所示。将这三个矩形选中，然后执行"窗口>路径查找器"命令，弹出"路径查找器"面板，单击该面板中的"联集"按钮，此时图形效果如图11-176所示。

图11-175

图11-176

11 选择该图形，将其移动到文字的后面，如图11-177所示。设置该图形的"混合模式"为"强光"，效果如图11-178所示。

图11-177

图11-178

12 使用同样的方法制作其他文字的底色，效果如图11-179所示。

图11-179

13 下面制作书脊。使用"矩形工具"在书脊的位置绘制不同大小与颜色的矩形，效果如图11-180所示。将封面中标题文字下方的圆形及其中的文字选中，然后按快捷键Ctrl+C进行复制，再按快捷键Ctrl+V进行粘贴，将复制得到的对象移动到书脊的上方并进行适当缩放，效果如图11-181所示。

图11-180   图11-181

14 将标题文字复制一份，进行缩小和旋转后移动到书脊中。使用"文字工具"输入相应的文字，书脊制作完成，效果如图11-182所示。

图11-182

实例129 制作杂志的展示效果

操作步骤

01 将封面和书脊中的元素分别进行编组，然后新建一个画板，得到"画板3"，效果如图11-183所示。将封面复制一份，放置在"画板3"中，然后执行"文字>创建轮廓"命令，将其转换为图形对象，效果如图11-184所示。

图11-183

图11-184

02 选中封面，然后选择工具箱中的"自由变换工具"，单击"自由扭曲"按钮，然后拖动鼠标指针对封面角度进行调整，效果如图11-185所示。可以看到人像素材未发生变形，可以取消编组后对其进行调整，然后使用同样的方法制作书脊的展示效果，如图11-186所示。

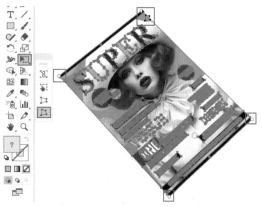

图11-185

图11-186

提示 **位图的变换**

在编组的情况下对封面进行统一的自由变换操作后，会发现位图部分并未发生相应的变形，与整体透视效果有很大的差异。因此，需要在完成整体变形后，对位图进行单独的旋转与缩放操作。

03 下面制作杂志的厚度。选择工具箱中的"钢笔工具"，设置"填色"为灰色、"描边"为无，然后在相应位置绘制图形，制作出杂志的厚度，效果如图11-187所示。

图11-187

04 下面制作书脊的暗部及杂志的投影，使效果更加真实。使用"钢笔工具"在书脊位置绘制一个蓝黑色的图形，效果如图11-188所示。在控制栏中设置该图形的"不透明度"为20%，效果如图11-189所示。

图11-188

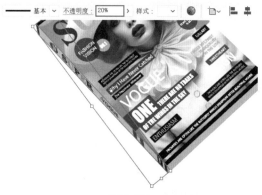

图11-189

05 使用"钢笔工具"绘制不规则图形，效果如图11-190所示。

图11-190

艺境 中文版Illustrator矢量图形设计与制作全视频 实践228例 溢彩版

06 选中该不规则图形，执行"效果>风格化>投影"命令，在弹出的"投影"对话框中设置"模式"为"正片叠底"、"不透明度"为50%、"X位移"为-2mm、"Y位移"为2mm、"模糊"为2mm，颜色设置为黑色，单击"确定"按钮，如图11-191所示。执行"对象>排列>置于底层"命令，将该不规则图形置于底层，投影制作完成，效果如图11-192所示。

图11-191

图11-192

07 使用"矩形工具"绘制一个与"画板3"等大的矩形，然后选中该矩形，执行"窗口>渐变"命令，在弹出的"渐变"面板中设置"类型"为"径向"渐变、"角度"为0°，编辑一个灰色系的渐变，如图11-193所示。继续选择该矩形，执行"对象>排列>置于底层"命令，将该矩形置于底层，作为背景。最终完成效果如图11-194所示。

图11-193

图11-194

11.8 清新色调书籍封面

文件路径	第11章 \ 清新色调书籍封面
难易指数	★★★★☆
技术掌握	● 矩形工具 ● 渐变工具 ● 不透明度蒙版 ● 文字工具

扫码深度学习

操作思路

在本案例中，首先使用"矩形工具"制作背景，将素材置入并嵌入画面，利用不透明度蒙版对素材进行调整；然后在画面中绘制一个正圆形，利用"投影"效果增强正圆形的立体感；最后使用"文字工具"在画面中输入文字。

案例效果

案例效果如图11-195所示。

图11-195

实例130 制作封面的背景

操作步骤

01 新建一个竖向空白文档。选择工具箱中的"矩形工具"，设置"填色"为苹果绿色、"描边"为无，绘制一个与画板等大的矩形，效果如图11-196所示。

图11-196

02 使用同样的方法，在画面中绘制一个稍小的矩形，然后执行"窗口>渐变"命令，在弹出的"渐变"面板中设置"类型"为"线性"渐变、"角度"为90°，在面板底部编辑一个白色到绿色的渐变，如图11-197所示，此时效果如图11-198所示。

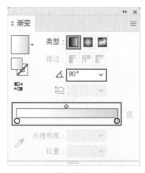

图11-197

图11-198

03 置入素材 "1.jpg"，调整至合适的大小，然后单击控制栏中的 "嵌入" 按钮，如图11-199所示。

图11-199

04 选择工具箱中的 "矩形工具"，在素材 "1.jpg" 上绘制一个与素材等大的矩形。选中该矩形，单击工具箱底部的 "填色" 按钮，使之置于前面，然后双击工具箱中的 "渐变工具" 按钮，在弹出的 "渐变" 面板中设置 "类型" 为 "线性" 渐变，编辑一个白色到黑色的渐变，此时效果如图11-200所示。

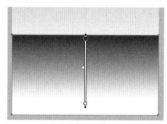

图11-200

05 选中渐变矩形和素材 "1.jpg"，然后执行 "窗口>透明度" 命令，在弹出的 "透明度" 面板中单击 "制作蒙版" 按钮，如图11-201所示，此时效果如图11-202所示。

图11-201

图11-202

06 打开素材 "2.ai"，选中文件中的素材图形，按快捷键Ctrl+C进行复制，切换到刚刚操作的文档中，按快捷键Ctrl+V粘贴在画面中适当的位置，效果如图11-203所示。

图11-203

实例131 制作封面的主体图形

操作步骤

01 选择工具箱中的 "椭圆工具"，在复制得到的素材 "2.ai" 上按住Shift键拖动鼠标指针绘制一个正圆形，为其填充绿色系的渐变，参数设置如图11-204所示，此时效果如图11-205所示。

图11-204

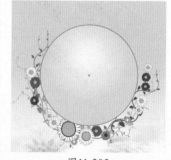

图11-205

02 在该正圆形被选中的状态下，执行 "效果>风格化>投影" 命令，在弹出的 "投影" 对话框中设置 "模式" 为 "正片叠底"、"不透明度" 为75%、"X位移" 为0mm、"Y位移" 为20mm、"模糊" 为5mm，颜色设置为深绿色，单击 "确定" 按钮，如图11-206所示，此时效果如图11-207所示。

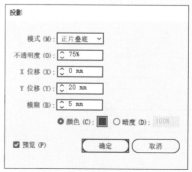

图11-206

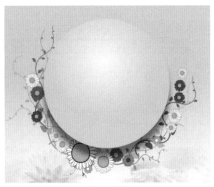

图11-207

图11-212

图11-213

03 选择工具箱中的"文字工具"，在正圆形中单击插入光标，删除占位符，在控制栏中设置"填充"为白色、"描边"为无，选择合适的字体、字号，然后输入文字，按快捷键Ctrl+Enter确认输入操作完成，效果如图11-208所示。在文字被选中的状态下，执行"对象>扩展"命令，在弹出的"扩展"对话框中选中"对象"和"填充"复选框，单击"确定"按钮，如图11-209所示。

06 选择工具箱中的"矩形工具"，设置"填色"为苹果绿色、"描边"为无，在文字的上方绘制一个矩形，效果如图11-214所示。选中矩形，将其移动到文字的后面，效果如图11-215所示。

图11-208

图11-209

图11-214

04 使用工具箱中的"矩形工具"在文字的右下方绘制一个绿色的矩形，效果如图11-210所示。选中文字和矩形，然后执行"窗口>路径查找器"命令，在弹出的"路径查找器"面板中单击"修边"按钮，如图11-211所示。

图11-215

07 使用"文字工具"在画面的上方输入文字，效果如图11-216所示。置入素材"3.png"并嵌入文档，调整素材至合适的大小，效果如图11-217所示。

08 最终完成效果如图11-218所示。

图11-210

图11-211

05 选中文字并右击，在弹出的快捷菜单中选择"取消编组"命令，然后选中绿色的矩形，按Delete键将其删除，效果如图11-212所示。使用"文字工具"在画面中适当的位置输入文字，效果如图11-213所示。

图11-216

图11-217　　　　　　　　　图11-218

11.9 教材封面

文件路径	第11章 \ 教材封面	
难易指数	★★★★★	
技术掌握	● 画板工具 ● 矩形工具 ● 自由变换工具	🔍扫码深度学习

💡操作思路

在本案例中，首先使用"画板工具"创建合适大小的画板，然后使用"钢笔工具"绘制装饰图形，再使用"文字工具"添加封面所需文字。书籍的平面效果制作完成后，使用"自由变换工具"制作书籍的立体效果。

🖱案例效果

案例效果如图11-219所示。

图11-219

实例132　制作书籍的封面

🎤操作步骤

01 新建一个"宽度"为130mm、"高度"为184mm的空白文档。选择工具箱中的"画板工具"，在"画板1"的左侧创建一个新画板，在控制栏中设置其"宽度"为20mm、"高度"为184mm，得到"画板2"，效果如图11-220所示。

图11-220

02 在使用"画板工具"的状态下，单击"画板1"将其选中，然后单击控制栏中的"新建画板"按钮得到"画板3"，然后将新的画板移动到"画板2"的左侧，效果如图11-221所示。

图11-221

03 在"画板1"中制作封面。选择工具箱中的"矩形工具"，在控制栏中设置"填充"为白色、"描边"为无。在使用"矩形工具"的状态下绘制一个与画板等大的矩形，效果如图11-222所示。选中该矩形，按快捷键Ctrl+2将其锁定。

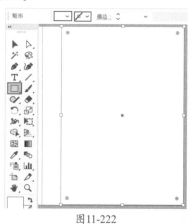

图11-222

关于"锁定"

在Illustrator中,"锁定"的对象是无法被选中和编辑的。选中需要被锁定的对象,按快捷键Ctrl+2即可将其锁定;若要取消锁定,按快捷键Ctrl+Alt+2即可将文档中全部的锁定对象进行解锁;若要对指定的对象进行解锁,可以在"图层"面板中找到该对象所在的图层,然后单击相应的图标,即对该对象可进行解锁操作,如图11-223所示。

图11-223

04 选择工具箱中的"钢笔工具",设置"填色"为青色、"描边"为无,在使用"钢笔工具"的状态下,在画面的右下角绘制一个三角形,效果如图11-224所示。

05 使用同样的方法,绘制其他颜色的三角形,并将其放置在画面的下方,效果如图11-225所示。

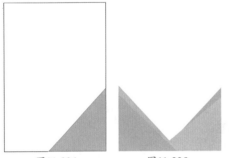

图11-224　　　　　图11-225

06 选择工具箱中的"矩形工具",设置"填色"为深一些的青色、"描边"为无。在使用"矩形工具"的状态下,在画面中单击,在弹出的"矩形"对话框中设置"宽度"和"高度"均为80mm,单击"确定"按钮,如图11-226所示,此时效果如图11-227所示。

图11-226　　　　　　　　图11-227

07 选中该正方形,按住Shift键的同时按住鼠标左键拖动,控制点将其进行旋转,效果如图11-228所示。使用同样的方法,绘制一个白色的正方形,将其进行旋转,并放置在深青色正方形的中间,效果如图11-229所示。

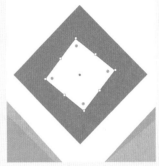

图11-228　　　　　　图11-229

08 在白色正方形被选中的状态下,执行"效果>风格化>内发光"命令,在弹出的"内发光"对话框中设置"模式"为"正常"、颜色为浅灰色、"不透明度"为75%、"模糊"为1.8mm,选中"边缘"单选按钮,单击"确定"按钮,如图11-230所示,此时效果如图11-231所示。

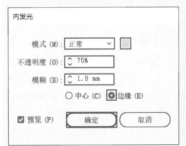

图11-230　　　　　　　　图11-231

09 下面为正方形添加立体效果。选择工具箱中的"钢笔工具",设置"填色"为淡青色、"描边"为无。设置完成后,沿着白色正方形的轮廓绘制一个不规则图形,效果如图11-232所示。使用同样的方法,颜色设置为明度不同的青色,继续绘制三个不规则图形,效果如图11-233所示。

图11-232　　　　　　　　图11-233

10 下面制作标题文字。选择工具箱中的"文字工具",在画面中单击插入光标,删除占位符,设置"填色"为深紫色、"描边"为白色,在控制栏中设置描边"粗细"为2pt，选择合适的字体、字号，然后输入文字，按快捷键Ctrl+Enter确认输入操作完成，效果如图11-234所示。选中"航"字，增大这个字的字号，使其变得更加突出，使用同样的方法缩小第四个字的字号，效果如图11-235所示。

图11-234

图11-235

11 下面为文字添加"投影"效果。在文字被选中的状态下，执行"效果>风格化>投影"命令，在弹出的"投影"对话框中设置"模式"为"正片叠底"、"不透明度"为75%、"X位移"为0.2mm、"Y位移"为0.2mm、"模糊"为0.2mm，选中"颜色"单选按钮，将颜色设置为黑色，单击"确定"按钮，如图11-236所示，此时文字效果如图11-237所示。

投影

模式 (M)	正片叠底
不透明度 (O)	75%
X 位移 (X)	0.2 mm
Y 位移 (Y)	0.2 mm
模糊 (B)	0.2 mm

● 颜色 (C) ■　○ 暗度 (D) 100%

☑ 预览 (P)　　确定　　取消

图11-236

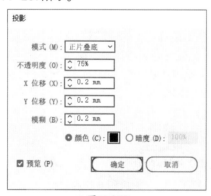

图11-237

12 使用同样的方法制作副标题文字，效果如图11-238所示。继续使用"文字工具"输入副标题文字下方的四行文字，效果如图11-239所示。

图11-238　　　　　　图11-239

13 选择工具箱中的"椭圆工具"，设置"填色"为橙黄色、"描边"为无，然后按住Shift键的同时按住鼠标左键拖动，在文字左侧绘制一个正圆形，效果如图11-240所示。选择该正圆形，按住Shift键和Alt键的同时向下拖动，将其进行移动及复制，效果如图11-241所示。

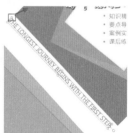

图11-240　　　　　　图11-241

14 使用"文字工具"在画面中输入一行文字，效果如图11-242所示。将该文字进行旋转，并放置在合适的位置，效果如图11-243所示。

图11-242　　　　　　图11-243

15 使用同样的方法制作其他文字，并将其放置在合适的位置，效果如图11-244所示。

图11-244

16 选择工具箱中的"星形工具"，设置"填色"为灰色、"描边"为无，然后在画面中单击，在弹出的"星形"对话框中设置"半径1"为10mm、"半径2"为

9mm、"角点数"为30，单击"确定"按钮，如图11-245所示。将绘制的星形移动到画面中的右下角处，效果如图11-246所示。

图11-245

图11-246

17 选择工具箱中的"椭圆工具"，设置"填色"为深青色、"描边"为白色，在控制栏中设置描边"粗细"为2pt，在星形上按住Shift键的同时按住鼠标左键拖动，绘制一个正圆形，效果如图11-247所示。使用"文字工具"在正圆形中输入文字，效果如图11-248所示。

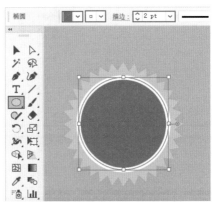

图11-247

图11-248

18 下面制作封面右上角的图形及文字。选择工具箱中的"圆角矩形工具"，在画面的右上角单击，在弹出的"圆角矩形"对话框中设置"宽度"为5mm、"高度"为7mm、"圆角半径"为1.5mm，单击"确定"按钮，如图11-249所示。选中绘制的圆角矩形，执行"窗口>渐变"命令，在弹出的"渐变"面板中设置"类型"为"线性"渐变、"角度"为−88°，在面板底部编辑一个橘黄色系的渐变，此时圆角矩形效果如图11-250所示。

图11-249

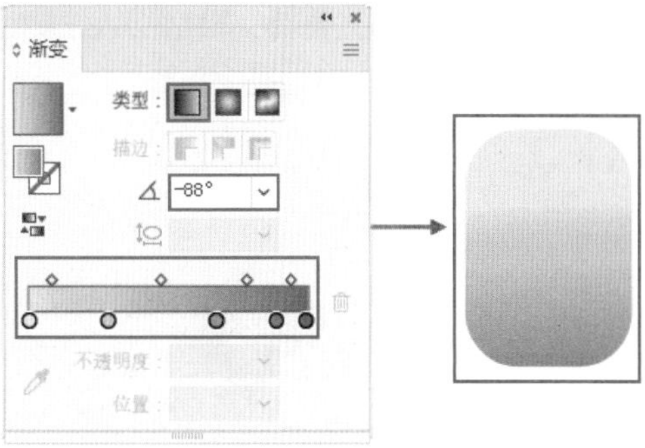

图11-250

19 将圆角矩形复制三份，然后将这四个圆角矩形同时选中，单击控制栏中的"垂直居中对齐"按钮和"水平居中分布"按钮，使其进行对齐和均匀分布，效果如图11-251所示。使用"文字工具"在相应位置输入文字，效果如图11-252所示。

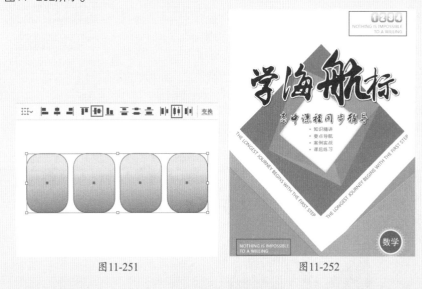

图11-251

图11-252

实例133 制作书籍的书脊和封底

操作步骤

01 下面制作封底。使用"选择工具"将封面中的所有元素全部选中，按快捷键Ctrl+C进行复制，再按快捷键Ctrl+V进行粘贴，然后将复制得到的对象移动到"画板3"中，效果如图11-253所示。将封底中的主体图形进行一定的缩放，并调整图形及文字的位置，然后更改一些文字内容。在画面的右下角绘制一个白色的矩形，将其作为条形码的摆放位置，封底制作完成，效果如图11-254所示。

图11-253

图11-254

封面和封底的关联

　　图书的封面和封底可看作一个整体。封面是整个设计的主体，通过封面能够迅速地向读者传递书中的信息；而封底通常是封面的延伸，与封面相互呼应。

〇2 下面制作书脊。使用"矩形工具"绘制一个与"画板2"等大的青色矩形，效果如图11-255所示。继续在封面、封底、书脊的上方及书脊的下方绘制矩形，效果如图11-256所示。

图11-255

图11-256

〇3 选择工具箱中的"直排文字工具"，在控制栏中设置"填充"为白色、"描边"为无，选择合适的字体、字号，然后输入文字，效果如图11-257所示。使用同样的方法，继续为书脊添加其他文字信息，并将其摆放在合适的位置，效果如图11-258所示。

〇4 将封面右下角的"数学"标志中的图形及文字选中，将其复制一份，放在书脊的位置，然后将其中正圆形的深青色更改为橙黄色，效果如图11-259所示。

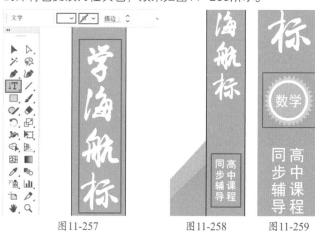

图11-257　　　　图11-258　　　　图11-259

实例134　制作书籍的展示效果

操作步骤

〇1 选择工具箱中的"画板工具"，在空白区域创建一个新的画板，然后在控制栏中设置"宽度"为286mm、"高度"为197mm，得到"画板4"，效果如图11-260所示。

图11-260

〇2 置入素材"1.jpg"，将其调整至与画板等大的大小，在控制栏中单击"嵌入"按钮将素材嵌入文档，效果如图11-261所示。

〇3 将书籍的封面复制一份，放置在"画板4"中，然后选择该封面，执行"文字>创建轮廓"命令，将文字创建为轮廓，按快捷键Ctrl+G进行编组，效果如图11-262

所示。选择工具箱中的"自由变换工具",单击"自由扭曲"按钮,然后拖动控制点,对封面进行透视变形,效果如图11-263所示。

图11-261

图11-262

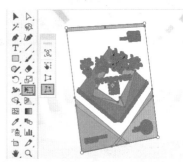

图11-263

提示 **为什么要将文字创建为轮廓**

　　文字不属于图形,无法使用"自由变换工具"对其进行变形。如果要在不将文字栅格化的状态下对文字进行变形以制作特殊效果,可以使用"对象>封套扭曲"下的命令。

04 使用同样的方法制作书脊部分,效果如图11-264所示。

05 下面将书脊部分压暗,以制作暗部效果。选择工具箱中的"钢笔工具",设置"填色"为接近黑色的深青色、"描边"为无,然后参照书脊的形状绘制图形,效果如图11-265所示。选择该图形,在控制栏中设置其"不透明度"为30%,效果如图11-266所示,书籍的立体效果制作完成。

06 将书籍的立体效果编组,然后复制一份,并调整位置,效果如图11-267所示。

图11-264

图11-265

图11-266

图11-267

07 下面制作书籍立体效果的投影。使用"钢笔工具"参照书籍的位置绘制图形,然后为其填充由透明到黑色的线性渐变,如图11-268所示。效果如图11-269所示。在该图形被选中的状态下,多次执行"对象>排列>后移一层"命令,将其移动到书籍立体效果的后面作为投影。最终完成效果如图11-270所示。

图11-268

图11-269

图11-270

第12章

包装设计

12.1 休闲食品包装盒

文件路径	第12章\休闲食品包装盒
难易指数	★★★★★
技术掌握	● 自由变换工具 ● 剪切蒙版 ● "镜像"命令

扫码深度学习

操作思路

本案例制作的是纸盒包装的平面图，首先需要制作包装盒的底色，然后在其中添加图形、文字等。包装盒的正面图是制作的重点，不仅需要置入素材，还需要绘制图形、添加文字等。

案例效果

案例效果如图12-1所示。

图12-1

实例135 制作包装盒的底色

操作步骤

01 新建一个空白文档。选择工具箱中的"矩形工具"，在画面中绘制一个大小合适的矩形，效果如图12-2所示。选中该矩形，设置一个粉色系的线性渐变填充，如图12-3所示，然后设置"描边"为无，使用"渐变工具"在矩形上拖动调整渐变效果，如图12-4所示。

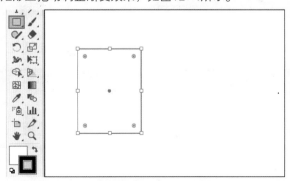

图12-2

图12-3

图12-4

02 使用同样的方法在矩形的左侧绘制一个矩形，设置"填色"为深紫色、"描边"为无，如图12-5所示。

03 选中该矩形，选择工具箱中的"自由变换工具"，单击"透视扭曲"按钮，然后向下拖动矩形左上角的控制点，使矩形产生透视效果，如图12-6所示。

图12-5　　　　　　　　　图12-6

04 继续在图形的右侧绘制一个同色矩形，效果如图12-7所示。在该矩形的上方绘制一个矩形，选择工具箱中的"自由变换工具"，单击"自由扭曲"按钮，拖动矩形左上角的控制点，制作一个直角梯形，效果如图12-8所示。

图12-7

图12-8

05 选中该直角梯形，按住Alt键拖动鼠标指针，将其复制一份，将复制得到的梯形进行旋转并移动到合适的位置，效果如图12-9所示。继续绘制其他矩形，如图12-10所示。

图12-9　　　　　　图12-10

06 将除了最左侧的梯形以外的所有图形选中,执行"对象>变换>镜像"命令,在弹出的"镜像"对话框中选中"水平"单选按钮,单击"复制"按钮,如图12-11所示。将得到的图形摆放在合适的位置。然后再次对中间较大的粉色渐变矩形以"水平"为轴镜像翻转,效果如图12-12所示。

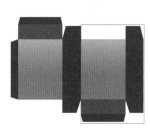

图12-11　　　　　　图12-12

07 选择工具箱中的"直线段工具",设置"填色"为无、"描边"为黑色,在控制栏中设置描边"粗细"为0.2pt。在画面中按住Shift键向右拖动,在合适的位置绘制一条直线,效果如图12-13所示。使用同样的方法绘制其他直线,效果如图12-14所示。框选画面中所有的图形,按快捷键Ctrl+2进行锁定。

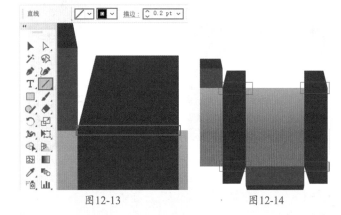

图12-13　　　　　　图12-14

实例136　制作包装盒的正面

操作步骤

01 置入燕麦素材"1.png",调整其位置和大小,然后单击控制栏中的"嵌入"按钮,效果如图12-15所示。使用同样的方法,将苹果素材"2.png"置入并嵌入文档,效果如图12-16所示。

图12-15　　　　　　图12-16

02 选择苹果素材,将其复制三份,旋转至不同的角度并摆放在合适的位置。选中所有苹果素材,按快捷键Ctrl+G将其进行编组,执行"对象>排列>后移一层"命令,将苹果素材移动到燕麦素材的后面,效果如图12-17所示。

03 使用"矩形工具"在苹果素材上绘制一个与渐变矩形等大的矩形,效果如图12-18所示。选中画面中的苹果素材、燕麦素材和矩形,然后按快捷键Ctrl+7创建剪切蒙版,效果如图12-19所示。

04 下面绘制一个苹果形状的图形。使用"钢笔工具"在画面中合适的位置绘制一个苹果形状的图形,效果如图12-20所示。

图12-17　　　　　　图12-18

图12-19　　　　　　图12-20

05 选择该苹果图形，为其编辑一个紫色系的径向渐变，如图12-21所示。使用"渐变工具"在苹果图形上拖动调整渐变效果，如图12-22所示。

图12-21　　　　　　　　　图12-22

06 选择工具箱中的"文字工具"，在苹果图形中单击插入光标，删除占位符，设置"填色"为粉色、"描边"为粉色，设置合适的字体、字号，然后输入文字，按快捷键Ctrl+Enter确认输入操作完成，效果如图12-23所示。使用同样的方法输入苹果图形中的其他文字，效果如图12-24所示。

图12-23

图12-24

07 使用"钢笔工具"在苹果图形的右上方绘制一个填充为深紫色的小苹果图形，效果如图12-25所示。按住Alt键的同时按住鼠标左键向右上方拖动，将小苹果图形复制一份并更改其颜色为粉色，效果如图12-26所示。

图12-25　　　　　　　　　图12-26

08 下面制作路径文字。选择工具箱中的"钢笔工具"，在控制栏中设置"填充"为无、"描边"为无，然后在粉色小苹果图形的下方绘制一条路径，效果如图12-27所示。使用"文字工具"在路径上单击插入光标，设置"填色"为紫色、"描边"为深紫色，在控制栏中设置描边"粗细"为1pt，设置合适的字体、字号，然后输入文字，按快捷键Ctrl+Enter确认输入操作完成，效果如图12-28所示。

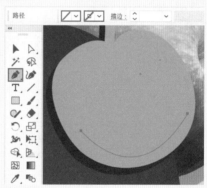

图12-27

图12-28

09 继续输入其他需要的文字，效果如图12-29所示。使用同样的方法制作包装盒正面左下角的苹果图形，效果如图12-30所示。

10 使用"钢笔工具"在画面中的空白处绘制一个叶子形状的图形，效果如图12-31所示。设置"填色"为嫩绿色、"描边"为绿色，在控制栏中设置描边"粗细"为2pt，效果如图12-32所示。

图12-29

图12-30

图12-31

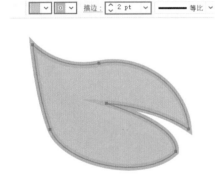

图12-32

11 选择叶子图形，右击，在弹出的快捷菜单中选择"变换>镜像"命令，在弹出的"镜像"对话框中选中"垂直"单选按钮，单击"复制"按钮，如图12-33所示。将复制得到

的叶子图形进行缩小并移动到合适的位置，然后更改其颜色，效果如图12-34所示。

图12-33

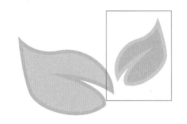

图12-34

12 选中两个叶子图形，按快捷键Ctrl+G将它们进行编组，然后将其移动到较大苹果图形的左上方。将叶子图形组复制一份，适当缩小后移动到包装盒正面的左下角。包装盒正面完成效果如图12-35所示。

图12-35

实例137　制作包装盒的背面

🎤操作步骤

01 再次置入并嵌入燕麦素材，将其缩小后放置在包装盒背面图形

中，效果如图12-36所示。置入苹果素材后将其选中，适当缩小后复制出另外三个，将苹果素材旋转至不同的角度后摆放在合适的位置，效果如图12-37所示。

图12-36

图12-37

02 沿着渐变矩形的轮廓在其左下角绘制一个矩形，选中苹果素材、燕麦素材和矩形并创建剪切蒙版，效果如图12-38所示。

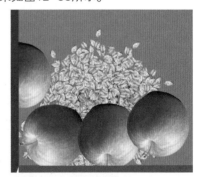

图12-38

03 使用"文字工具"在合适的位置输入文字，效果如图12-39所示。选择包装盒正面的叶子组，将其复制一份，调整大小并摆放在合适的位置，包装盒的背面效果如图12-40所示。此时整体效果如图12-41所示。

图12-39

图12-40

图12-41

实例138 制作包装盒的侧面

操作步骤

01 下面制作包装盒侧面的文字。选择工具箱中的"文字工具",在中间深紫色图形中绘制一个文本框,设置合适的字体、字号与颜色,设置"段落"为"左对齐",在文本框中输入文字,效果如图12-42所示。

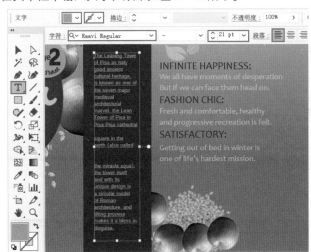

图12-42

02 选择叶子组,将其复制并调整大小,然后摆放在合适的位置,效果如图12-43所示。

03 继续使用"文字工具",设置合适的字体、字号与颜色,在画面中输入文字,效果如图12-44所示。

图12-43

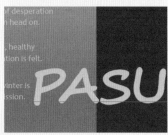

图12-44

04 选中文字,将其进行镜像、旋转并移动到合适的位置,效果如图12-45所示。

图12-45

05 选中叶子组,将其复制一份,进行旋转并摆放到文字右侧位置。包装盒侧面制作完成,效果如图12-46所示。

图12-46

实例139 制作包装盒的顶盖与底盖

操作步骤

01 下面制作包装盒的顶盖。在顶盖中输入需要的文字,效果如图12-47所示。

图12-47

02 选择该文字并右击,在弹出的快捷菜单中选择"变换>镜像"命令,在弹出的"镜像"对话框中选中"水平"单选按钮,然后单击"确定"按钮,如图12-48所示,此时效果如图12-49所示。

图12-48

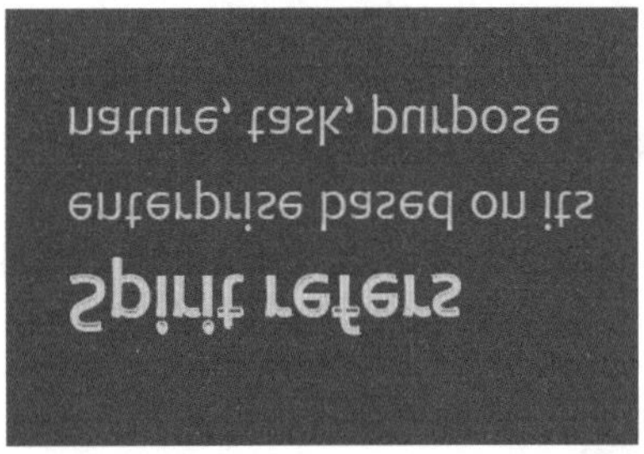

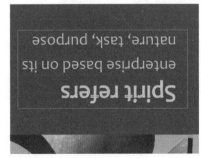

图12-49

03 选择该文字,执行"对象>变换>镜像"命令,在弹出的"镜像"对话框中选中"垂直"单选按钮,然后单击"确定"按钮,此时效果如图12-50所示。

图12-50

04 选择粉色的小苹果图形以及上方文字,按住Alt键的同时按住鼠标左键向上拖动,将苹果图形复制一份,并摆放到合适的位置,效果如图12-51所示。此时整体效果如图12-52所示。

图12-51

图12-52

05 接着制作包装盒的底盖。选中刚才制作的文字,复制出另一组文字,适当放大后摆放在合适的位置,效果如图12-53所示。

图12-53

06 最终完成效果如图12-54所示。

图12-54

12.2 果汁饮品包装

文件路径	第12章\果汁饮品包装
难易指数	★★★★★
技术掌握	● 钢笔工具 ● 矩形工具

扫码深度学习

操作思路

在本案例中,首先使用"矩形工具"及"添加锚点工具"绘制包装盒的展开图,然后使用图案填充制作包装盒上的波点底纹效果,再使用"椭圆工具"及"文字工具"制作商品标志,最后使用"自由变换工具"制作包装盒的立体效果。

案例效果

案例效果如图12-55所示。

图12-55

实例140 制作平面图的底色

操作步骤

01 新建一个"宽度"为100mm、"高度"为150mm的空白文档。选择工具箱中的"画板工具",在"画板1"的右侧拖动鼠标指针创建一个新画板,然后在控制栏中设置其"宽度"为60mm、"高度"为150mm,得到"画板2",效果如图12-56所示。

图12-56

02 选择"画板2",将其摆放在"画板1"右侧合适的位置,效果如图12-57所示。选中"画板1"与"画板2",按住Shift键和Alt键的同时按住鼠标左键向右拖动,进行平移及复制,得到"画板3"与"画板4",效果如图12-58所示。

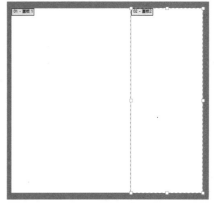

图12-57

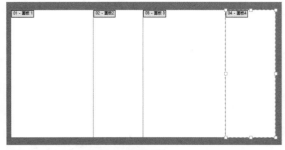

图12-58

03 选择工具箱中的"矩形工具",设置"填色"为橘黄色、"描边"为无,在"画板1"中绘制一个与画板等大的矩形,效果如图12-59所示。在"画板1"的上方绘制一个相同颜色的矩形,效果如图12-60所示。

04 选择工具箱中的"圆角矩形工具",然后在画面中单击,在弹出的"圆角矩形"对话框中设置"宽度"为100mm、"高度"为55mm、"圆角半径"为12mm,单

击"确定"按钮,如图12-61所示,此时效果如图12-62所示。

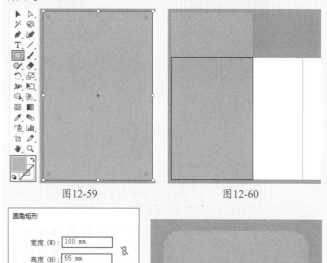

图12-59　　　　　　　　　图12-60

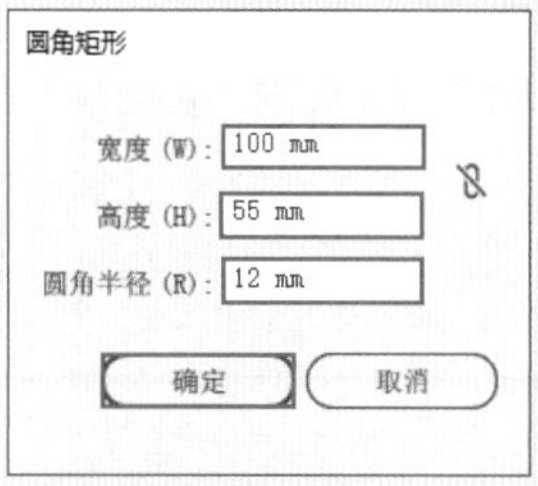

图12-61　　　　　　　　　图12-62

05 使用"矩形工具"在圆角矩形上绘制一个矩形,效果如图12-63所示。按住Shift键加选圆角矩形和刚绘制的矩形,执行"窗口>路径查找器"命令,在弹出的"路径查找器"面板中单击"减去顶层"按钮,如图12-64所示,得到一个新的图形,将该图形移动到相应位置,效果如图12-65所示。

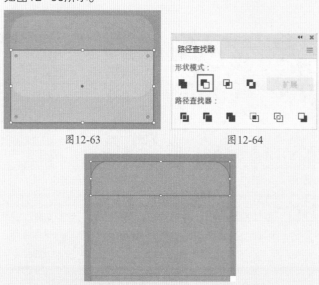

图12-63　　　　　　　　　图12-64

图12-65

06 在"画板1"的下方绘制一个矩形,然后将其填充为米黄色,效果如图12-66所示。选择工具箱中的"添加锚点工具",在米黄色矩形的右上角添加三个锚点,效果如图12-67所示。使用工具箱中的"直接选择工具"选择中间的锚点,按住鼠标左键向左拖动锚点,效果如

图12-68所示。

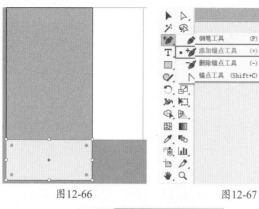

图12-66　　　　　　　　图12-67

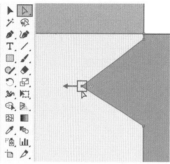

图12-68

07 使用同样的方法制作米黄色图形下方的效果,如图12-69所示。使用"矩形工具"在米黄色图形的左侧绘制一个矩形并填充为橘黄色,使用工具箱中的"直接选择工具"选中橙色矩形左下方的锚点并向上移动,效果如图12-70所示。使用同样的方法制作其他图形,效果如图12-71所示,得到包装的正面和侧面图形。

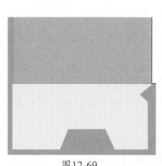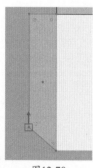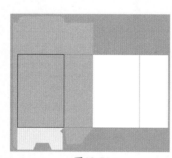

图12-69　　　　　图12-70　　　　　图12-71

08 框选包装的正面和侧面图形,然后按住Alt键的同时按住鼠标左键拖动,将图形整体复制一份,并摆放在合适的位置,效果如图12-72所示。

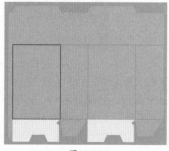

图12-72

09 下面制作包装上的波点底纹。选择"画板1"中的矩形,按快捷键Ctrl+C进行复制,然后按快捷键Ctrl+F将其粘贴在原矩形的前面。选择这个矩形,执行"窗口>色板库>图案>基本图形>基本图形_点"命令,在弹出的"基本图形_点"面板中选择"6dpi 40%"图形,如图12-73所示,此时矩形效果如图12-74所示。

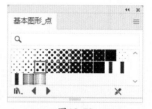

图12-73

图12-74

10 选择填充为波点的矩形,执行"窗口>透明度"命令,在弹出的"透明度"面板中设置"混合模式"为"柔光"、"不透明度"为60%,如图12-75所示,此时矩形效果如图12-76所示。

图12-75

图12-76

11 使用同样的方法制作其他矩形中的波点底纹，然后框选橘黄色矩形及其中的波点底纹，按快捷键Ctrl+G将它们进行编组，将其他矩形和底纹用同样的方法编组，效果如图12-77所示。

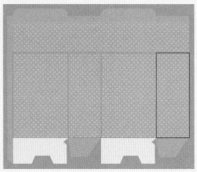

图12-77

实例141　制作正面图形

操作步骤

01 下面制作包装上的卡通小熊图案。选择工具箱中的"椭圆工具"，在"画板1"中绘制一个椭圆形，效果如图12-78所示。在椭圆形上绘制一个与"画画1"等宽的矩形，效果如图12-79所示。

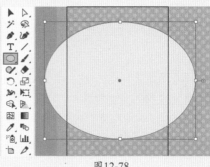

图12-78　　　　　　图12-79

02 将椭圆形和矩形选中，然后执行"窗口>路径查找器"命令，在弹出的"路径查找器"面板中单击"联集"按钮，如图12-80所示。此时图形效果如图12-81所示。

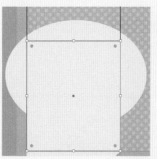

图12-80　　　　　　图12-81

03 在此图形的左侧绘制一个矩形，效果如图12-82所示。选中小熊身体图形与该矩形，在"路径查找器"面板中单击"减去顶层"按钮，将图形左侧多余的部分裁剪掉，效果如图12-83所示。使用同样的方法裁剪图形的另一侧，效果如图12-84所示。

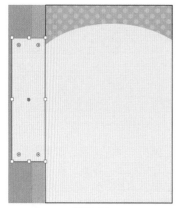

图12-82

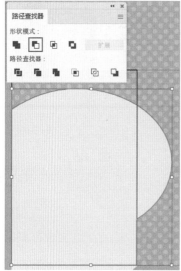

图12-83

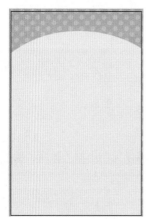

图12-84

04 下面绘制小熊的耳朵。选择工具箱中的"椭圆工具"，按住Shift键的同时按住鼠标左键拖动，在相应位置绘制一个正圆形，然后按住Alt键向右拖动，复制出第二个正圆形，调整两个正圆形的位置，效果如图12-85所示。

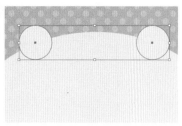

图12-85

05 使用"钢笔工具"绘制图形，效果如图12-86所示。选择该图形，设置"填色"为橘黄色、"描边"为无，效果如图12-87所示。将该图形复制一份并移动到另一处正圆形上，然后进行旋转。小熊耳朵效果如图12-88所示。

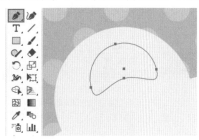

图12-86

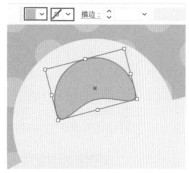

图12-87

图12-88

06 继续绘制小熊的眼睛和鼻子，效果如图12-89所示。

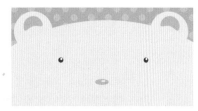

图12-89

07 使用"椭圆工具"，设置"填色"为浅橙色、"描边"为白色，在控制栏中设置描边"粗细"为3pt，效果如图12-90所示。

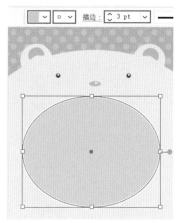

图12-90

实例142　制作标志部分

操作步骤

01 打开橙子素材"1.ai"，选择其中的素材图形，按快捷键Ctrl+C进行复制，然后切换到刚才操作的文档中，按快捷键Ctrl+V进行粘贴，适当调整素材图形的位置及大小，效果如图12-91所示。

图12-91

02 选择工具箱中的"文字工具"，在画面中单击插入光标，删除占位符，设置"填色"为黄绿色、"描边"为白色，在控制栏中设置描边"粗细"为1pt，设置合适的字体、字号，然后输入文字，按快捷键Ctrl+Enter确认输入操作完成，效果如图12-92所示。

图12-92

03 选择工具箱中的"修饰文字工具"，在字母"H"上单击以显示定界框，然后按住鼠标左键拖动控制点，将字母"H"进行旋转，再选择字母右上角的控制点，将其等比放大一些，效果如图12-93所示。使用同样的方法，制作完成其他字母，效果如图12-94所示。

图12-93

图12-94

提示 在使用工具箱中的"修饰文字工具"时，单击文字可以显示定界框，定界框四角的控制点各有用处，如图12-95所示。

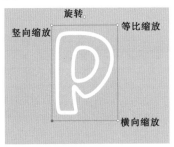

图12-95

04 使用同样的方法制作浅橙色椭圆形中的其他文字，效果如图12-96所示。按住Shift键加选椭圆形、橙子素材和文字，按快捷键Ctrl+G将它们进行编组。

图12-96

05 选择工具箱中的"圆角矩形工具"，设置"填色"为橘黄色、"描边"为无，在画面中合适的位置绘制一个圆角矩形，效果如图12-97所示。选择该图形，按住Shift键和Alt键的同时按住鼠标左键向下拖动，将其平移及复制，效果如图12-98所示。

图12-97

图12-98

06 使用"文字工具"输入相应文字，然后使用"直线段工具"在文字间绘制一条白色直线，效果如图12-99所示。

图12-99

07 将包装盒正面的小熊图案、橙子素材以及文字都选中，按快捷键Ctrl+G将它们进行编组。按住Shift键和Alt键的同时将该组平移及复制一份，放置在"画板3"中，效果如图12-100所示。将"画板3"中的所有图形选中并进行编组。

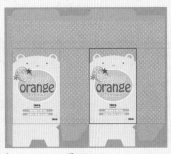

图12-100

实例143 制作侧面部分

操作步骤

01 下面制作包装盒的侧面。选择"画板1"中的图形及文字，按快捷键Shift+Ctrl+G取消其编组，然后将商品标志复制一份，调整其大小后放置在"画板2"中，效果如图12-101所示。使用"文字工具"在商品标志的下方输入文字，然后使用"椭圆工具"在每行文字前绘制一个白色的正圆形，效果如图12-102所示。

图12-101

图12-102

02 将包装正面图中的圆角矩形及其中的文字选中并复制一份，然后放置在"画板2"中，对其颜色进行更改，效果如图12-103所示。

图12-103

03 将"画板2"中的商品标志及其下方的文字和白色正圆形选中，复制一份并放置在"画板4"中，效果如图12-104所示。使用"矩形工具"在文字的下方绘制一个白色矩形，将其作为条形码的预留位置，效果如图12-105所示。返回到"画板2"中，将图形、文字和背景选中并编组。

图12-104

图12-105

04 选择工具箱中的"钢笔工具"，在控制栏中设置"填充"为无、"描边"为黑色，描边"粗细"为1pt，然后在相应位置绘制一条折线，复制折线并摆放在合适的位置，效果如图12-106所示。整体效果如图12-107所示。

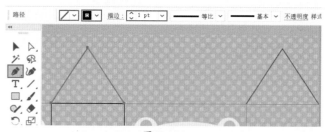

图12-106

图12-107

实例144 制作立体效果

操作步骤

01 使用"画板工具"创建一个新画板，在控制栏中设置其"宽度"为200mm、"高度"为300mm，置入背景素材"2.jpg"并调整至合适的大小，单击控制栏中的"嵌入"按钮，效果如图12-108所示。

02 将包装盒正面、侧面、顶部的元素进行复制，然后移动到背景素材上，效果如图12-109所示。

03 将侧面图所有元素选中，执行"文字>创建轮廓"命令，将文字转换为形状，然后按Ctrl+G进行编组。将包装盒的侧面图移动到正面图的左侧，选择工具箱中的"自由变换工具"，单击"自由扭曲"按钮，出现定界框后按住鼠标左键拖动控制点进行适当调整，效果如图12-110所示。

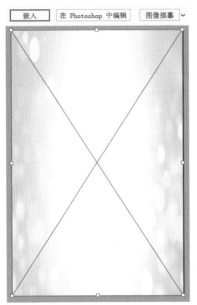

图12-108

图12-109

图12-110

04 使用同样的方法对顶部图形进行扭曲变形，效果如图12-111所示。

05 下面制作包装盒上方的折叠部分。使用"钢笔工具"绘制一个棕色三角形，效果如图12-112所示。

图12-111

图12-112

06 执行"窗口>外观"命令，在弹出的"外观"面板中单击"添加新填色"按钮，然后单击"填色"按钮，在其下拉面板中设置"填色"为"6dpi 40%"，效果如图12-113所示。

图12-113

07 单击"填色"按钮左侧的 > 按钮，单击"不透明度"按钮，在其下拉面板中设置"混合模式"为"柔光"、"不透明度"为60%，此时效果如图12-114所示。

图12-114

08 使用同样的方法继续制作折叠部分的图形，效果如图12-115所示。

09 下面制作包装盒的最顶端的图形，将其移动到相应的位置并适当调整图形的高度与圆角半径，效果如图12-116所示。选中该图形，执行"窗口>渐变"命令，在弹出的"渐变"面板中设置"类型"为"线性"渐变，然后编辑一个黄色系的渐变，如图12-117所示。使用"渐变工具"在图形上拖动调整渐变效果，如图12-118所示。

图12-115　　　　　图12-116

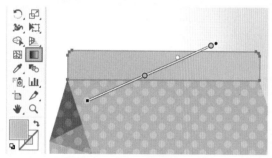

图12-117

图12-118

10 选中该图形，按快捷键Ctrl+C进行复制，再按快捷键Ctrl+B将其粘贴在原图形的后面。将该图形填充为深褐色，多次按键盘上的向上和向左的方向键（↑键和←键），将图形向左上轻移，此时顶端厚度效果制作完成，效果如图12-119所示。

11 下面制作包装盒底部的阴影。使用"钢笔工具"在包装盒的下方绘制一个不规则图形，效果如图12-120所示。

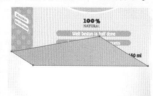

图12-119　　　　　图12-120

12 选中该图形，执行"效果>风格化>投影"命令，在弹出的"投影"对话框中设置"模式"为"正片叠底"、"不透明度"为75%、"X位移"为−1mm、"Y位移"为1mm、"模糊"为0.5mm，选中"颜色"单选按钮，将颜色设置为咖啡色，单击"确定"按钮，如图12-121所示，

此时效果如图12-122所示。

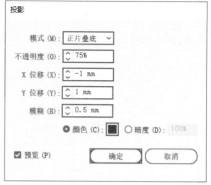

图12-121

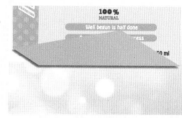

图12-122

13 继续选择该图形，多次执行"对象>排列>后移一层"命令，将该图形移动到包装盒的后面，效果如图12-123所示。

图12-123

14 下面将包装盒侧面的亮度压暗。使用"钢笔工具"沿着包装盒的侧面绘制一个图形，然后将其填充为灰色系的渐变，效果如图12-124所示。

图12-124

15 选择渐变图形，单击控制栏中的"不透明度"按钮，在其下拉面板中设置"混合模式"为"正片叠底"、"不透明度"为30%，如图12-125所示。最终完成效果如图12-126所示。

图12-125

图12-126

12.3 干果包装盒

文件路径	第12章\干果包装盒
难易指数	★★★★★
技术掌握	● 路径文字工具 ● 直排文字工具 ● 螺旋线工具

⊙扫码深度学习

操作思路

在本案例中，首先使用"矩形工具""直接选择工具""添加锚点工具"制作包装盒各个面的基本形态，使用"钢笔工具""螺旋线工具"绘制包装盒上的图案；然后使用"椭圆工具"和"路径文字工具"制作包装盒上的标志，使用"直排文字工具"制作包装盒上的多组文字；最后使用"自由变换工具"制作包装盒的立体效果。

案例效果

案例效果如图12-127所示。

图12-127

实例145 制作平面图的底色

操作步骤

01 新建一个宽度为150mm、高度为250mm的空白文档。选择工具箱中的"画板工具"，在"画板1"的右侧拖动创建一个新的画板，在控制栏中设置"宽度"为90mm、"高度"为250mm，得到"画板2"，如图12-128所示，将"画板2"移动到"画板1"右侧，效果如图12-129所示。

图12-128

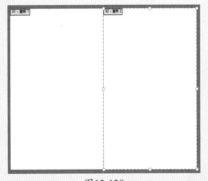

图12-129

02 选中"画板1"和"画板2"，按住Shift键和Alt键的同时按住鼠标左键向右拖动，进行移动及复制，得到"画板3"与"画板4"，效果如图12-130所示。

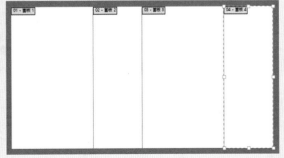

图12-130

03 选择工具箱中的"矩形工具",设置"填色"为芥末黄色、"描边"为无,绘制一个与"画板1"等大的矩形,如图12-131所示。继续使用"矩形工具"在其上方绘制另外两个不同高度的矩形,效果如图12-132所示。

图12-131

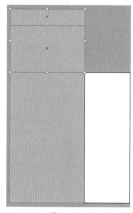
图12-132

04 选择最上方的矩形,使用"直接选择工具"框选矩形上方的两个控制点,然后拖动控制点将直角转换为圆角,效果如图12-133所示。

05 继续使用"矩形工具",设置"填色"为米色、"描边"为无,绘制一个与画板2等大的矩形,如图12-134所示。

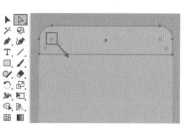
图12-133

图12-134

06 在米色矩形的上方再绘制一个矩形,如图12-135所示,使用"直接选择工具"调整矩形左上角与右上角的锚点,得到一个梯形图形,效果如图12-136所示。

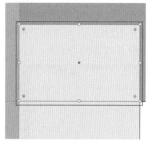
图12-135

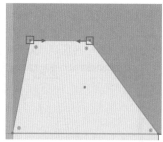
图12-136

07 选择刚制作的四边形,执行"对象>变换>镜像"命令,在弹出的"镜像"对话框中选中"水平"单选按钮,单击"复制"按钮,如图12-137所示。将复制得到的图形移动到合适的位置,效果如图12-138所示。

图12-137

图12-138

08 在包装盒的最左侧绘制一个矩形,如图12-139所示。使用"直接选择工具"调整矩形左侧的锚点,将矩形进行变形,制作出四边形,效果如图12-140所示。

图12-139

图12-140

09 在"画板1"的下方绘制一个矩形,效果如图12-141所示。选择工具箱中的"添加锚点工具",在该矩形的右侧添加两个锚点,如图12-142所示。使用"直接选择工具"选择上方的锚点向左拖动,使用同样的方法拖动下方锚点,效果如图12-143所示。

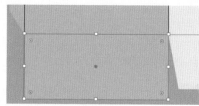
图12-141

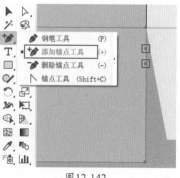
图12-142

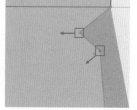
图12-143

10 使用同样的方法制作图形下方的效果，如图12-144所示，此时画面效果如图12-145所示。

图12-144

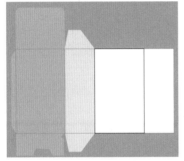

图12-145

11 选中除左侧图形外的所有图形，按住Shift键和Alt键的同时按住鼠标左键拖动，将它们复制一份放置在"画板3""画板4"中，效果如图12-146所示。

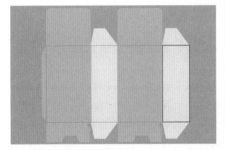

图12-146

实例146 制作包装的图案

操作步骤

01 包装盒上的图案是由很多小元素构成的，在此首先制作叶子图形。选择工具箱中的"钢笔工具"，设置"填色"为浅黄色、"描边"为无，在"画板1"的上方绘制叶子的轮廓图形，效果如图12-147所示。选择工具箱中的"斑点画笔工具"，按住鼠标左键拖动，绘制叶脉图形，效果如图12-148所示。

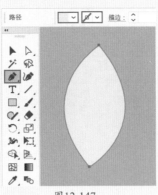

图12-147

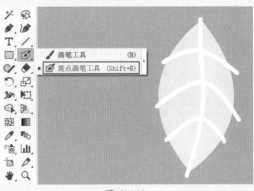

图12-148

> **提示** 若要对"斑点画笔工具"进行设置，可以在工具箱中双击"斑点画笔工具"按钮，在弹出的"斑点画笔工具选项"对话框中调整参数。

02 将叶子轮廓图形和叶脉图形选中，执行"窗口>路径查找器"命令，在弹出的"路径查找器"面板中单击"减去顶层"按钮，得到叶子图形，效果如图12-149所示。使用同样的方法制作另外几种形态的叶子图形，效果如图12-150所示。

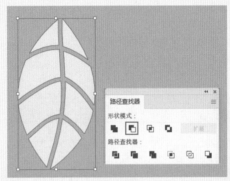

图12-149

图12-150

03 将叶子图形的位置进行调整，效果如图12-151所示。选择右上方的叶子图形，按住Alt键的同时按住鼠标左键拖动，将其复制一份，对复制得到的叶子图形进行旋转方向、调整大小等操作，并将其移动到合适的位置，效果如图12-152所示。

图12-151

图12-152

04 选择工具箱中的"椭圆工具"，设置"填色"为浅黄色、"描边"为无，在叶子图形的中间位置按住Shift键的同时按住鼠标左键拖动，绘制一个正圆形，效果如图12-153所示。继续绘制另外两个正圆形，效果如图12-154所示。使用"钢笔工具"再次绘制叶子轮廓图形，并摆放在合适的位置，效果如图12-155所示。

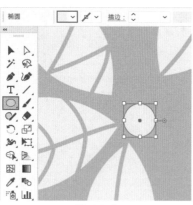

图12-153

图12-154

图12-155

05 将制作的叶子图形进行复制，组合成平铺效果，如图12-156所示。将平铺效果的叶子图形选中，然后按快捷键Ctrl+G将其进行编组。

图12-156

06 在叶子图形组上绘制一个矩形，效果如图12-157所示。将矩形和叶子图形组加选，执行"对象>剪切蒙版>建立"命令，建立剪切蒙版，得到叶子图案，效果如图12-158所示。

图12-157

图12-158

07 选择制作好的叶子图案，在控制栏中设置"不透明度"为50%，效果如图12-159所示。

图12-159

08 使用"矩形工具"在画面的下半部分绘制一个米色矩形，效果如图12-160所示。

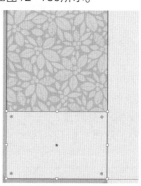

图12-160

09 选择工具箱中的"螺旋线工具"，在控制栏中设置描边"粗细"为5pt，在画面中单击，在弹出的"螺旋线"对话框中设置"半径"为12mm、"衰减"为75%、"段数"为6、"样式"为◎，单击"确定"按钮，如图12-161所示。将制作出的螺旋线移动到画板外的空白位置，效果如图12-162所示。

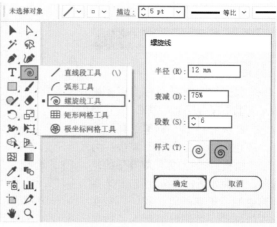

图12-161

图12-162

10 复制螺旋线，调整其大小并将其放置在合适的位置，效果如图12-163所示。将螺旋线选中，然后执行"对象>扩展"命令，将其转换为形状，效果如图12-164所示。

图12-163

图12-164

11 在选中螺旋线的状态下，在"路径查找器"面板中单击"分割"按钮，将图形进行分割，如图12-165所示。按快捷键Shift+Ctrl+G将图形取消编组，然后将多余的图形选中，按Delete键进行删除，效果如图12-166所示。继续删除螺旋线上所有需要删除的图形，效果如图12-167所示。

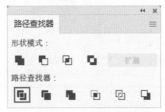

图12-165

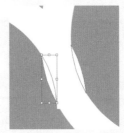

图12-166

图12-167

12 将螺旋线框选，单击"路径查找器"面板中的"联集"按钮，如图12-168所示，此时螺旋线成为一个图形，效果如图12-169所示。

图12-168

图12-169

13 将螺旋线移动到画面中的米色矩形上并调整其大小。选中螺旋线和矩形，单击"路径查找器"面板中的"减去顶层"按钮，如图12-170所示，此时效果如图12-171所示。

图12-170

图12-171

14 选择这组图形，按快捷键Shift+Ctrl+G将图形取消编组，然后将上方不需要的图形选中并删除，效果如

图12-172所示。

图12-172

实例147 制作标志

🎤操作步骤

01 选择工具箱中的"椭圆工具"，设置"填色"为米色、"描边"为棕色，在控制栏中设置描边"粗细"为0.5pt，按住Shift键在包装盒的正面绘制一个正圆形，效果如图12-173所示。

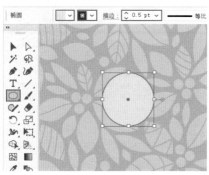

图12-173

02 将正圆形选中，按快捷键Ctrl+C进行复制，然后按快捷键Ctrl+F将其粘贴在原正圆形的前面。选中复制出的正圆形，同时按住Shift键和Alt键拖动正圆形的角点，将其进行缩小，效果如图12-174所示。

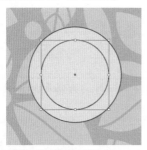

图12-174

03 打开素材"1.ai"，选中其中的标志图形，按快捷键Ctrl+C进行复制，切换到刚刚操作的文档中，按快捷键Ctrl+V进行粘贴，调整标志图形的大小并将其放置在正圆形的中心，效果如图12-175所示。

图12-175

04 选择工具箱中的"椭圆工具"，在控制栏中设置"填充"为无、"描边"为无，然后在小正圆形的外面绘制一个正圆形路径，效果如图12-176所示。

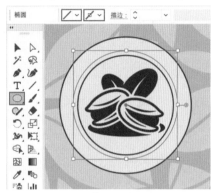

图12-176

05 选择工具箱中的"路径文字工具"，在正圆形路径上单击插入光标，设置"填色"为棕色、"描边"为无，在控制栏中设置合适的字体、字号，然后输入文字，按快捷键Ctrl+Enter确认输入操作完成，效果如图12-177所示。

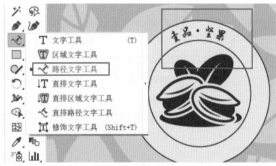

图12-177

06 使用同样的方法制作英文部分，效果如图12-178所示。

图12-178

07 将素材、正圆形路径和文字选中，按快捷键Ctrl+G将它们进行编组，标志制作完成，效果如图12-179所示。

08 将标志复制一份，放置在包装盒的顶面处，然后进行缩小，效果如图12-180所示。将包装盒顶面处的标志与其后面的矩形选中，然后进行编组。

图12-179　　　　　图12-180

实例148　制作正面文字

操作步骤

01 选择工具箱中的"直排文字工具"，在包装盒正面的右下方单击插入光标，设置"填色"为棕色、"描边"为无，在控制栏中设置合适的字体、字号，然后输入文字，按快捷键Ctrl+Enter确认输入操作完成，效果如图12-181所示。

图12-181

02 继续在文字的两侧输入其他文字，效果如图12-182所示。

图12-182

03 选择工具箱中的"直线段工具"，设置"填色"为无、"描边"为棕色，在控制栏中设置描边"粗细"

为0.5pt，然后按住Shift键向右拖动鼠标指针，在三列竖排文字的上方绘制一条直线，效果如图12-183所示。

图12-183

04 复制出另一条直线，将其摆放在三列竖排文字的下方，效果如图12-184所示。

图12-184

05 将包装盒正面中的图案、标志及文字选中，按快捷键Ctrl+G将它们进行编组，然后复制一份移动到"画板3"中，效果如图12-185所示。

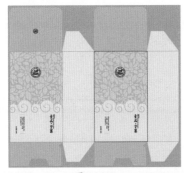

图12-185

实例149 制作侧面部分

🎤 操作步骤

01 使用"文字工具"在"画板2"中输入两组文字，如图12-186所示。选中两组文字，按快捷键Ctrl+G将它们进行编组。

图12-186

02 使用"文字工具"在刚输入的文字下方绘制一个文本框，删除占位符，设置"填色"为棕色、"描边"为无，在控制栏中设置合适的字体、字号，然后输入文字，按快捷键Ctrl+Enter确认输入操作完成，效果如图12-187所示。

图12-187

03 选中文本框，执行"窗口>文字>段落"命令，在弹出的"段落"面板中选择"两端对齐，末行左对齐"选项，设置"首行左缩进"为13pt，效果如图12-188所示。

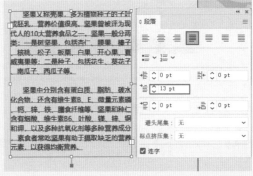

图12-188

04 在段落文字的下方绘制一个颜色稍浅一些的矩形，作为条形码的预留位置，效果如图12-189所示。加选"画板2"中所有的图形与文字，按快捷键Ctrl+G将它们进行编组。

05 下面在"画板4"中制作包装盒侧面的营养成分表。使用"矩形工具"在画面中单击，在弹出的"矩形"对话框中设置"宽度"为70mm、"高度"为30mm，单击"确定"按钮，如图12-190所示。

图12-189　　　　　　　图12-190

06 选择该矩形，设置"填色"为稍浅些的米色、"描边"为无，如图12-191所示。

07 使用同样的方法，在白色矩形的上方绘制一个宽度为70mm、高度为24mm的棕色矩形边框以及宽度为70mm、高度为6mm的棕色矩形，效果如图12-192所示。

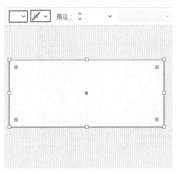

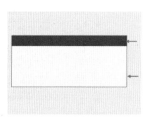

图12-191　　　　　　　图12-192

08 选择工具箱中的"直线段工具"，设置"填色"为无、"描边"为棕色，在控制栏中设置描边"粗细"为0.2pt，在矩形中的相应位置绘制一条直线作为分隔线，效果如图12-193所示。

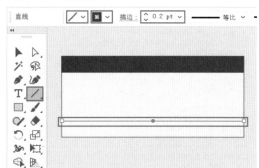

图12-193

09 使用同样的方法，继续绘制其他几条直线，制作出营养成分表，效果如图12-194所示。

10 使用"文字工具"在表格中输入相应的文字，效果如图12-195所示。将"画板2"中的第一段文字组复制一份，移动到"画板4"中，调整其位置。此时包装盒的平

面图制作完成，效果如图12-196所示。

图12-194

营养成分含量参考值（每100g）					
钙	38	（mg）	锌	0.4	（mg）
铁	2	（mg）	铜	0.3	（mg）
钾	310	（mg）	维生素B6	0.07	（mg）
镁	45	（mg）	维生素E	1.5	（IU）

图12-195

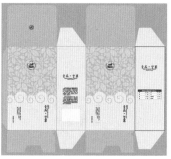

图12-196

实例150　制作展示效果

操作步骤

01 新建"画板5"，设置其"宽度"为540mm、"高度"为390mm，效果如图12-197所示。

图12-197

02 使用"矩形工具"绘制一个与画板等大的矩形，效果如图12-198所示。选择矩形，单击工具箱底部的"填色"按钮，使之置于前面，设置"填充类型"为"渐变"，执行"窗口>渐变"命令，弹出"渐变"面板，设置"类型"为"径向"渐变，编辑一个浅灰色的渐变，如

图12-199所示。

图12-198

图12-199

03 使用工具箱中的"渐变工具"在矩形上拖动调整渐变效果，如图12-200所示。按快捷键Ctrl+2锁定该矩形。

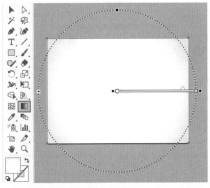

图12-200

04 将包装盒的正面、顶面和侧面复制一份，放置在"画板5"中，效果如图12-201所示。将"画板5"中的所有元素框选，执行"文字>创建轮廓"命令，将文字创建为轮廓。

图12-201

05 选择包装盒的正面所有元素，将其编组，选择工具箱中的"自由变换工具"，单击"自由扭曲"按钮，拖动控制点将包装盒正面进行变形，效果如图12-202所示。使用同样的方法制作包装盒的侧面及顶面，调整位置后的效果如图12-203所示。

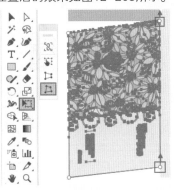

图12-202

图12-203

06 下面降低包装盒侧面的亮度。使用"钢笔工具"在包装盒的侧面绘制一个与侧面等大的图形，效果如图12-204所示。选择这个图形，单击控制栏中的"不透明度"按钮，在其下拉面板中设置"混合模式"为"正片叠底"、"不透明度"为20%，如图12-205所示，此时效果如图12-206所示。

图12-204

图12-205

图12-206

07 下面制作包装盒折角处的光泽。选择包装盒的正面，执行"效果>风格化>内发光"命令，在弹出的"内发光"对话框中设置"模式"为"滤色"、颜色为白色、"不透明度"为75%、"模糊"为1mm，选中"边缘"单选按钮，单击"确定"按钮，如图12-207所示，此时效果如图12-208所示。

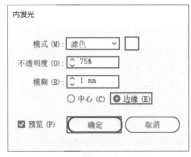

图12-207

图12-208

08 继续为包装盒的侧面、顶面添加"内发光"效果，完成效果如图12-209所示。

图12-209

09 下面为包装盒添加倒影效果。将包装盒的正面复制一份，执行"对象>变换>镜像"命令将其翻转旋转，并适当变形，效果如图12-210所示。选择复制出的图形组，设置其"不透明度"为60%，如图12-211所示，此时效果如图12-212所示。

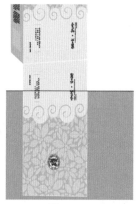

图12-210

图12-211

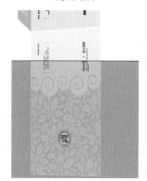

图12-212

10 使用"矩形工具"在包装盒正面和倒影之间绘制一个矩形，并填充白色到黑色的渐变，效果如图12-213所示。

图12-213

11 将包装盒的正面倒影图形组和矩形加选，单击控制栏中的"不透明度"按钮，在其下拉面板中单击"制作蒙版"按钮，如图12-214所示，此时效果如图12-215所示。

图12-214

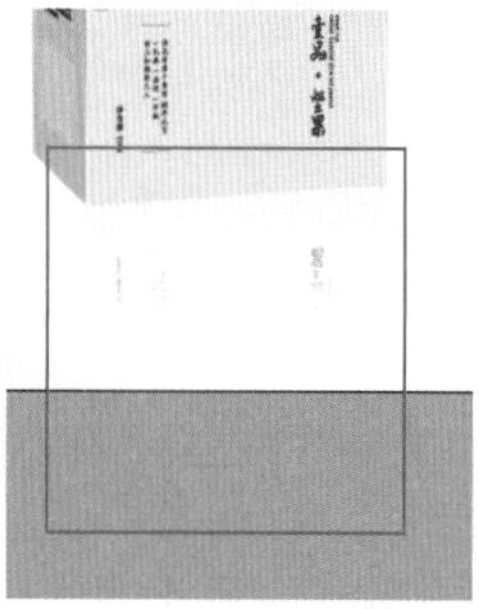

图12-215

12 使用同样的方法制作包装盒侧面的倒影，效果如图12-216所示。整体效果如图12-217所示。

图12-216

图12-217

13 将包装盒及其倒影框选，然后复制一份，并将复制出的图形进行缩小，摆放在原图形的右侧，最终完成效果如图12-218所示。

图12-218

12.4 月饼礼盒

文件路径	第12章\月饼礼盒
难易指数	★★★★★
技术掌握	● 混合模式 ● 自由变换工具 ● 矩形工具
	扫码深度学习

操作思路

在本案例中，首先使用"矩形工具"配合渐变填充、纯色填充制作包装盒顶面的各个部分，然后添加装饰图案，并输入主体文字，最后利用"自由变换工具"制作包装盒的立体效果。

案例效果

案例效果如图12-219所示。

图12-219

实例151 制作顶面背景

操作步骤

01 新建一个"宽度"为405mm、"高度"为335mm的空白文档。使用"矩形工具"在画面中绘制一个矩形，设置"描边"为无，效果如图12-220所示。选择该矩形，单击"填色"按钮使之置于前面，双击"渐变工具"按钮，在弹出的"渐变"面板中设置"类型"为"线性"渐变，编辑一个红色系的渐变，如图12-221所示。使用"渐变工具"在矩形上拖动，调整渐变效果，效果如图12-222所示。

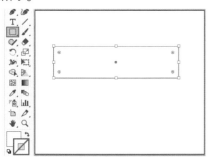

图12-220

图12-221

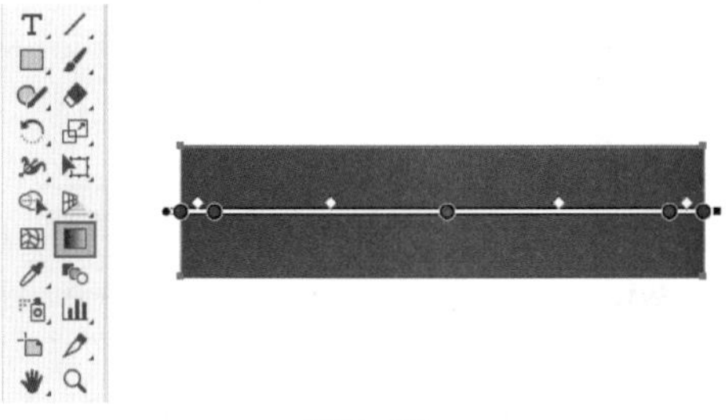

图12-222

02 使用同样的方法，在红色系渐变矩形的下方绘制一个棕黄色系渐变的矩形，效果如图12-223所示。继续使用"矩形工具"在棕黄色渐变矩形的下方绘制一个卡其黄色矩形，效果如图12-224所示。

图12-223

图12-224

03 选择工具箱中的"直排文字工具"，在画面中单击插入光标，删除占位符，设置"填色"为苔藓绿色、"描边"为无，在控制栏中设置合适的字体、字号，然后输入文字，按快捷键Ctrl+Enter确认输入操作完成，效果如图12-225所示。将文字移动到红色系渐变矩形中并逆时针旋转90°，效果如图12-226所示。

图12-225

图12-226

04 选中文字，按住Alt键拖动鼠标指针，将其进行复制，然后将复制得到的文字移动到合适的位置，效果如

图12-227所示。打开素材"1.ai"，选中其中的祥云图形，按快捷键Ctrl+C进行复制，切换到刚刚操作的文档中，按快捷键Ctrl+V进行粘贴，然后将祥云图形移动到一组文字的右侧，效果如图12-228所示。再复制出其他的祥云图形，并摆放在合适的位置，效果如图12-229所示。将文字和祥云图形加选，然后按快捷键Ctrl+G将其进行编组。

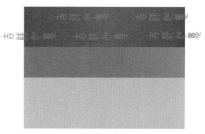

图12-227

图12-228

图12-229

05 使用"矩形工具"绘制一个与红色系渐变矩形等大的矩形，效果如图12-230所示。将矩形、文字和祥云素材加选，执行"对象>剪切蒙版>建立"命令，此时效果如图12-231所示。

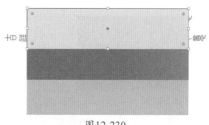

图12-230

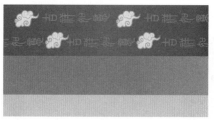

图12-231

06 选择文字祥云组，单击控制栏中的"不透明度"按钮，在其下拉面板中设置"混合模式"为"正片叠底"，如图12-232所示，此时效果如图12-233所示。

图12-232

图12-233

07 下面绘制古典花纹。选择工具箱中的"钢笔工具"，在控制栏中设置"填充"为无、"描边"为任意颜色，描边"粗细"为8pt，然后绘制一条路径，效果如图12-234所示。选择这条路径，右击，在弹出的快捷菜单中选择"变换>镜像"命令，在弹出的"镜像"对话框中选中"水平"单选按钮，单击"复制"按钮，如图12-235所示。将复制得到的路径向下移动，效果如图12-236所示。

图12-234

图12-235

图12-236

08 框选这两条路径，执行"对象>扩展"命令，将路径扩展为图形，如图12-237所示。按快捷键Ctrl+G将两个图形进行编组，然后选择这个图形组，执行"窗口>渐变"命令，弹出"渐变"面板，设置"类型"为"线性"渐变、"角度"为−90°，编辑一个红色系的渐变，如图12-238所示。使用"渐变工具"在圆形组上拖动调整渐变效果，效果如图12-239所示。

图12-237

图12-238

图12-239

09 下面为图形组添加"内发光"效果。选择该图形组，执行"效果>风格化>内发光"命令，在弹出的"内发光"对话框中设置"模式"为"正片叠底"、颜色为黑色、"不透明度"为75%、"模糊"为1mm，选中"边缘"单选按钮，单击"确定"按钮，如图12-240所示，此时效果如图12-241所示。

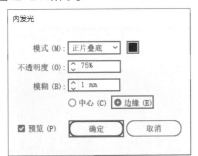

图12-240

图12-241

10 将图形组移动到相应的位置，效果如图12-242所示。选择该图形组，按住Shift键和Alt键的同时按住鼠标左键拖动，将其进行平移及复制，效果如图12-243所示。

图12-242

图12-243

11 选中左侧的图形组，为其设置一个蓝色系的线性渐变，效果如图12-244所示。按住Shift键加选蓝色系渐变图形和红色系渐变图形，将其进行编组。

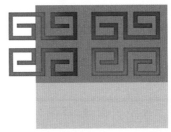

图12-244

12 选择该图形组，右击并在弹出的快捷菜单中选择"变换>镜像"命令，在弹出的"镜像"对话框中选中"垂直"单选按钮，然后单击"复制"按钮，如图12-245所示。将复制出的图形组摆放到合适的位置，效果如图12-246所示。

图12-245

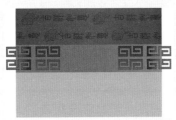

图12-246

13 下面把露出矩形之外的部分隐藏起来。在图形组上绘制一个与棕黄色渐变矩形等大的矩形，效果如图12-247所示。选中图形组和矩形，按快捷键Ctrl+7创建剪切蒙版，效果如图12-248所示。

图12-247

图12-248

14 将素材"1.ai"中的花纹图形复制到文档中，并放置在合适的位置，效果如图12-249所示。

图12-249

15 在花纹图形上绘制一个与卡其黄色矩形等大的矩形，效果如图12-250所示。选中花纹图形和矩形，建立剪切蒙版，将露出矩形之外的花纹图形隐藏起来，效果如图12-251所示。

图12-250

图12-251

实例152 制作顶面主体图形

操作步骤

01 置入圆形花纹素材"2.png"，调整素材的大小和位置，然后单击控制栏中的"嵌入"按钮将其嵌入，效果如图12-252所示。

图12-252

02 使用"椭圆工具"，按住Shift键在圆形花纹素材的中间绘制一个浅黄色的正圆形，效果如图12-253所示。选择正圆形，按快捷键Ctrl+C进行复制，然后按快捷键Ctrl+F将其粘贴到原正圆形的前面，同时按住Shift键和Alt键，向正圆形内部拖动圆形的角点将正圆形等比缩小一些，效果如图12-254所示。

图12-253

图12-254

03 选择复制出的正圆形，在"渐变"面板中设置"类型"为"线性"渐变、"角度"为-53°，编辑一个金色系的渐变，如图12-255所示。使用"渐变工具"在正圆形上拖动调整渐变效果，如图12-256所示。

图12-255

图12-256

04 置入牡丹花素材"3.png"并嵌入文档，效果如图12-257所示。选择后面的金色系渐变正圆形，按快捷键Ctrl+C进行复制，然后在空白位置单击，取消对正圆形的选择，按快捷键Ctrl+F将其粘贴到牡丹花素材的前面，效果如图12-258所示。将牡丹花素材与正圆形选中，按快捷键Ctrl+7创建剪切蒙版，将正圆形以外的牡丹花素材隐藏起来，效果如图12-259所示。

图12-257

图12-258

图12-259

05 使用同样的方法，将牡丹花素材复制一份并进行旋转，以填满整个正圆形区域，此时效果如图12-260所示。

图12-260

06 在牡丹花素材上绘制一个正圆形，然后将其填充为米色，效果如图12-261所示。选择姜黄色的正圆形，在其上复制出一个正圆形，并将复制出的正圆形等比缩小，然后为其填充金色系渐变，效果如图12-262所示。

图12-261　　　　　　　　图12-262

07 使用同样的方法制作另一个咖啡色系渐变的稍小些的正圆形，参数设置如图12-263所示。效果如图12-264所示。

图12-263　　　　　　　　图12-264

实例153　制作顶面主体文字

🎙️操作步骤

01 置入金色纹理素材"4.jpg"，效果如图12-265所示。使用"文字工具"在金色纹理素材中输入文字，效果如图12-266所示。选择文字，执行"文字>创建轮廓"命令将其创建为轮廓，效果如图12-267所示。将文字复制三份，移动到画板以外的区域留以备用。

图12-265　　　　　　　　图12-266

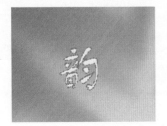

图12-267

02 将文字金色纹理素材加选，执行"对象>剪切蒙版>建立"命令，此时文字呈现金色纹理，效果如图12-268所示。将画板以外的第一份文字移动到金色纹理文字上，效果如图12-269所示。

图12-268　　　　　　　　图12-269

03 选择该文字，执行"效果>艺术效果>塑料包装"命令，在弹出的"塑料包装"对话框中设置"高光强度"为12、"细节"为6、"平滑度"为4，单击"确定"按钮，如图12-270所示，此时效果如图12-271所示。

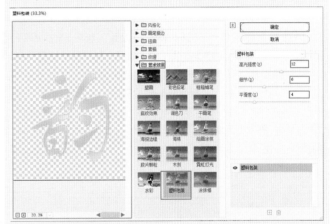

图12-270

图12-271

04 继续选择该文字，单击控制栏中的"不透明度"按钮，在其下拉面板中设置"混合模式"为"正片叠底"，如图12-272所示，此时效果如图12-273所示。

05 将画板以外的第二份文字移动到画板中的文字上。选择该文字，为其编辑一个由透明到白色的渐变，如图12-274所示，此时效果如图12-275所示。

图12-272

图12-273

图12-274　　　　　　图12-275

06 下面制作文字的投影。将画板以外的第三份文字移动到画板中的文字上，执行"效果>风格化>投影"命令，在弹出的"投影"对话框中设置"模式"为"正片叠底"、"不透明度"为75%、"X位移"为1mm、"Y位移"为1mm、"模糊"为1mm，选中"颜色"单选按钮，颜色设置为黑色，单击"确定"按钮，如图12-276所示。选中添加了投影效果的文字，多次执行"对象>排列>后移一层"命令，将其移动到所有文字的后面，效果如图12-277所示。

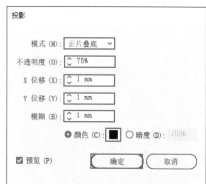

图12-276

图12-277

07 使用工具箱中的"文字工具"，在顶面的左下角输入相应的文字，效果如图12-278所示。选择工具箱中的"直线段工具"，设置"填色"为无、"描边"为棕色，在控制栏中设置描边"粗细"为2pt，然后在文字与文字之间绘制一条合适长短的直线，将其作为分隔线，效果如图12-279所示。

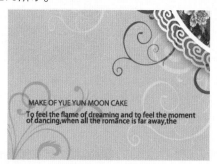

图12-278

图12-279

08 选中包装盒顶面的所有图形和文字，按快捷键Ctrl+G将它们进行编组。使用同样的方法，在包装盒的周边绘制矩形并填充红色的渐变，效果如图12-280所示。

图12-280

实例154　制作立体效果

操作步骤

01 选择工具箱中的"画板工具"创建一个新的画板，效果如图12-281所示。置入背景素材"5.jpg"并嵌入，效果如图12-282所示。

图12-281

图12-282

02 将包装盒的顶面复制一份，放置在背景素材上，然后按快捷键Shift+Ctrl+O，将文字创建为轮廓，效果如图12-283所示。选择工具箱中的"自由变换工具"，单击"自由扭曲"按钮，当出现定界框时，选中包装盒顶面的控制点，按住鼠标左键拖动，对包装盒顶面进行变形，效果如图12-284所示。

图12-283

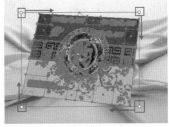

图12-284

03 下面制作包装盒的侧面。使用工具箱中的"钢笔工具"在包装盒顶面的相应位置绘制图形，效果如图12-285所示。选择这个图形，单击工具箱底部的"填色"按钮，使之置于前面，双击"渐变工具"按钮，

在弹出的"渐变"面板中设置"类型"为"线性"渐变，编辑一个红色系的渐变，如图12-286所示。使用工具箱中的"渐变工具"在图形上拖动调整渐变效果，如图12-287所示。

04 使用同样的方法，使用"钢笔工具"绘制一个黑色的图形，效果如图12-288所示。在黑色图形的上方、下方再绘制两个图形，并为其填充红色系的渐变，效果如图12-289所示。

图12-285

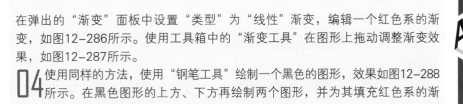

图12-286

图12-287

图12-288

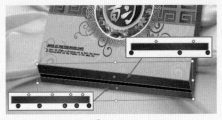

图12-289

05 选择刚绘制的下方的图形，复制一份，放置在原图形的前面。为其填充另一种红色系渐变，单击控制栏中的"不透明度"按钮，在其下拉面板中设置"混合模式"为"正片叠底"，效果如图12-290所示。

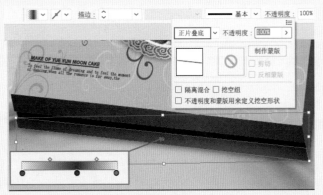

图12-290

06 下面制作包装盒折角处的高光效果。使用"钢笔工具"在包装盒底部的折角位置绘制一条直线，为其填充稍浅一些的红色系渐变，效果如图12-291所示。

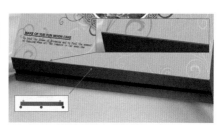

图12-291

07 使用同样的方法绘制包装盒底部下方折角位置的高光效果，如图12-292所示。

图12-292

08 继续使用同样的方法绘制包装盒右侧面的立体效果，如图12-293所示。

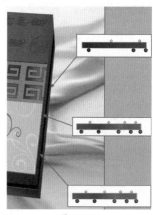

图12-293

09 下面制作包装盒的投影。使用"钢笔工具"沿着包装盒的右下方轮廓绘制一个三角形，效果如图12-294所示。选择该三角形，执行"效果>风格化>投影"命令，在弹出的"投影"对话框中设置"模式"为"正片叠底"、"不透明度"为75%、"X位移"为2mm、"Y位移"为2mm、"模糊"为3mm，选中"颜色"单选按钮，颜色设置为黑色，单击"确定"按钮，如图12-295所示，此时效果如图12-296所示。

图12-294

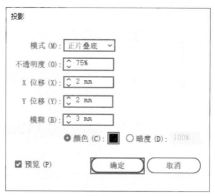

图12-295

图12-296

10 继续选择三角形，多次执行"对象>排列>后移一层"命令，将其移动到包装盒的后面，包装盒的投影效果制作完成。最终完成效果如图12-297所示。

图12-297

第13章

网页设计

13.1 旅游产品模块化网页

文件路径	第13章\旅游产品模块化网页
难易指数	★★★★★
技术掌握	● 图像描摹 ● 复制

扫码深度学习

操作思路

本案例中的页面由三个结构相似的模块组成，只需要制作其中一个，复制并更改内容即可完成其他模块的制作。在本案例中，首先利用"置入"命令置入背景素材及页面模块中需要使用到的图片素材，然后利用"矩形工具""圆角矩形工具""钢笔工具"等绘制模块的各个部分，并使用"文字工具"在页面中输入不同颜色、字体、大小的文字。

案例效果

案例效果如图13-1所示。

图13-1

实例155 制作网页标志

操作步骤

01 新建一个"宽度"为1280px、"高度"为1600px的空白文档。置入素材"1.jpg"并嵌入文档，效果如图13-2所示。

图13-2

02 选择工具箱中的"多边形工具"，在控制栏中设置"填充"为白色、"描边"为无。在画面中单击，弹出"多边形"对话框，设置"半径"为60、"边数"为6，单击"确定"按钮，如图13-3所示，得到白色的六边形，效果如图13-4所示。

图13-3

图13-4

03 置入素材"2.jpg"并将其嵌入文档，然后单击控制栏中的"图像描摹"按钮，如图13-5所示。描摹完成后，单击控制栏中的"扩展"按钮，效果如图13-6所示。

图13-5

图13-6

04 此时位图变为矢量对象，而且每个部分都可以进行单独的编辑，但是目前各个部分为编组状态，所以在该矢量对象上右击，在弹出的快捷菜单中选择"取消编组"命令，如图13-7所示。选择矢量对象的白色背景，按Delete键将其删除，调整植物素材大小并移动到六边形中，效果如图13-8所示。

图13-7

图13-8

05 选中椰树图形，使用"吸管工具"吸取背景素材中的颜色，使椰树的填充颜色变为青色，呈现出镂空效果，如图13-9所示。

图13-9

06 选择工具箱中的"文字工具"，在白色六边形的下方单击插入光标，在控制栏中设置"填充"为白色、"描边"为无，选择合适的字体、字号，然后在画面中输入文字，按快捷键Ctrl+Enter确认输入操作完成，效果如图13-10所示。使用同样的方法，在该行文字的下方继续输入文字，网页标志制作完成，效果如图13-11所示。

图13-10

图13-11

实例156 制作模块的基本形态

🎙️操作步骤

01 使用"矩形工具"在画面中绘制一个白色矩形，效果如图13-12所示。

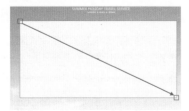

图13-12

02 置入素材"3.jpg"并嵌入文档，放置在白色矩形中的左侧位置，效果如图13-13所示。

图13-13

03 继续置入素材"4.jpg"并嵌入文档，效果如图13-14所示。

图13-14

04 选择工具箱中的"矩形工具"，在控制栏中设置"填充"为无、"描边"为黑色、描边"粗细"为1pt。在素材"4.jpg"的下方绘制一个矩形边框，效果如图13-15所示。

图13-15

05 使用"文字工具"在矩形边框内输入文字，效果如图13-16所示。

06 选择工具箱中的"圆角矩形工具"，在黑色矩形边框内绘制一个红色的圆角矩形，效果如图13-17所示。

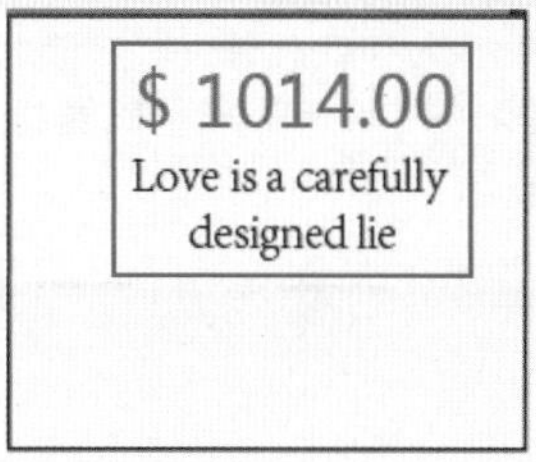

$ 1014.00
Love is a carefully
designed lie

$ 1014.00
Love is a carefully
designed lie

图13-16 　　　　　　　图13-17

07 使用"文字工具"在红色圆角矩形中输入文字，效果如图13-18所示。按照同样的方法，再次绘制两个类似的模块，效果如图13-19所示。

$ 1014.00

Love is a carefully
designed lie

GO

图13-18

$ 1014.00
Love is a carefully
designed lie
GO

$ 1584.00
Love is a carefully
designed lie
GO

$ 1555.00
Love is a carefully
designed lie
GO

图13-19

提示 网页设计和印刷设计有何不同

网页是由非线性的页面构成的，并不是从第一章按顺序一直到最后一章，其页面可以随意跳转，而且网页包含的组件较多，有动画、视频、音频等。网页设计的尺寸是根据屏幕大小而定的，分辨率只要求达到72dpi；印刷设计的尺寸则根据纸张大小而定，分辨率达300dpi以上，而且在印刷中可使用多种工艺。

实例157 为模块添加细节

操作步骤

01 使用"文字工具"在适当的位置输入文字，效果如图13-20所示。

$ 1014.00
Love is a carefully
designed lie
GO

$ 1584.00
Love is a carefully
designed lie
GO

$ 1555.00
Love is a carefully
designed lie
GO

图13-20

02 选择工具箱中的"直线段工具"，在控制栏中设置"填充"为无、"描边"为黑色、描边"粗细"为1pt，按住Shift键在文字的间隔处绘制一条黑色的直线作为分隔线，效果如图13-21所示。

图13-21

03 选择工具箱中的"钢笔工具"，设置"填色"为橙红色、"描边"为无，在白色矩形的右上方绘制一个旗帜形状的图形，效果如图13-22所示。

04 继续使用"钢笔工具"在旗帜图形的左右两侧分别绘制三角形，使旗帜图形的整体效果更加立体，效果如图13-23所示。

图13-22　　　　图13-23

05 选择工具箱中的"星形工具"，在控制栏中设置"填充"为白色、"描边"为无，然后在画面中单击，在弹出的"星形"对话框中设置"半径1"为10px、"半径2"为5px、"角点数"为5，单击"确定"按钮，此时效果如图13-24所示。

06 使用"文字工具"在星形的下方输入文字，效果如图13-25所示。

peace
enthusiasm

图13-24 　　　　图13-25

07 下面制作模块右侧的按钮。使用"矩形工具"在适当的位置绘制两个等大的正方形，并填充不同的颜色，效果如图13-26所示。使用"钢笔工具"分别在两个正方形中绘制黑色箭头形状的按钮图标，效果如图13-27所示。

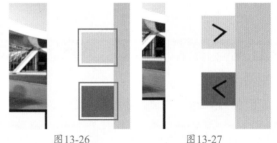

图13-26　　　　图13-27

实例158 制作其他模块

操作步骤

01 第一组模块制作完成，由于网页是由三个相似的模块构成的，另外两个模块可以通过复制并更改内容制作出来。框选第一组模块中的所有元素。按住Alt键向下移动，复制得到一个相同的模块，更改模块中的图片素材及文字信息，使用同样的方法复制出第三组模块，效果如图13-28所示。

图13-28

提示

相似模块的制作

　　本案例制作的页面中包括三个模块，每个模块中的元素基本相同，差别在于文字和图片信息，因此，可以在制作完成其中一个模块之后，将这个模块的元素全部选中，按快捷键Ctrl+G进行编组，然后复制出另外几个模块。将制作完成的几个模块选中，利用"对齐与分布"功能可以将其有效地规整排列。如果不将单个模块进行编组，直接应用"对齐与分布"功能，所选的全部元素会发生位置的变换。

02 使用"选择工具"选中模块中的各个部分，调整位置并更换图片素材及文字信息，效果如图13-29所示。

图13-29

03 选择工具箱中的"选择工具"，利用键盘上的上、下、左、右方向键（↑、↓、←、→）对画面中各

部分的细节进行位置的调整。最终完成效果如图13-30所示。

图13-30

13.2　柔和色调网页

文件路径	第13章＼柔和色调网页
难易指数	★★★★★
技术掌握	● 矩形工具 ● 渐变工具 ● 文字工具 ● 圆角矩形工具

扫码深度学习

操作思路

　　在本案例中，使用"矩形工具""圆角矩形工具""渐变工具""直线段工具"制作页面中的图形，使用"文字工具"在页面中输入文字信息，并在"符号库"和文件中选取合适的符号元素添加在页面中。

案例效果

　　案例效果如图13-31所示。

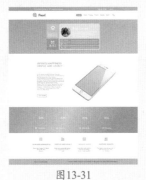

图13-31

实例159　制作网页顶栏

操作步骤

01 新建一个"宽度"为1920px、"高度"为2264px的空白文档。选择工具箱中的"矩形工具"，设置"描边"为无，然后单击"填色"按钮，使之置于前面，双击工具箱中的"渐变工具"按钮，在弹出的"渐变"面板中设置"类型"为"线性"渐变、"角度"为−69°，在面板底部编辑一个紫色系的渐变，如图13-32所示。在使用"矩形工具"的状态下，在画面的上方绘制一个矩形，效果如图13-33所示。

图13-32

图13-33

02 继续使用"矩形工具"在渐变矩形中的上方位置绘制一个白色的矩形，效果如图13-34所示。

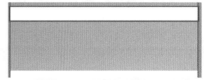

图13-34

03 选择工具箱中的"文字工具"，在控制栏中设置"填充"为白色、"描边"为无，选择合适的字体、字号，在画面中输入文字，效果

A

艺境

中文版Illustrator矢量图形设计与制作全视频

实践228例

溢彩版

图13-35

04 执行"窗口>符号库>网页图标"命令，在弹出的"网页图标"面板中选择"电话"符号，按住鼠标左键将其拖动到画面的左上方，单击控制栏中的"断开链接"按钮，如图13-36所示。在符号被选中的状态下，将鼠标指针定位到定界框的四角处，当鼠标指针变为双箭头时按住Shift键向内拖动，将符号等比缩小，然后在控制栏中设置"填充"为无、"描边"为白色、描边"粗细"为1pt，效果如图13-37所示。

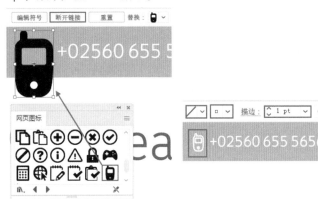

图13-36   图13-37

05 使用同样的方法，在画面中添加其他符号，效果如图13-38所示。

图13-38

实例160　制作导航栏

操作步骤

01 选择工具箱中的"文字工具"，在白色矩形中单击插入光标，设置"填色"为深灰色、"描边"为无，在控制栏中选择合适的字体、字号，然后输入文字，效果如图13-39所示。使用同样的方法，在白色矩形中的右侧位置输入文字，效果如图13-40所示。

Pearl

图13-39

图13-40

02 选择工具箱中的"圆角矩形工具"，设置"填色"为蓝灰色、"描边"为无，在白色矩形中绘制一个圆角矩形，效果如图13-41所示。使用"文字工具"在圆角矩形中输入白色文字，效果如图13-42所示。

图13-41   图13-42

03 执行"窗口>符号库>网页图标"命令，在弹出的"网页图标"面板中选择合适的符号，改变符号的大小和颜色并将其调整到合适的位置，效果如图13-43所示。

图13-43

实例161　制作用户信息模块

操作步骤

01 使用"圆角矩形工具"在画面中适当的位置绘制一个灰粉色的圆角矩形，效果如图13-44所示。使用同样的方法绘制其他圆角矩形，如图13-45所示。

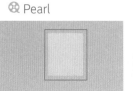

图13-44   图13-45

02 执行"窗口>符号库>网页图标"命令，在弹出的"网页图标"面板中选择合适的符号，将其进行修改并添加至合适的位置，效果如图13-46所示。

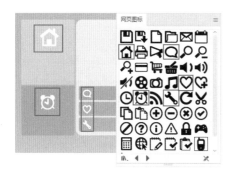

图13-46

$\boxed{03}$ 选择工具箱中的"直线段工具"，在控制栏中设置"填充"为无、"描边"为白色、描边"粗细"为2pt，按住Shift键在左上方的矩形中绘制一条直线，效果如图13-47所示。使用同样的方法继续绘制直线，效果如图13-48和图13-49所示。

图13-47

图13-48 　　　　图13-49

$\boxed{04}$ 使用"文字工具"在"警报"符号的下方输入文字，效果如图13-50所示。

$\boxed{05}$ 置入素材"1.jpg"并嵌入文档，效果如图13-51所示。

图13-50　　　　图13-51

$\boxed{06}$ 选择工具箱中的"椭圆工具"，按住Shift键在素材"1.jpg"上绘制一个正圆形，效果如图13-52所示。

$\boxed{07}$ 选中素材"1.jpg"和正圆形，然后右击，在弹出的快捷菜单中选择"建立剪切蒙版"命令，效果如图13-53所示。

图13-52　　　　图13-53

$\boxed{08}$ 继续使用"椭圆工具"，在控制栏中设置"填充"为无、"描边"为白色、描边"粗细"为1.5pt，在适当的位置绘制一个正圆形轮廓，效果如图13-54所示。

图13-54

$\boxed{09}$ 使用工具箱中的"文字工具"在适当的位置输入文字，效果如图13-55所示。

图13-55

$\boxed{10}$ 选择工具箱中的"直线段工具"，在控制栏中设置"填充"为白色、"描边"为白色、描边"粗细"为2pt，按住Shift键在文字的右侧绘制直线，效果如图13-56所示。

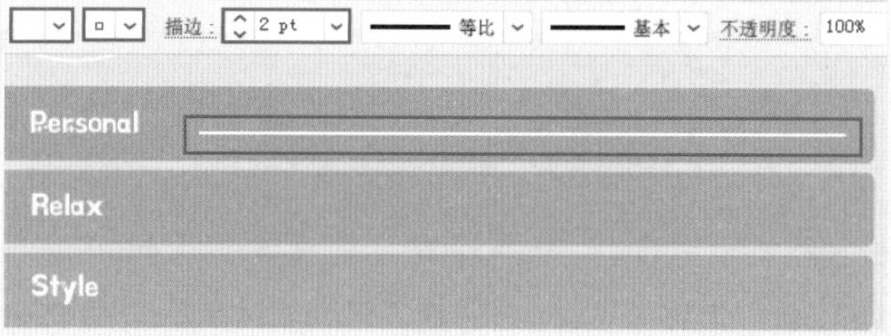

图13-56

11 选中直线，多次按住Shift键和Alt键向下拖动，将其进行移动和复制，效果如图13-57所示。

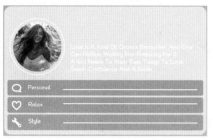

图13-57

实例162　制作产品宣传栏

操作步骤

01 使用"文字工具"在适当的位置输入文字，效果如图13-58所示。

图13-58

02 选择工具箱中的"圆角矩形工具"，设置"填色"为无、"描边"为灰色，在控制栏中设置描边"粗细"为2pt，在文字的外侧绘制一个圆角矩形轮廓，效果如图13-59所示。

His "Adventure" Ahead
There) Are More Smal.

图13-59

03 置入素材"2.png"并嵌入文档，放置在文字的右侧，效果如图13-60所示。

图13-60

实例163　制作数据分析模块

操作步骤

01 选择工具箱中的"椭圆工具"，在控制栏中设置"填充"为无、"描边"为白色、描边"粗细"为1pt，按住Shift键在产品宣传栏下方绘制一个白色的圆环，效果如图13-61所示。

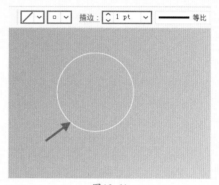

图13-61

02 在该圆环被选中的状态下，多次按住Shift键和Alt键向右拖动，将其进行移动和复制，效果如图13-62所示。

图13-62

03 使用工具箱中的"文字工具"在白色圆环内和下方输入文字，效果如图13-63所示。

图13-63

04 打开素材"3.ai"，框选素材上面的一排白色符号，按快捷键Ctrl+C进行复制，切换到刚刚操作的文档中，按快捷键Ctrl+V将其粘贴在画面中，调整其大小并将其放置在合适的位置，效果如图13-64所示。

图13-64

实例164　制作资讯栏

操作步骤

01 使用同样的方法，将素材"3.ai"中另外一排彩色符号复制、粘贴在当前文档中，调整其大小并放置在合适的位置，效果如图13-65所示。

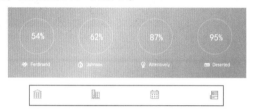

图13-65

02 使用"文字工具"在符号的下方输入文字，效果如图13-66所示。

图13-66

实例165　制作网页底栏

操作步骤

01 使用"矩形工具"在画面的底部绘制一个灰色的矩形，效果如图13-67所示。

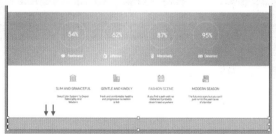

图13-67

02 再次使用"文字工具"在灰色矩形中输入文字。最终完成效果如图13-68所示。

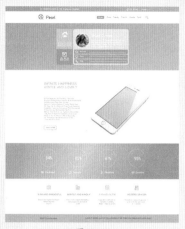

图13-68

13.3　动感音乐狂欢夜活动网站

文件路径	第13章\动感音乐狂欢夜活动网站	
难易指数	★★★★★	
技术掌握	● 钢笔工具 ● 矩形工具 ● 文字工具 ● 剪切蒙版 ● 不透明度	扫码深度学习

操作思路

在本案例中，首先置入图片素材，然后使用"矩形工具"绘制页面背景及顶部图形，使用"钢笔工具"绘制其他装饰图形，再使用"文字工具"制作页面中的文字。

案例效果

案例效果如图13-69所示。

图13-69

实例166 制作网页背景

操作步骤

01 新建一个"宽度"为330mm、"高度"为365mm的空白文档。置入素材"1.jpg"并嵌入文档,效果如图13-70所示。

图13-70

02 选择工具箱中的"矩形工具",设置"填色"为暗紫色、"描边"为无,在素材下方绘制一个矩形,效果如图13-71所示。

图13-71

03 使用同样的方法在暗紫色矩形的下方绘制一个黑色的矩形,效果如图13-72所示。

图13-72

实例167 制作网页顶部

操作步骤

01 选择工具箱中的"矩形工具",设置"填色"为紫红色、"描

边"为无,按住Shift键在画面的上方绘制一个正方形,效果如图13-73所示。

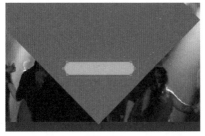

图13-73

02 选中正方形,将鼠标指针定位到定界框以外,当鼠标指针变为带有弧度的双箭头时,按住Shift键将正方形进行旋转,效果如图13-74所示。

图13-74

03 在选中正方形的状态下,按住Shift键和Alt键向右拖动鼠标指针,将正方形进行平移及复制,并将其填充为黑色,效果如图13-75所示。

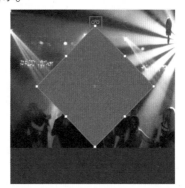

图13-75

04 选择工具箱中的"钢笔工具",设置"填色"为黄色、"描边"为无,在正方形中绘制一个六边形,

效果如图13-76所示。选中绘制的六边形,将其复制并移动到合适的位置,效果如图13-77所示。

图13-76

图13-77

提示 巧用"多边形工具"

六边形可以使用"多边形工具"进行制作。设置"边数"为6,创建出六边形,然后使用"直接选择工具"选中右侧的三个控制点并向右拖动,即可精确创建出需要的图形。

05 选择工具箱中的"文字工具",在紫红色正方形中适当的位置单击插入光标,删除占位符,在控制栏中设置"填充"为白色、"描边"为白色、描边"粗细"为3pt,选择合适的字体、字号,然后输入文字,按快捷键Ctrl+Enter确认输入操作完成,如图13-78所示。

图13-78

06 使用同样的方法,设置不同的文字属性,在两个正方形中添加文字,效果如图13-79所示。

07 选择工具箱中的"钢笔工具",设置"填色"为黑色、"描边"

为无，在画面中绘制一个不规则图形，效果如图13-80所示。

图13-79

图13-80

08 在该图形被选中的状态下，单击控制栏中的"不透明度"按钮，在弹出的下拉面板中设置"混合模式"为"正片叠底"、"不透明度"50%，效果如图13-81所示。

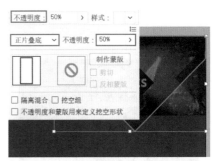

图13-81

09 使用同样的方法，使用"文字工具"在画面中输入文字，并在控制栏中设置"不透明度"为70%，效果如图13-82所示。

图13-82

10 选择"钢笔工具"，设置"填色"为紫黑色、"描边"为无，在画面中适当的位置绘制两个三角形，并在控制栏中设置"不透明度"为50%，效果如图13-83所示。

图13-83

实例168 制作网页中部的模块

🎙️操作步骤

01 选择工具箱中的"矩形工具"，设置"填色"为深粉色、"描边"为无。在中间的暗紫色矩形中绘制一个矩形，效果如图13-84所示。

02 选择工具箱中的"钢笔工具"，设置"填色"为橘色、"描边"为无。在深粉色矩形的左上方位置绘制一个不规则图形，效果如图13-85所示。

图13-84　　　　　　图13-85

03 使用同样的方法，在深粉色矩形内绘制多个不规则图形，并且填充为不同的颜色，效果如图13-86所示。

图13-86

04 继续绘制一个白色矩形，并在白色矩形的下方绘制一个黑色矩形。至此，一个矩形模块绘制完成，效果如图13-87所示。

图13-87

05 选中矩形模块中的全部元素，按快捷键Ctrl+G进行编组，按住Alt键向右拖动鼠标指针，将矩形模块组移动并复制一份，放置在原矩形模块组的右侧，效果如图13-88所示。

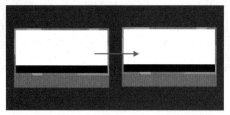

图13-88

实例169　制作网页底部的模块

操作步骤

01 选择工具箱中的"钢笔工具"，设置"填色"为薰衣草紫色、"描边"为无，在画面中绘制一个三角形，效果如图13-89所示。

图13-89

02 选中该三角形，在按住Shift键和Alt键的同时向下拖动鼠标指针，将其复制并移动到合适的位置，然后改变其颜色，效果如图13-90所示。

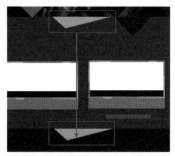

图13-90

03 选择工具箱中的"矩形工具"，设置"填色"为稍深一些的紫色、"描边"为无，在画面中绘制一个合适大小的矩形，效果如图13-91所示。

图13-91

04 选择工具箱中的"文字工具"，在画面中适当的位置单击插入光标，删除占位符，在控制栏中设置"填充"为白色、"描边"为白色、描边"粗细"为1pt，选择合适的字体、字号，然后在画面中输入文字，按快捷键Ctrl+Enter确认输入操作完成，效果如图13-92所示。使用同样的方法，在两个矩形模块以及其他需要添加文字的地方添加文字，效果如图13-93所示。

图13-92

图13-93

05 置入素材"2.jpg"并嵌入文档，效果如图13-94所示。

图13-94

06 使用"文字工具"在适当位置输入文字，效果如图13-95所示。

图13-95

07 选择工具箱中的"钢笔工具"，设置"填色"为青绿色、"描边"为无，在画面的下方绘制不规则图形，效果如图13-96所示。使用同样的方法继续绘制其他多个图形，填充合适的颜色，并摆放在画面中适当的位置，效果如图13-97所示。

图13-96

图13-97

08 选择工具箱中的"椭圆工具"，设置"填色"为深紫色、"描边"为无，按住Shift键在画面的左下方绘制一个正圆形，效果如图13-98所示。在该正圆形被选中的状态下，在控制栏中设置"不透明度"为30%，效果如图13-99所示。

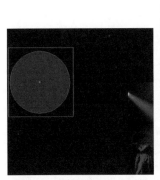

图13-98　　　　　　图13-99

09 使用同样的方法，在画面中绘制多个正圆形，并设置合适的大小、颜色和不透明度，效果如图13-100所示。

图13-100

10 使用"钢笔工具"绘制一个星形并填充灰色系的渐变，效果如图13-101所示。

图13-101

11 选中绘制的星形，按住Alt键的同时拖动鼠标指针，复制出多个相同的星形，调整它们的大小和不透明度，并将它们摆放在合适的位置。最终完成效果如图13-102所示。

图13-102

13.4　促销网站首页

文件路径	第13章\促销网站首页
难易指数	★★★★★
技术掌握	● 钢笔工具 ● 文字工具 ● "外发光"效果

扫码深度学习

操作思路

在本案例中，首先使用"矩形工具""钢笔工具""椭圆工具"制作网站首页的背景，然后将素材置入文档并通过"建立剪切蒙版"命令将素材多余的部分隐藏起来，最后使用"文字工具"在画面中输入文字。

案例效果

案例效果如图13-103所示。

图13-103

实例170　制作网页背景

🎙️操作步骤

01 新建一个A4（210mm×297mm）大小的竖向空白文档。使用"矩形工具"在画面的上方绘制一个青蓝色矩形，效果如图13-104所示。使用同样的方法绘制其他矩形，效果如图13-105所示。

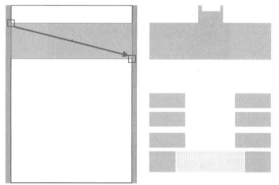

图13-104　　　　　图13-105

02 选择工具箱中的"钢笔工具"，设置同样的颜色，在画面中绘制一个多边形，效果如图13-106所示。继续使用"钢笔工具"绘制其他图形，并分别填充合适的颜色，效果如图13-107所示。

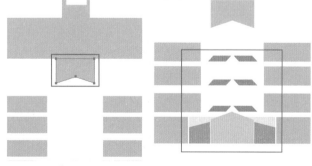

图13-106　　　　　图13-107

03 选择工具箱中的"椭圆工具"，设置"填色"为青蓝色、"描边"为白色，在控制栏中设置描边"粗细"为10pt，按住Shift键在画面的上方绘制一个正圆形，效果如图13-108所示。

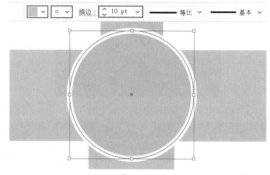

图13-108

04 在该正圆形被选中的状态下，执行"效果>风格化>外发光"命令，在弹出的"外发光"对话框中设置"模式"为"滤色"、颜色为浅橙色、"不透明度"为75%、"模糊"为1mm，单击"确定"按钮，如图13-109所示，此时效果如图13-110所示。

05 继续使用"椭圆工具"在画面中绘制其他正圆形，并填充合适的颜色，效果如图13-111所示。

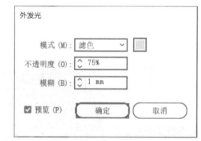

图13-109

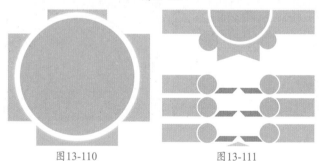

图13-110　　　　　图13-111

实例171　制作网页标志图形

🎙️操作步骤

01 使用"椭圆工具"在画面顶部的白色矩形内部绘制一个深蓝色的正圆形，效果如图13-112所示。

02 选择工具箱中的"钢笔工具"，设置"填色"为无、"描边"为嫩绿色，在控制栏中设置描边"粗细"为2.5pt，在深蓝色正圆形上绘制一条直线，效果如

图13-113所示。

图13-112

图13-113

03 在直线被选中的状态下，按住Alt键拖动鼠标指针，将其移动并复制两份，效果如图13-114所示。

04 使用"椭圆工具"绘制一个与深蓝色正圆形等大的正圆形，效果如图13-115所示。

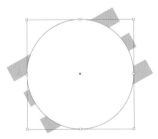

图13-114　　　　　　　图13-115

05 选中正圆形和直线，右击，在弹出的快捷菜单中选择"建立剪切蒙版"命令，效果如图13-116所示。

图13-116

实例172　制作圆形图片效果

操作步骤

01 置入素材"1.png"，在控制栏中单击"嵌入"按钮，将素材嵌入文档，效果如图13-117所示。

图13-117

02 选择工具箱中的"钢笔工具"，在控制栏中设置"填充"为白色、"描边"为无，在画面中绘制一个不规则图形，效果如图13-118所示。在控制栏中设置"不透明度"为50%，效果如图13-119所示。

图13-118

图13-119

03 选择"椭圆工具"，按住Shift键在不规则图形上绘制一个正圆形，效果如图13-120所示。

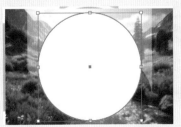

图13-120

04 按住Shift键加选不规则图形、素材和正圆形，然后右击，在弹出的快捷菜单中选择"建立剪切蒙版"命令，效果如图13-121所示。

图13-121

05 选中需要居中对齐的对象，在控制栏中单击"水平居中对齐"按钮 ，如图13-122所示。

图13-122

06 使用同样的方法，依次添加其他素材，并执行"建立剪切蒙版"命令，效果如图13-123所示。

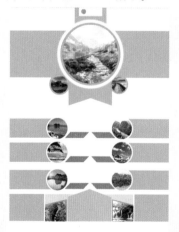

图13-123

实例173 制作网页文字

操作步骤

01 选择工具箱中的"文字工具"，设置"填色"为深蓝色、"描边"为白色，在控制栏中设置描边"粗细"为1pt，选择合适的字体、字号，然后输入文字，按快捷键Ctrl+Enter确认输入操作完成，效果如图13-124所示。

图13-124

02 继续使用"文字工具"在刚刚输入的文字的下方绘制一个文本框。设置"填色"为稍浅一些的蓝色、"描边"为无，在控制栏中设置合适的字体、字号，设置"段落"为"居中对齐"，单击"字符"按钮，在弹出的下拉面板中设置"行距"为7pt，单击"全部大写字母"按钮，然后输入文字，按快捷键Ctrl+Enter确认输入操作完成，效果如图13-125所示。

图13-125

03 继续使用"文字工具"在画面中其他适当的位置添加文字，设置合适的字体、字号和颜色，效果如图13-126所示。

图13-126

04 选择工具箱中的"直线段工具"，设置"填色"为无、"描边"为蓝色，单击控制栏中的"描边"按钮，在弹出的下拉面板中设置描边"粗细"为0.5pt，选中"虚线"复选框，设置参数为2pt，单击"使虚线与边角和路径终端对齐，并调整到合适的长度"按钮，按住Shift键在画面下方适当的位置绘制一条虚线，效果如图13-127所示。

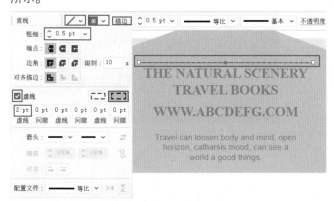

图13-127

05 在虚线被选中的状态下，按住Shift键和Alt键向下拖动鼠标指针，将其移动并复制两份，效果如图13-128所示。

图13-128

06 最终完成效果如图13-129所示。

图13-129

13.5 数码产品购物网站

文件路径	第13章\数码产品购物网站
难易指数	★★★★★
技术掌握	● 文字工具 ● 矩形工具

扫码深度学习

操作思路

在本案例中，主要使用"矩形工具"绘制页面中的各个部分，使用"置入"命令为页面添加图片素材，使用"文字工具"制作导航文字、模块文字及底栏文字。

案例效果

案例效果如图13-130所示。

图13-130

实例174 制作网页顶栏

操作步骤

01 新建一个"宽度"为1080mm、"高度"为1150mm的空白文档。置入素材"1.jpg"并嵌入文档，效果如图13-131所示。

图13-131

02 选择工具箱中的"椭圆工具"，设置"填色"为红色、"描边"为无，按住Shift键在素材"1.jpg"的下方绘制一个红色的正圆形，效果如图13-132所示。

图13-132

03 选中红色的正圆形，按住Shift键和Alt键的同时向右拖动鼠标指针，将其平移并复制，然后在控制栏中设置"填充"为白色、"描边"为无，得到白色的正圆形。多次执行该操作，将白色的正圆形复制出另外四个，效果如图13-133所示。

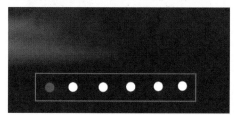

图13-133

实例175 制作导航栏

🎙️ 操作步骤

01 选择工具箱中的"矩形工具"，设置"填色"为深褐色、"描边"为无，在画面的顶部绘制一个矩形，效果如图13-134所示。

图13-134

02 在该矩形被选中的状态下，在控制栏中设置"不透明度"为50％，效果如图13-135所示。

图13-135

03 下面制作网页的标志及导航文字。选择工具箱中的"文字工具"，在矩形的左侧单击插入光标，删除占位符，在控制栏中设置"填充"为白色、"描边"为白色、描边"粗细"为1pt，选择合适的字体、字号，然后输入文字，按快捷键Ctrl+Enter确认输入操作完成，效果如图13-136所示。

图13-136

04 继续使用"文字工具"在矩形的右侧输入文字并设置不同的文字属性，效果如图13-137所示。

图13-137

05 选择工具箱中的"钢笔工具"，设置"填色"为天蓝色、"描边"为无，在矩形的右侧绘制一个水滴形状的图形。使用"椭圆工具"在水滴图形中绘制一个白色的小正圆形，效果如图13-138所示。

图13-138

06 选择工具箱中的"直线段工具"，在控制栏中设置"填充"为无、"描边"为白色、描边"粗细"为2pt，然后在导航文字之间绘制直线，将其作为分隔线，效果如图13-139所示。

图13-139

实例176 制作大产品模块

🎙️ 操作步骤

01 选择工具箱中的"矩形工具"，设置"填色"为卡其色、"描边"为无，在画面中适当的位置绘制一个矩形，效果如图13-140所示。

02 置入素材"2.jpg"并嵌入文档，效果如图13-141所示。

图13-140

图13-141

03 继续使用"矩形工具"在素材"2.jpg"的下方绘制一个白色矩形，效果如图13-142所示。

04 选择工具箱中的"文字工具"，在控制栏中选择合适的字体、字号，输入两组相同颜色、不同大小的文字，效果如图13-143所示。

图13-142

图13-143

实例177　制作小产品模块

🎤 操作步骤

01 置入素材"3.jpg"和"4jpg"并嵌入文档，效果如图13-144所示。使用"矩形工具"在素材"3.jpg"和"4.jpg"的右侧绘制白色的矩形，效果如图13-145所示。

图13-144

图13-145

02 选择工具箱中的"直线段工具"，设置"填色"为无、"描边"为红色，在控制栏中设置描边"粗细"为11pt，按住Shift键并在素材"3.jpg"和"4.jpg"的右侧分别绘制一条红色的直线，效果如图13-146所示。

图13-146

03 下面为这两个模块分别添加文字信息。选择工具箱中的"文字工具"，在控制栏中选择合适的字体及字号，然后输入三组不同颜色、不同大小的文字，效果如图13-147所示。

图13-147

04 选择工具箱中的"直线段工具"，按住Shift键在文字之间绘制分割线，并复制出多条，效果如图13-148所示。

05 使用"矩形工具"在画面中适当的位置绘制一个褐色正方形，效果如图13-149所示。

图13-148　　　　　　图13-149

06 选中该正方形，按住Alt键的同时向右拖动鼠标指针，将正方形移动并复制，效果如图13-150所示。

图13-150

07 选择工具箱中的"文字工具"，在控制栏中选择合适的字体及字号，分别在产品模块的上、下方输入几组文字，效果如图13-151所示。

图13-151

实例178 制作网页底栏

🎙操作步骤

01 使用"矩形工具"在画面的底部绘制一个咖啡色矩形，效果如图13-152所示。

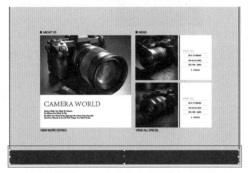

图13-152

02 使用"文字工具"在绘制的矩形中输入需要的文字，如图13-153所示。

图13-153

03 使用"直线段工具"在文字之间绘制分隔线。如图13-154所示。

图13-154

04 最终完成效果如图13-155所示。

图13-155

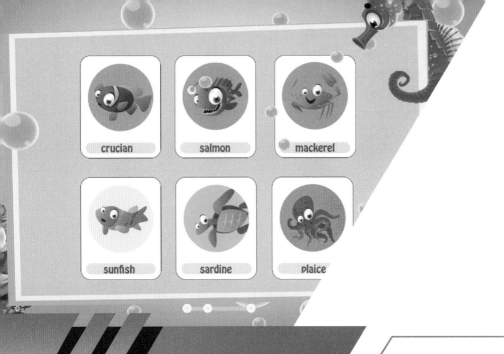

第14章

UI设计

14.1 移动客户端产品页面

文件路径	第14章\移动客户端产品页面
难易指数	★★★★★
技术掌握	● 符号库 ● 剪刀工具 ● 建立剪切蒙版

扫码深度学习

操作思路

在本案例中，首先使用"矩形工具"制作页面的背景，然后使用"文字工具""直线段工具"和"符号库"制作页面左侧的列表，最后使用"椭圆工具""剪刀工具""渐变工具"制作页面右侧的图形。

案例效果

案例效果如图14-1所示。

图14-1

实例179 制作左侧列表

操作步骤

01 新建一个"宽度"为1920px、"高度"为1080px的横向空白文档。选择工具箱中的"矩形工具"，设置"填色"为亮灰色、"描边"为无，绘制一个与画板等大的矩形，效果如图14-2所示。

图14-2

02 继续使用"矩形工具"在画面的左侧绘制一个白色的矩形，效果如图14-3所示。

03 选择工具箱中的"文字工具"，在画面中输入文字，效果如图14-4所示。在使用"文字工具"的状态下，选中文字"FASHION"，在控制栏中设置"描边"为黑色、描边"粗细"为2pt，按快捷键Ctrl+Enter确认输入操作完成，效果如图14-5所示。

图14-3   图14-4

图14-5

04 使用"矩形工具"在画面中适当的位置绘制一个叶绿色的矩形，效果如图14-6所示。

05 选择"文字工具"，在控制栏中设置"填充"为白色、"描边"为无，选择合适的字体、字号，然后在叶绿色矩形中输入文字，按快捷键Ctrl+Enter确认输入操作完成，效果如图14-7所示。

图14-6    图14-7

06 使用同样的方法，在白色矩形中输入文字，效果如图14-8所示。

07 执行"窗口>符号库>网页图标"命令，在弹出的"网页图标"面板中选中"收藏"符号，按住鼠标左键拖动该符号，将其移动到文字的左侧，在控制栏中单击"断开链接"按钮，效果如图14-9所示。

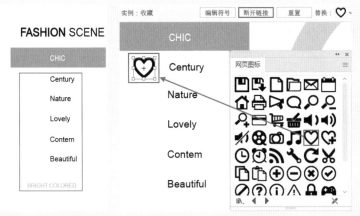

图14-8　　　　　　　　　　　　　　　　图14-9

08 接着将该符号填充为灰色，设置"描边"为无，然后将其适当地缩放。使用同样的方法，在其他文字的左侧添加符号，效果如图14-10所示。

09 选择工具箱中的"直线段工具"，设置"填色"为无、"描边"为灰色，在控制栏中设置描边"粗细"为3pt，按住Shift键在左侧文字的间隔处绘制一条直线，效果如图14-11所示。

图14-10　　　　　　　　　　　　　　　图14-11

10 在直线被选中的状态下，按住Alt键复制出另外三条直线，效果如图14-12所示。

11 选择工具箱中的"矩形工具"，设置"填色"为无、"描边"为叶绿色，在控制栏中设置描边"粗细"为6pt，在绿色文字的外侧绘制一个绿色的矩形边框，效果如图14-13所示。

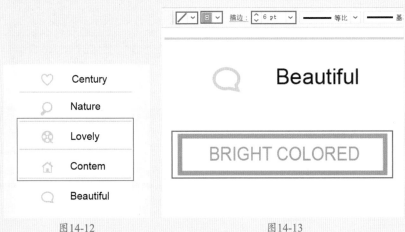

图14-12　　　　　　　　　　　　　　　图14-13

🎙️操作步骤

01 选择工具箱中的"椭圆工具"，设置"填色"为无、"描边"为灰色，在控制栏中设置描边"粗细"为80pt，按住Shift键在画面的右侧绘制一个正圆形轮廓，效果如图14-14所示。选择工具箱中的"剪刀工具"，在正圆形轮廓处单击，使其在单击处被切分为断开的弧线，效果如图14-15所示。

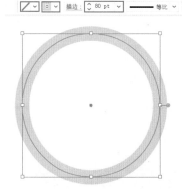

图14-14

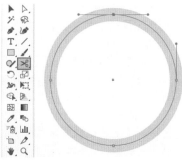

图14-15

02 继续在左、右两侧进行切分，得到三段断开的弧线，效果如图14-16所示。将三段弧线进行适当的移动，并改变下方弧线的颜色，效果如图14-17所示。

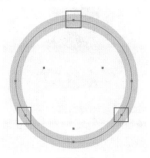

图14-16

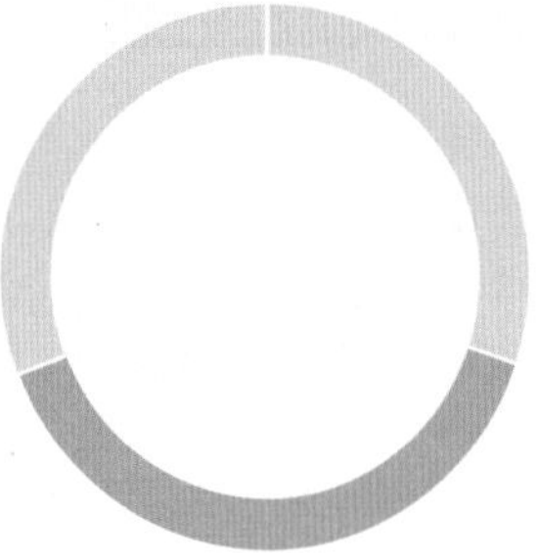

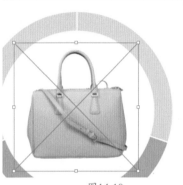

图14-17

03 置入素材“1.png”，在控制栏中单击“嵌入”按钮，将素材嵌入文档，效果如图14-18所示。

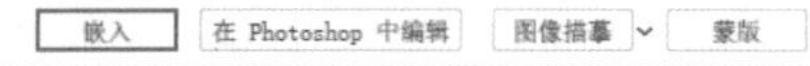

嵌入
在 Photoshop 中编辑
图像描摹
蒙版

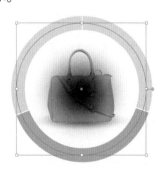

图14-18

04 选择工具箱中的“椭圆工具”，单击“填色”按钮，使之置于前面，双击工具箱中的“渐变工具”按钮，在弹出的“渐变”面板中设置“类型”为“径向”渐变、“角度”为0°、“长宽比”为18%，在面板底部编辑一个黑色到透明的渐变，设置“描边”为无。按住Shift键在画面中绘制一个正圆形，效果如图14-19所示。

图14-19

05 将鼠标指针定位到渐变正圆形定界框上方的控制点处，当鼠标指针变为双箭头时，按住鼠标左键向下拖动控制点，将渐变正圆形缩小，效果如图14-20所示。

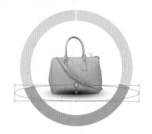

图14-20

06 在渐变正圆形被选中的状态下，右击，在弹出的快捷菜单中选择“排列>后移一层”命令，将其移动到素材的后面，效果如图14-21所示。

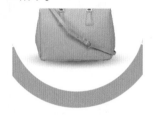

图14-21

07 最终完成效果如图14-22所示。

FASHION SCENE

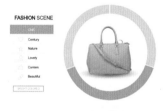

图14-22

14.2 旅行App模块

文件路径	第14章\旅行App模块
难易指数	★★★★★
技术掌握	● 矩形工具 ● 文字工具 ● 钢笔工具 ● 圆角矩形工具
扫码深度学习	

操作思路

在本案例中，首先使用“矩形工具”和“文字工具”制作界面的背景，然后使用“圆角矩形工具”和“置入”命令将素材置入界面的中心位置并为其添加立体效果，最后使用“圆角矩形工具”“钢笔工具”“文字工具”等在素材中添加各元素。

案例效果

案例效果如图14-23所示。

Full Of Vigor
1,970$

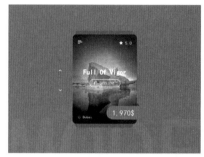

图14-23

实例181 制作界面背景

操作步骤

01 新建一个“宽度”为1040px、“高度”为780px的横向空白文档。选择工具箱中的“矩形工具”，设置“填色”为宝石红色、“描边”为无，绘制一个与画板等大的矩形，效果如图14-24所示。

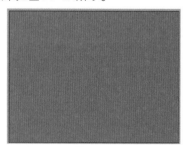

图14-24

02 选择工具箱中的“文字工具”，设置“填色”为浅粉色、“描边”为无，在控制栏中选择合适的字体、字号，按快捷键Ctrl+Enter确认输入操作完成，效果如图14-25所示。

03 选中文字，然后按住鼠标左键将其向下移动，效果如图14-26所示。

图14-25

图14-26

实例182　制作界面主体图形

操作步骤

01 选择工具箱中的"圆角矩形工具"，设置"填色"为紫色、"描边"为无，在画面的中心位置绘制一个圆角矩形，效果如图14-27所示。

图14-27

02 置入素材"1.jpg"，调整至合适的大小并嵌入文档，效果如图14-28所示。

图14-28

03 选择工具箱中的"圆角矩形工具"，在素材"1.jpg"上绘制一个圆角矩形，效果如图14-29所示。选中圆角矩形和素材"1.jpg"，然后右击，在弹出的快捷菜单中选择"建立剪切蒙版"命令，效果如图14-30所示。

图14-29

图14-30

04 选择工具箱中的"钢笔工具"，在控制栏中设置"填充"为白色、"描边"为无，在素材"1.jpg"的左侧绘制一个图形，效果如图14-31所示。

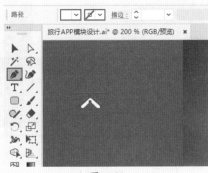

图14-31

05 选中该图形，执行"对象>变换>镜像"命令，在弹出的"镜像"对话框中选中"水平"单选按钮，单击"复制"按钮，如图14-32所示。效果如图14-33所示。

图14-32

图14-33

06 将复制得到的图形选中并向下移动，效果如图14-34所示。

图14-34

实例183　制作中间位置的按钮

操作步骤

01 选择工具箱中的"文字工具"，在素材"1.jpg"上单击插入光标，删除占位符，在控制栏中设置"填充"为白色、"描边"为白色、描边"粗细"为2pt，选择合适的字体、字号，然后输入文字，按快捷键Ctrl+Enter确认输入操作完成，效果如图14-35所示。使用同样的方法，在刚刚输入的文字的下方再次输入文字，效果如图14-36所示。

图14-35 图14-36

02 选择工具箱中的"钢笔工具"，在控制栏中设置"填充"为白色、"描边"为无，在较小文字的左侧绘制一个飞机形状的图形，效果如图14-37所示。

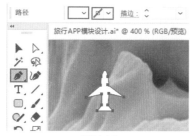

图14-37

03 选择工具箱中的"圆角矩形工具"，在控制栏中设置"填充"为无、"描边"为白色、描边"粗细"为2pt，在飞机图形和稍小文字的外侧绘制一个圆角矩形框，效果如图14-38所示。

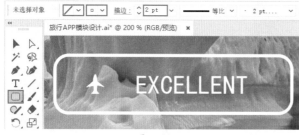

图14-38

04 选中圆角矩形内部的锚点，然后按住鼠标左键向内拖动，调整圆角矩形的圆角半径，如图14-39所示。

图14-39

05 效果如图14-40所示。

图14-40

操作步骤

01 继续使用"圆角矩形工具"，在素材"1.jpg"中的左侧绘制三个长短不等的白色圆角矩形并调整至合适的圆角半径，效果如图14-41所示。

图14-41

02 选择工具箱中的"星形工具"，在控制栏中设置"填充"为白色、"描边"为无，在画面的右侧单击，在弹出的"星形"对话框中设置"半径1"为10px、"半径2"为5px、"角点数"为5，单击"确定"按钮，如图14-42所示。

03 使用"选择工具"将绘制的星形摆放在画面中适当的位置，效果如图14-43所示。

图14-42 图14-43

04 使用"文字工具"在星形的右侧输入文字，效果如图14-44所示。

图14-44

05 使用"钢笔工具"绘制一个箭头图形，然后在控制栏中设置"填充"为无、"描边"为白色、描边"粗细"为1pt，单击"描边"按钮，在弹出的下拉面板中设置"边角"为"圆角连接"，效果如图14-45所示。

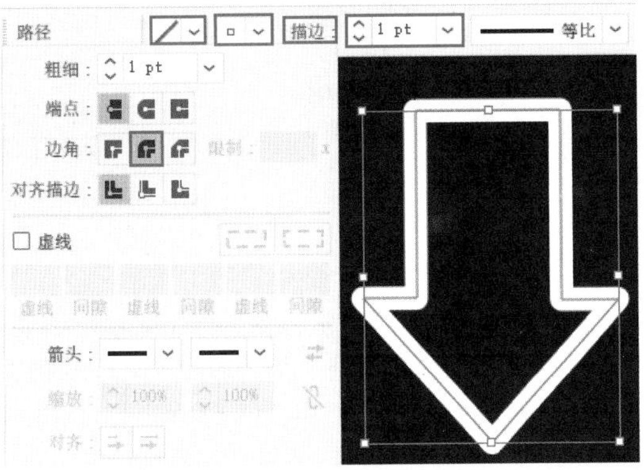

图14-45

06 使用"文字工具"在箭头图形的右侧输入文字，如图14-46所示。

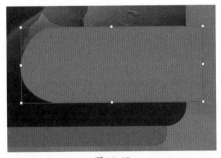

图14-46

07 选择工具箱中的"圆角矩形工具"，在画面的右下角绘制一个圆角矩形，然后将其右下角和右上角的圆角设置为直角，效果如图14-47所示。

图14-47

08 使用"钢笔工具"在该图形的右上方绘制一个颜色较深的三角形，效果如图14-48所示。

图14-48

09 使用"文字工具"在图形中输入文字。最终完成效果如图14-49所示。

图14-49

14.3 邮箱登录界面

文件路径	第14章\邮箱登录界面	
难易指数	⭐⭐⭐⭐⭐	
技术掌握	● "内发光"效果 ● "投影"效果 ● 符号库	🔍扫码深度学习

操作思路

在本案例中，主要使用"圆角矩形工具"制作登录框的各个部分，并利用"内发光"效果为登录框模拟出一定的厚度感；添加插画素材后，使用"文字工具"在登录框中输入登录辅助信息。

案例效果

案例效果如图14-50所示。

图14-50

实例185 制作主体图形

操作步骤

01 新建一个"宽度"为204mm、"高度"为136mm的横向空白文档。置入素材"1.jpg"并嵌入文档，效果如图14-51所示。

02 选择工具箱中的"圆角矩形工具"，在工具箱的底部设置"填充类型"为"渐变"，双击工具箱中的"渐变工具"按钮，在弹出的"渐变"面板中设置"类型"为

"线性"渐变、"角度"为-90°，在面板底部编辑一个蓝色系的渐变，设置"描边"为无，在画面的中心位置绘制一个圆角矩形，效果如图14-52所示。

图14-51

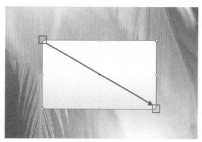

图14-52

图14-55

05 在弹出的"投影"对话框中设置"模式"为"正片叠底"、"不透明度"为75%、"X位移"为1mm、"Y位移"为1mm、"模糊"为1mm，颜色设置为青灰色，单击"确定"按钮，如图14-56所示，此时效果如图14-57所示。

03 选中圆角矩形，执行"效果>风格化>内发光"命令，在弹出的"内发光"对话框中设置"模式"为"滤色"、颜色为白色、"不透明度"为"75%"、"模糊"为1.8mm，选中"边缘"单选按钮，单击"确定"按钮，如图14-53所示，此时圆角矩形效果如图14-54所示。

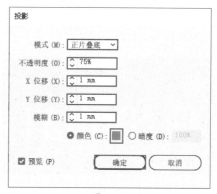

图14-56

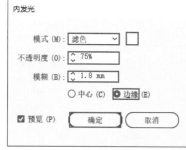

图14-53

图14-57

图14-54

04 执行"窗口>外观"命令，弹出"外观"面板，单击面板底部的"添加新效果"按钮，在弹出的下拉菜单中选择"风格化>投影"命令，如图14-55所示。

06 置入素材"2.jpg"并嵌入文档。将素材缩放后放在圆角矩形的左侧，效果如图14-58所示。选择圆角矩形，按快捷键Ctrl+C进行复制，然后单击素材，按快捷键Ctrl+F将圆角矩形粘贴在素材的前面，效果如图14-59所示。

图14-58

图14-59

07 在圆角矩形右侧绘制一个矩形，矩形的高度要高于圆角矩形，接着执行"窗口>路径查找器"命令打开"路径查找器"面板，接着选中圆角矩形和矩形两个图形，单击"减去顶层"按钮，如图14-60所示。此时图形效果如图14-61所示。

图14-60

图14-61

08 选中圆角矩形和素材"2.jpg"，右击，在弹出的快捷菜单中选择"建立剪切蒙版"命令，此时素材超出圆角矩形的部分被隐藏起来，效果如图14-62所示。

图14-62

09 在素材"2.jpg"被选中的状态下，执行"效果>风格化>内发光"命令，在"内发光"对话框中

设置"模式"为"滤色"、颜色为白色、"不透明度"为75%、"模糊"为1.8mm，选中"边缘"单选按钮，单击"确定"按钮，如图14-63所示，此时效果如图14-64所示。

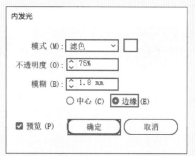

图14-63　　　　　　　图14-64

实例186　制作标志

操作步骤

01 置入素材"3.png"并嵌入文档，效果如图14-65所示。

02 选择工具箱中的"文字工具"，在素材"3.png"的左侧单击插入光标，设置"填色"为橘黄色、"描边"为无，在控制栏中选择合适的字体、字号，然后输入文字，按快捷键Ctrl+Enter确认输入操作完成，效果如图14-66所示。

图14-65　　　　　　　图14-66

03 使用同样的方法，选择合适的字体、字号，继续输入一组文字，效果如图14-67所示。

图14-67

实例187　制作文本框

操作步骤

01 选择工具箱中的"圆角矩形工具"，设置"填色"为白色、"描边"为天蓝色，在控制栏中设置描边"粗

细”为1pt，在画面中适当的位置绘制一个圆角矩形，效果如图14-68所示。

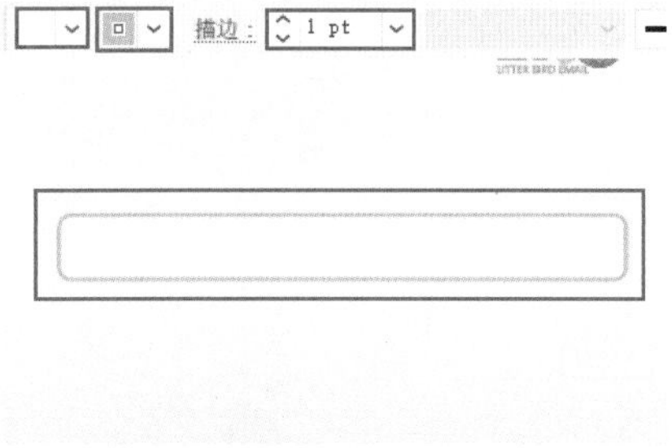

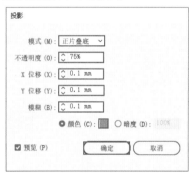

图14-68

02 在该圆角矩形被选中的状态下，执行"效果>风格化>投影"命令，在弹出的"投影"对话框中设置"模式"为"正片叠底"、"不透明度"为75%、"X位移"为0.1mm、"Y位移"为0.1mm、"模糊"为0.1mm，颜色设置为蓝灰色，单击"确定"按钮，如图14-69所示，此时效果如图14-70所示。

图14-69

图14-70

03 选中该圆角矩形，在按住Shift键和Alt键的同时拖动鼠标指针，将其向下平移及复制，效果如图14-71所示。

04 选择工具箱中的"文字工具"，在圆角矩形的上方单击插入光标，设置"填色"为蓝色、"描边"为无，在控制栏中选择合适的字体及字号，然后输入文字，按快捷键

Ctrl+Enter确认输入操作完成，效果如图14-72所示。使用同样的方法，在圆角矩形的周围输入多组不同的文字，效果如图14-73所示。

图14-71

图14-72

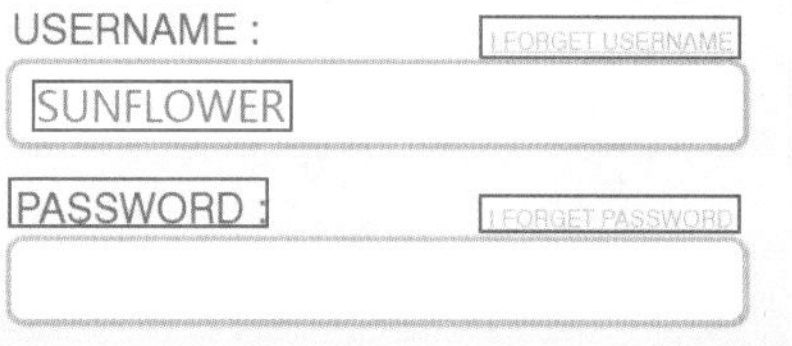

图14-73

05 选择工具箱中的"椭圆工具"，设置"填色"为中灰色、"描边"为无，然后按住Shift键在相应位置绘制一个正圆形，效果如图14-74所示。

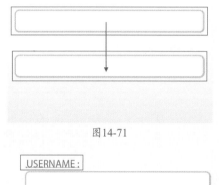

图14-74

06 选择该正圆形，在按住Alt键和Shift键的同时向右拖动，将其平移及复制一份，效果如图14-75所示。按快捷键Ctrl+D重复平移及复制操作，将正圆形再次复制5次，效果如图14-76所示。

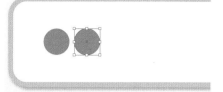

图14-75

图14-76

实例188 制作选项与按钮

操作步骤

01 选择工具箱中的"矩形工具"，设置"填色"为无、"描边"为稍深的青蓝色，在控制栏中设置描边"粗细"为1pt，按住Shift键在画面中适当的位置绘制一个正方形轮廓，效果如图14-77所示。使用"文字工具"在正方形轮廓的右侧输入文字，效果如图14-78所示。

图14-77

图14-78

02 执行"窗口>符号库>Web按钮和条形"命令，在弹出的"Web按钮和条形"面板中选中"按钮5-蓝色"符号，按住鼠标左键将其拖动到画面中并将其进行缩放，然后单击

控制栏中的“断开链接”按钮，效果如图14-79所示。选择“按钮5-蓝色”符号，按住Shift键和Alt键的同时拖动鼠标指针，将其复制一份并移动到合适的位置，效果如图14-80所示。

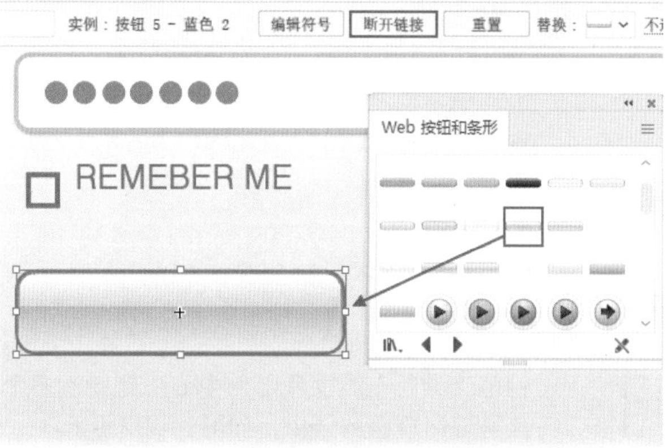

图14-79

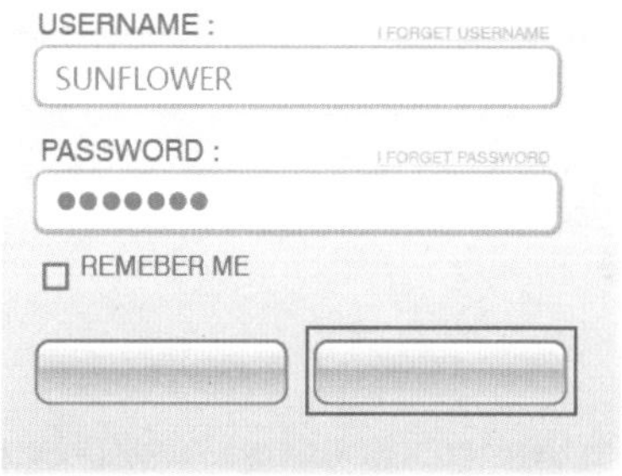

图14-80

03 使用“文字工具”在“按钮5-蓝色”符号中输入文字。最终完成效果如图14-81所示。

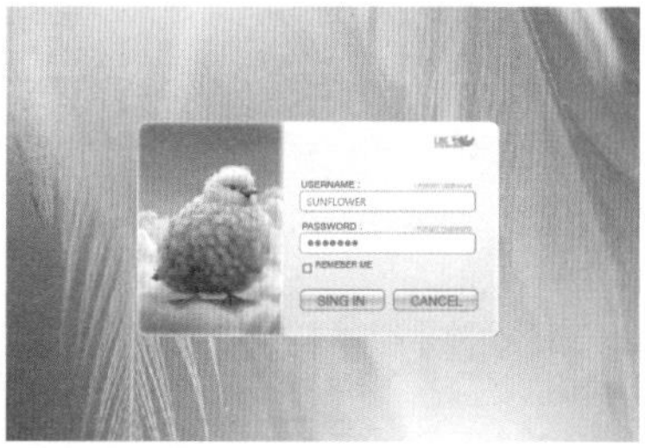

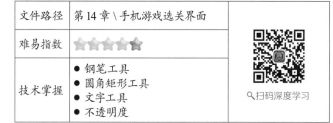

图14-81

14.4 手机游戏选关界面

文件路径	第 14 章 \ 手机游戏选关界面	扫码深度学习
难易指数	★★★★★	
技术掌握	● 钢笔工具 ● 圆角矩形工具 ● 文字工具 ● 不透明度	

操作思路

在本案例中，首先使用“钢笔工具”“椭圆工具”和“文字工具”制作界面的背景，然后使用“圆角矩形工具”“椭圆工具”“文字工具”制作按钮图形，再使用“椭圆工具”并设置不透明度制作立体效果的气泡，最后将素材置入文档并放置在适当的位置。

案例效果

案例效果如图14-82所示。

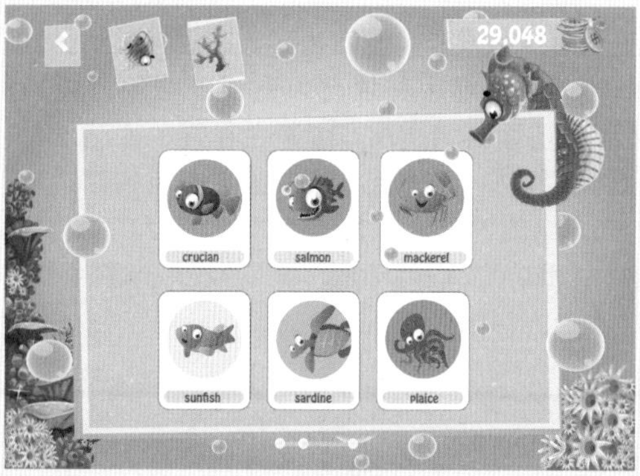

图14-82

实例189 制作顶部与底部的图形

操作步骤

01 新建一个“宽度”为1920px、“高度”为1080px的横向空白文档。置入素材“1.jpg”，在控制栏中单击“嵌入”按钮将素材嵌入文档，效果如图14-83所示。

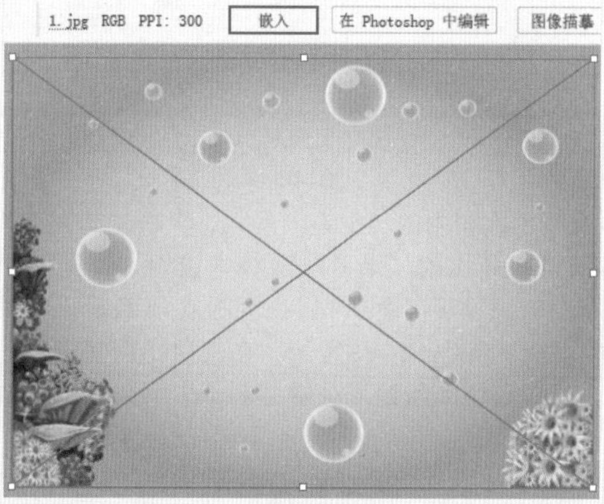

图14-83

02 选择工具箱中的“钢笔工具”，设置“填色”为蓝色、“描边”为无，在画面的左上方绘制一个四边形，效果如图14-84所示。

03 在该四边形被选中的状态下，按快捷键Ctrl+C进行复制，按快捷键Ctrl+F将其粘贴在原四边形的前面，然后将其缩小并填充为浅蓝色，效果如图14-85所示。

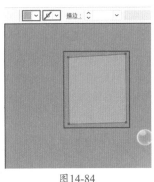

图14-84　　　　　　　图14-85

04 使用同样的方法复制四边形，然后将其粘贴到原四边形的前面，缩小并填充为更浅一些的蓝色，然后在该四边形的前面再次添加一个颜色稍浅的四边形，效果如图14-86和图14-87所示。选中四个蓝色的四边形，然后右击，在弹出的快捷菜单中选择"编组"命令。

图14-86　　　　　　　图14-87

05 使用同样的方法制作右侧的三组四边形，效果如图14-88所示。

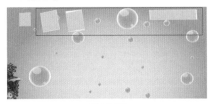

图14-88

06 选择工具箱中的"钢笔工具"，双击"渐变工具"按钮，在弹出的"渐变"面板中设置"类型"为"径向"渐变、"角度"为0°，在面板底部编辑一个黄色到白色的渐变，如图14-89所示。在使用"钢笔工具"的状态下，在最左侧的四边形组中绘制一个箭头图形，效果如图14-90所示。

图14-89　　　　　　　图14-90

07 选择工具箱中的"文字工具"，在最右侧的四边形组中单击插入光标，删除光标占位符，在控制栏中设置"填充"为白色、"描边"为无，选择合适的字体、字号，然后输入文字，按快捷键Ctrl+Enter确认输入操作完成，效果如图14-91所示。

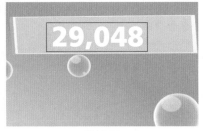

图14-91

08 使用"钢笔工具"在画面底部的中心位置绘制多个图形，使其呈现出重叠的效果，如图14-92所示。

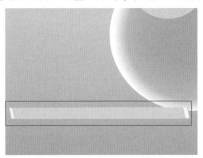

图14-92

09 选择工具箱中的"椭圆工具"，按住Shift键在画面下方适当的位置绘制一个正圆形，为其填充黄色到白色的渐变，效果如图14-93所示。

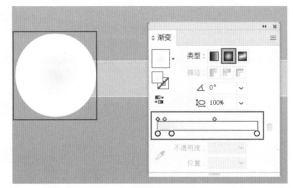

图14-93

10 选中该正圆形，按住Shift键和Alt键的同时拖动鼠标指针，将其平移并复制两份，效果如图14-94所示。

图14-94

艺境　中文版Illustrator矢量图形设计与制作全视频　实践228例　溢彩版

实例190 制作主体图形

操作步骤

01 选择工具箱中的"钢笔工具"，设置"填色"为深青色、"描边"为无，在画面的中心位置绘制一个四边形，效果如图14-95所示。

图14-95

02 继续使用"钢笔工具"，设置"填色"为蓝色、"描边"为无，在深青色四边形上绘制一个稍小的四边形，效果如图14-96所示。

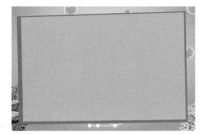
图14-96

03 使用同样的方法继续绘制两个四边形，效果如图14-97所示。选中四个四边形，按快捷键Ctrl+G进行编组。

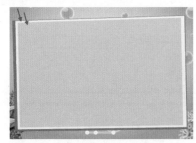
图14-97

实例191 制作按钮图形

操作步骤

01 选择工具箱中的"圆角矩形工具"，在控制栏中设置"填色"为白色、"描边"为黑色、描边"粗细"为1pt，在画面中适当的位置绘制一个圆角矩形，效果如图14-98所示。

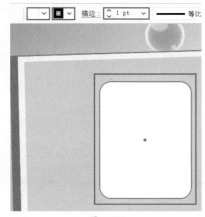
图14-98

02 选中该圆角矩形，按住Shift键和Alt键的同时将其平移及复制，效果如图14-99所示。使用同样的方法再次复制一个圆角矩形，并放置合适的位置，效果如图14-100所示。

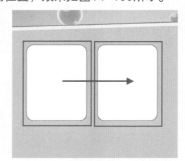
图14-99

图14-100

03 选中三个圆角矩形，按住Shift键和Alt键的同时向下拖动，将其平移及复制，效果如图14-101所示。

图14-101

04 选择工具箱中的"椭圆工具"，设置"填色"为矢车菊蓝、"描边"为无，按住Shift键在左上方的圆角矩形中绘制一个正圆形，效果如图14-102所示。将该正圆形平移并复制到每个白色圆角矩形中，并改变其颜色，效果如图14-103所示。

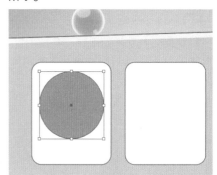
图14-102

图14-103

05 选择工具箱中的"圆角矩形工具"，设置"填色"为浅紫色、"描边"为无，在左上方的白色圆角矩形中绘制一个圆角矩形，效果如图14-104所示。选择工具箱中的"选择工具"，单击浅紫色圆角矩形内部的锚点并向内拖动，调整其圆角半径，效果如图14-105所示。

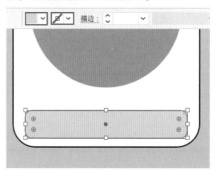
图14-104

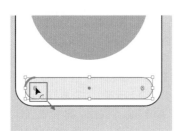

图14-105

06 选中该圆角矩形，按住Shift键和Alt键的同时拖动鼠标指针，将其平移及复制，效果如图14-106所示。使用同样的方法，将其多次平移及复制，效果如图14-107所示。

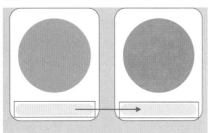

图14-106

图14-107

07 选择工具箱中的"文字工具"，在浅紫色圆角矩形中单击插入光标，删除光标占位符设置"填色"为深紫色、"描边"为无，在控制栏中选择合适的字体、字号，然后输入文字，按快捷键Ctrl+Enter确认输入操作完成，效果如图14-108所示。使用同样的方法，在其他浅紫色圆角矩形中输入文字，效果如图14-109所示。

图14-108

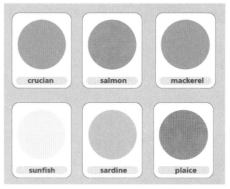

图14-109

实例192 制作气泡

🎙️ 操作步骤

01 选择工具箱中的"椭圆工具"，在画面左侧适当的位置绘制一个椭圆形，并为其填充蓝色系的渐变，效果如图14-110所示。

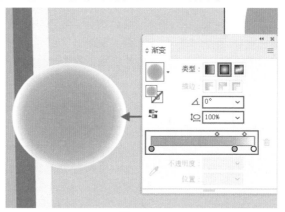

图14-110

02 继续使用"椭圆工具"，设置"填色"为浅蓝色、"描边"为无，在蓝色系渐变椭圆形的内部绘制一个小的椭圆形，效果如图14-111所示。选中浅蓝色的椭圆形，然后在控制栏中设置"不透明度"为45%，效果如图14-112所示。

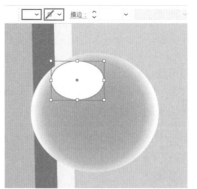

图14-111

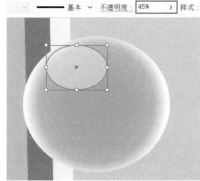

图14-112

03 使用同样的方法，再次绘制一个稍小的椭圆形，设置"不透明度"为45%，效果如图14-113所示。选中刚刚绘制的三个椭圆形，然后右击，在弹出的快捷菜单中选择"编组"命令。

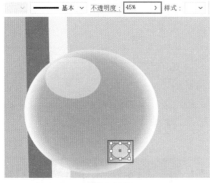

图14-113

04 选择该椭圆形组，然后按住Alt键拖动鼠标指针，将其移动并复制，效果如图14-114所示。将鼠标指针定位到椭圆形组定界框的四角处，当鼠标指针变为双箭头时按住Shift键向内拖动，将其等比缩小，得到气泡图形，效果如图14-115所示。

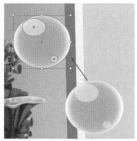

图14-114

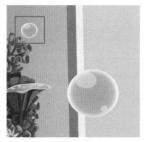

图14-115

05 使用同样的方法，将气泡图形进行多次复制并调整其大小，效果如图14-116所示。

图14-116

实例193　添加图案元素

操作步骤

01 打开素材"2.ai"，选中素材中所有的元素，按快捷键Ctrl+C进行复制。切换到刚刚操作的文档中，按快捷键Ctrl+V将其粘贴在画面中，并放置到合适的位置，效果如图14-117所示。

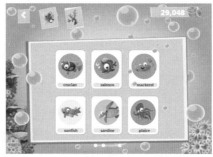

图14-117

02 置入素材"3.png"并嵌入文档，放置在合适的位置，效果如图14-118所示。

图14-118

03 使用"钢笔工具"在素材"3.png"上绘制白色的图形，效果如图14-119所示。

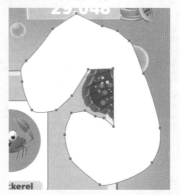

图14-119

04 选中白色图形和素材"3.png"，右击，在弹出的快捷菜单中选择

"建立剪切蒙版"命令，此时效果如图14-120所示。

图14-120

05 最终完成效果如图14-121所示。

图14-121

14.5　手机游戏启动界面

文件路径	第14章\手机游戏启动界面
难易指数	★★★★★
技术掌握	● "外发光"效果 ● "内发光"效果 ● "外观"面板 ● 符号库

扫码深度学习

操作思路

　　在本案例中，首先置入背景素材，利用"文字工具"、"外观"面板、"外发光"及"内发光"效果制作带有特效感的游戏标志文字；然后利用"钢笔工具"、"外发光"及"内发光"效果制作主按钮的基本形

状，利用"文字工具"在按钮中添加文字；再调用"符号库"中的符号制作左侧按钮；最后绘制卡通形象。

🖱 案例效果

案例效果如图14-122所示。

图14-122

实例194　制作顶部文字

🎤 操作步骤

01 新建一个"宽度"为640px、"高度"为960px的纵向空白文档。置入素材"1.jpg"，效果如图14-123所示。

图14-123

02 选择工具箱中的"文字工具"，在画面的左上方单击插入光标，在控制栏中设置"填充"为白色、"描边"为"白色"、描边"粗细"为1pt，选择合适的字体、字号，在画面中输入文字，然后将文字进行旋转，效果如图14-124所示。

图14-124

03 在文字被选中的状态下，执行"效果>风格化>内发光"命令，在弹出的"内发光"对话框中设置"模式"为"正常"、颜色为灰色、"不透明度"为75%、"模糊"为6px，选中"边缘"单选按钮，单击"确定"按钮，如图14-125所示，此时效果如图14-126所示。

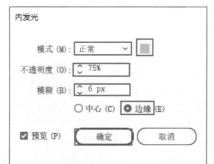

图14-125

图14-126

04 继续选择文字，执行"窗口>外观"命令，弹出"外观"面板，选中"内发光"效果，然后单击"复制所选项目"按钮，将"内发光"效果复制一份，如图14-127所示，此时效果如图14-128所示。

图14-127

图14-128

05 保持文字的选中状态，单击"外观"面板中的"添加新效果"按钮，在弹出的下拉菜单中选择"风格化>外发光"命令。在弹出的"外发光"对话框中设置"模式"为"正片叠底"、颜色为灰色、"不透明度"为25%、"模糊"为5.7px，单击"确定"按钮，如图14-129所示。

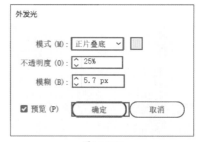

图14-129

06 在"外观"面板中将"外发光"效果移动到效果列表的最上方，如图14-130所示，此时文字效果如图14-131所示。

图14-130

图14-131

07 将"外发光"效果在"外观"面板中复制一份，如图14-132所示。此时文字的发光边缘向外移动了一些，效果如图14-133所示。

图14-132

图14-133

> **提示** 为什么要在"外观"面板中复制效果
>
> 在制作文字时，将"内发光"和"外发光"效果分别复制了一份，这样做的目的是强化效果。

08 使用同样的方法制作其他文字，并将其叠加摆放，效果如图14-134所示。

图14-134

09 下面绘制卡通形象。选择工具箱中的"钢笔工具"，在文字的右侧绘制一只兔子的头像，效果如图14-135所示。

图14-135

10 在兔子头像被选中的状态下，执行"效果>风格化>内发光"命令，在弹出的"内发光"对话框中设置"模式"为"正常"、颜色为灰色、"不透明度"为75%、"模糊"为5.7px，选中"边缘"单选按钮，单击"确定"按钮，如图14-136所示，此时效果如图14-137所示。

图14-136

图14-137

11 选择工具箱中的"椭圆工具"，设置"填色"为黑灰色、"描边"为无，在兔子头像中适当的位置绘制一个正圆形，效果如图14-138所示。选中该正圆形，按住Alt键拖动鼠标指针，将其移动及复制，效果如图14-139所示。

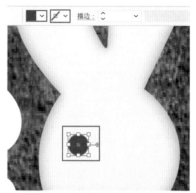

图14-138

图14-139

实例195 制作主按钮

操作步骤

01 选择工具箱中的"钢笔工具"，设置"填色"为土黄色、"描边"为无，在文字的下方绘制一个图形，效果如图14-140所示。

图14-140

02 在该图形被选中的状态下，执行"效果>风格化>内发光"命令，在弹出的"内发光"对话框中设置"模式"为"正常"、颜色为灰橘色、"不透明度"为100%、"模糊"为6px，选中"边缘"单选按钮，单击"确定"按钮，如图14-141所示，此时图形效果如图14-142所示。

图14-141

图14-142

03 保持该图形的选中状态，执行"效果>风格化>外发光"命令，在弹出的"外发光"对话框中设置"模式"为"正片叠底"、颜色为黑色、"不透明度"为75%、"模糊"为5px，单击"确定"按钮，如图14-143所示，此时效果如图14-144所示。

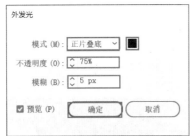

图14-143

图14-144

04 继续保持该图形的选中状态，按住Alt键向上拖动鼠标指针，将刚刚制作的图形进行移动及复制，得到立体的按钮图形。选择工具箱中的"文字工具"，在按钮上添加文字，效果如图14-145所示。

图14-145

05 在该文字被选中的状态下，执行"效果>风格化>内发光"命令，在弹出的"内发光"对话框中设置"模式"为"正常"、颜色为浅杏色、"不透明度"为75%、"模糊"为6px，选中"边缘"单选按钮，单击"确定"按钮，如图14-146所示，此时效果如图14-147所示。

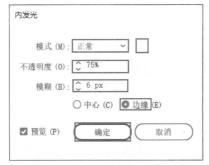

图14-146

图14-147

06 保持该文字的选中状态，执行"效果>风格化>外发光"命令，在弹出的"外发光"对话框中设置"模式"为"正常"、颜色为浅灰色、"不透明度"为25%、"模糊"为6px，单击"确定"按钮，如图14-148所示，此时效果如图14-149所示。

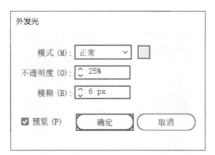

图14-148

图14-149

07 选择工具箱中的"钢笔工具"，设置"填色"为土红色、"描边"为无，在土黄色图形下方绘制一个图形，效果如图14-150所示。

图14-150

08 保持该图形的选中状态，执行"效果>风格化>内发光"命令，在弹出的"内发光"对话框中设置"模式"为"正常"、颜色为浅咖色、"不透明度"为75%、"模糊"为6px，选中"边缘"单选按钮，单击"确定"按钮，如图14-151所示，此时效果如图14-152所示。

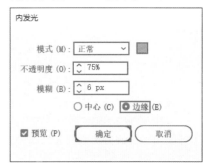

图14-151

图14-152

09 保持该图形的选中状态，执行"效果>风格化>外发光"命令，在弹出的"外发光"对话框中设置"模式"为"正常"、颜色为深棕色、"不透明度"为25%、"模糊"为0px，单击"确定"按钮，如图14-153所示，此时效果如图14-154所示。

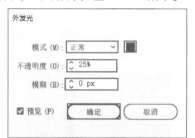

图14-153

图14-154

10 继续保持该图形的选中状态，按住Alt键向上拖动鼠标指针将其平移及复制，效果如图14-155所示。在该图形中输入文字，并为文字添加适当的"内发光"和"外发光"效果，效果如图14-156所示。

图14-155

图14-156

11 使用同样的方法制作画面下方的两组图形和文字，并分别为其添加"内发光"和"外发光"的效果，效果如图14-157所示。

图14-157

12 选择工具箱中的"钢笔工具"，设置"填色"为深灰色、"描边"为无，在画面的下方绘制一个不规则的图形，效果如图14-158所示。在该图形被选中的状态下，单击控制栏中的"不透明度"按钮，在弹出的下拉面板中设置"混合模式"为"正片叠底"，效果如图14-159所示。

图14-158

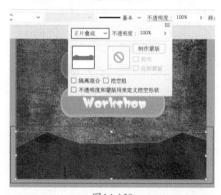

图14-159

实例196 制作侧面按钮

🎤 **操作步骤**

01 使用"钢笔工具"在画面的下方绘制一个灰棕色的三角形，效果如图14-160所示。

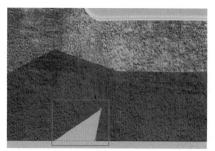

图14-160

02 在该三角形被选中的状态下，执行"效果>风格化>内发光"命令，在弹出的"内发光"对话框中设置"模式"为"正常"、颜色为浅杏色、"不透明度"为75%、"模糊"为6px，选中"边缘"单选按钮，单击"确定"按钮，如图14-161所示，此时效果如图14-162所示。

图14-161

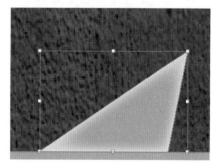

图14-162

03 在保持该三角形的选中状态时，单击控制栏中的"不透明度"按钮，在弹出的下拉面板中设置"混合模式"为"变亮"、"不透明度"为40%，效果如图14-163所示。使用同样的方法，在画面的底部绘制多个三角形并为其添加不同的"内发光"和混合模式效果，如图14-164所示。

04 在画面的左下角继续制作三个按钮图形，并分别添加"内发光"效果，效果如图14-165所示。

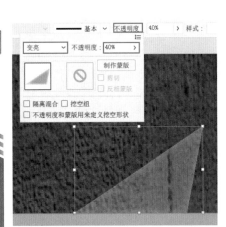

图14-163

图14-164

图14-165

05 执行"窗口>符号库>网页图标"命令，弹出"网页图标"面板，选中"锁"符号，然后按住鼠标左键将符号拖动到按钮图形中，在该符号被选中的状态下，单击控制栏中的"断开链接"按钮，效果如图14-166所示。

图14-166

06 保持该符号的选中状态，在控制栏中设置"填充"为白色、"描边"为无，然后进行缩放，效果如图14-167所示。使用同样的方法制作另外两个符号，效果如图14-168所示。

图14-167

图14-168

实例197　制作底部卡通形象

操作步骤

01 选择工具箱中的"钢笔工具"，设置"填色"为砖红色、"描边"为无，在画面中绘制一个卡通形象，效果如图14-169所示。

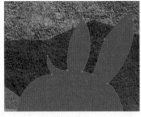

图14-169

02 选中这个卡通形象，执行"效果>风格化>内发光"命令，在弹出的"内发光"对话框中设置"模式"为"正常"、颜色为灰红色、"不透明度"为75%、"模糊"为6px，选中"边缘"单选按钮，单击"确定"按钮，如图14-170所示，此时效果如图14-171所示。

图14-170

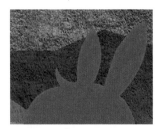

图14-171

03 使用"钢笔工具"在卡通形象中制作耳朵和鼻子，并为其添加适当的"内发光"效果，效果如图14-172所示。

图14-172

04 使用"椭圆工具"绘制正圆形，将其作为眼睛，效果如图14-173所示。

图14-173

05 最终完成效果如图14-174所示。

图14-174

第15章

VI与导视系统设计

15.1 创意文化产业集团VI

文件路径	第15章 \ 创意文化产业集团 VI
难易指数	★★★★☆
技术掌握	● 钢笔工具 ● 文字工具 ● 矩形工具

扫码深度学习

操作思路

　　本案例中的VI系统画册包含的页面较多，但是制作方法相似。首先使用"矩形工具"与"文字工具"绘制企业标志，封面、封底，以及页面的版式。画册各页面的版式相同，内容有所不同，可以复制制作好的页面版式，并利用"矩形工具""钢笔工具""文字工具"等制作各个页面中的内容。

案例效果

　　案例效果如图15-1所示。

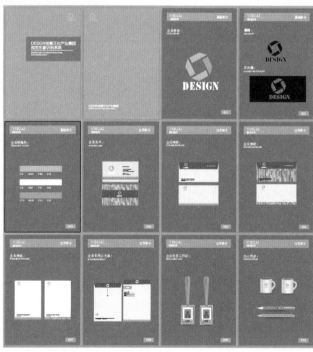

图15-1

实例198　制作企业标志基本图形

操作步骤

01 执行"文件>新建"命令，在弹出的"新建文档"对话框中单击右下角的"更多设置"按钮，在弹出的"更多设置"对话框中设置"画板数量"为12、"列数"为4、"大小"为A4，单击"创建文档"按钮，参数设置如图15-2所示，单击"创建"按钮，创建12个画板的效果如图15-3所示。

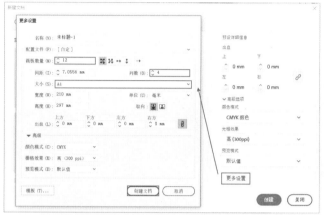

图15-2

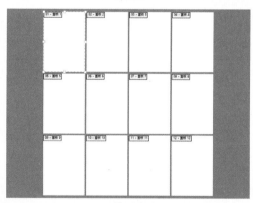

图15-3

02 在画板外制作标志。选择工具箱中的"矩形工具"，在画面中单击，在弹出的"矩形"对话框中设置"宽度"为30mm、"高度"为15mm，单击"确定"按钮，如图15-4所示。选择绘制的矩形，设置"填充"为黄色、"描边"为无，效果如图15-5所示。

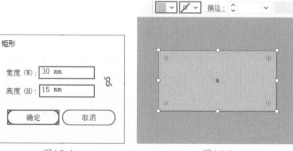

图15-4　　　　　　　　　图15-5

03 选择该矩形,使用"直接选择工具"选择矩形右下角的锚点,按住Shift键将锚点向右拖动,得到一个四边形,效果如图15-6所示。

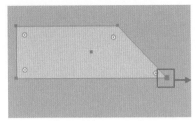

图15-6

04 选择该四边形,按快捷键Ctrl+C进行复制,再按快捷键Ctrl+V进行粘贴,然后选择复制得到的四边形,按住Shift键将其旋转,并移动到相应的位置,效果如图15-7所示。

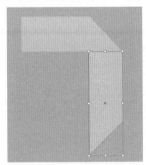

图15-7

05 使用同样的方法,复制图形并移动到合适的位置,效果如图15-8所示。

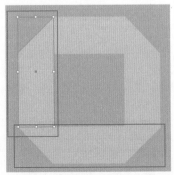

图15-8

06 选择上方的四边形,按10次↑键,将其向上移动,效果如图15-9所示。使用同样的方法按方向键将其他几个四边形进行移动,效果如图15-10所示。

07 将最右边的四边形选中,将其填充为青绿色,如图15-11所示。将四个四边形框选,按快捷键Ctrl+G

进行编组,然后将其进行旋转,得到标志图形,效果如图15-12所示。

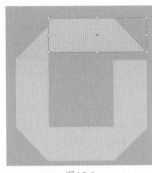

图15-9

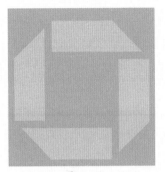

图15-10

图15-11

图15-12

08 选择工具箱中的"文字工具",在刚才绘制的标志图形的下方单击插入光标,删除光标占位符,在控制栏中设置"填充"为白色、"描边"为无,设置合适的字体、字号,然后输入文字,按快捷键Ctrl+Enter确认输入操

作完成,效果如图15-13所示。

图15-13

实例199 制作画册的封面、封底

操作步骤

01 下面制作封面。选择工具箱中的"矩形工具",设置"填色"为青绿色、"描边"为无,在"画板1"中绘制一个与画板等大的矩形,效果如图15-14所示。

图15-14

02 将制作好的标志复制一份,移动到矩形中右上角的位置,并将其缩小,效果如图15-15所示。选择标志,将其填充为白色,在控制栏中设置"不透明度"为30%,效果如图15-16所示。

图15-15

图15-16

图15-19

○5 使用"矩形工具"在文字之间绘制一个白色的细长矩形,作为分隔线,效果如图15-20所示。此时封面效果如图15-21所示。

图15-20

○3 使用"矩形工具"在画面中绘制一个深灰色的矩形,效果如图15-17所示。

图15-17

○4 选择工具箱中的"文字工具",在深灰色矩形中单击插入光标,删除光标占位符,在控制栏中设置"填充"为白色,"描边"为无,设置合适的字体、字号,然后输入文字,按快捷键Ctrl+Enter确认输入操作完成,效果如图15-18所示。使用同样的方法输入另外两行文字,设置合适的字体、字号,并将其摆放在合适的位置,效果如图15-19所示。

图15-18

图15-21

○6 下面制作封底。选择"画板1"中的青绿色背景,按住Shift键和Alt键的同时将其向右平移并复制,放置到"画板2"中。使用同样的方法,将标志和文字复制一份,放置在"画板2"中合适的位置,并缩小文字,效果如图15-22所示。此时封底效果如图15-23所示。

图15-22

图15-23

实例200 制作画册的内页版式

操作步骤

○1 使用"矩形工具"在"画板3"中绘制一个与画板等大的深灰色矩形,效果如图15-24所示。

图15-24

○2 继续使用"矩形工具"在"画板3"的顶部绘制一个青绿色矩形,作为标题的底色,效果如图15-25所示。

图15-25

03 使用同样的方法绘制一个合适大小的矩形，将其摆放在画面的右下角作为页码的底色，效果如图15-26所示。

图15-26

04 使用"文字工具"在青绿色矩形中输入合适的文字，并制作分隔线，页眉制作完成，效果如图15-27所示。

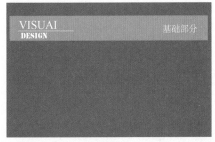

图15-27

05 继续在右下角的矩形中输入文字，页码制作完成，效果如图15-28所示。

图15-28

06 将"画板3"中的内容复制两份，分别移动到"画板4"和"画板5"中，然后更改相应的页码，效果如图15-29所示。

图15-29

实例201 制作标志

操作步骤

01 使用"文字工具"在"画板3"的左上角输入文字，效果如图15-30所示。

图15-30

02 将标志复制一份放置在"画板3"中，然后将其进行放大，效果如图15-31所示。

图15-31

03 使用"文字工具"在"画板4"中制作"墨稿"和"反白稿"的相关文字。效果如图15-32所示。

04 将标志复制一份并将其填充为黑色，调整其大小，效果如图15-33所示。

图15-32

图15-33

05 使用"矩形工具"绘制一个黑色矩形，如图15-34所示。

图15-34

06 将标志复制一份，放置在黑色矩形中，然后将其填充为深灰色，效果如图15-35所示。

图15-35

实例202 制作标准色

操作步骤

01 下面在"画板5"中进行制作。使用"文字工具"输入文字，效果如图15-36所示。

图15-36

02 使用"矩形工具"在画面中的任意位置单击，在弹出的"矩形"对话框中设置"宽度"为115mm、"高度"为16mm，单击"确定"按钮。选中绘制的矩形，设置"填充"为黄色、"描边"为无，效果如图15-37所示。

图15-37

03 使用"文字工具"在黄色矩形的下方输入颜色信息，效果如图15-38所示。

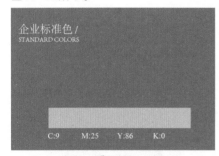

图15-38

04 将黄色矩形进行复制并向下移动，然后将其填充为白色。使用同样的方法制作第三个矩形，并输入颜色信息，效果如图15-39所示。

图15-39

实例203 制作名片

操作步骤

01 将画册页面的背景复制一份，放置在"画板6"中，然后更改文字及页码，效果如图15-40所示。

图15-40

02 继续复制画册反面的背景，并将其放置在其他画板中，然后逐一更改页码，效果如图15-41所示。

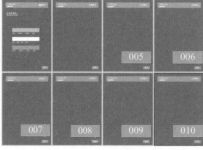

图15-41

03 下面在"画板6"中制作名片，首先制作名片的正面。使用"文字工具"输入文字，效果如图15-42所示。

图15-42

04 使用"矩形工具"绘制一个亮灰色矩形，效果如图15-43所示。

图15-43

05 将标志复制一份，放置到亮灰色矩形中的左侧位置，并缩放到合适大小，效果如图15-44所示。

图15-44

06 使用"文字工具"在标志的右侧输入文字，效果如图15-45所示。

图15-45

07 使用"矩形工具"在标志与文字的下方绘制一个与亮灰色矩形等宽的黄色细长矩形，效果如图15-46所示。

图15-46

08 使用同样的方法在黄色矩形下方绘制另一个青绿色矩形，效果如图15-47所示。

图15-47

09 下面制作名片的背面。将亮灰色矩形复制一份并向下移动，效果如图15-48所示。

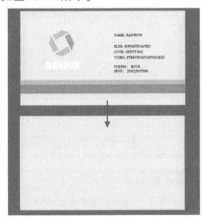

图15-48

10 使用"矩形工具"在复制得到的亮灰色矩形的左上角绘制多个不同大小、不同颜色的矩形，然后排列在一起，效果如图15-49所示。

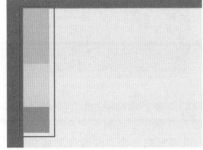

图15-49

11 使用同样的方法继续绘制不同大小、不同颜色的矩形，然后将绘制的矩形排列在一起，组成一个完整的图案，效果如图15-50所示。

图15-50

12 将由大量矩形构成的图案选中，按快捷键Ctrl+G进行编组，然后复制出一组相同的图案并放置在亮灰色矩形中的下方位置，沿纵向适当拉伸，效果如图15-51所示。

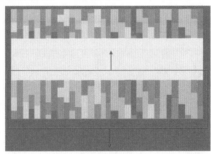

图15-51

13 使用"矩形工具"在两组图案的中间位置绘制一个灰蓝色的矩形，效果如图15-52所示。

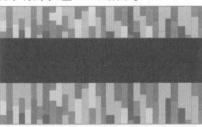

图15-52

14 将标志复制一份，移动到该矩形的中心并调整其大小，效果如图15-53所示。

图15-53

实例204　制作企业信封

操作步骤

01 下面在"画板7"中制作企业信封。首先制作信封的背面，在相应位置输入文字，效果如图15-54所示。

图15-54

02 使用"矩形工具"在"画板7"的中间位置绘制一个"宽度"为115mm、"高度"为55mm的亮灰色矩形，效果如图15-55所示。

图15-55

03 继续使用"矩形工具"在亮灰色矩形内部偏上的位置绘制一个灰蓝色的矩形，效果如图15-56所示。

图15-56

04 使用"直接选择工具"选中其中一个控制点，按住Shift键向中间拖动，调整两个控制点的位置以改变矩形的形状，效果如图15-57所示。

图15-57

05 复制标志并将其放置在灰蓝色图形的左侧，效果如图15-58所示。

图15-58

06 继续输入相应的文字，效果如图15-59所示。

图15-59

07 下面制作信封的正面。选中亮灰色矩形，将其复制一份并移动到下方合适的位置，效果如图15-60所示。

图15-60

08 将标志复制一份放置在亮灰色矩形的左上角，然后使用"矩形工

具"在亮灰色矩形的下方绘制两个矩形，分别填充为青绿色和黄色，效果如图15-61所示。

图15-61

09 下面制作另一种带有彩色图案的信封。将"画板7"中的信封复制一份放置在"画板8"中，效果如图15-62所示。

图15-62

10 将名片中的彩色方块图案进行复制，放置在"画板8"上方的信封中，调整其大小使其与信封等大，效果如图15-63所示。

图15-63

11 选择彩色方块图案，多次执行"对象>排列>后移一层"命令，将彩色方块图案移动到灰蓝色矩形的后面，效果如图15-64所示。

图15-64

12 下面制作信封的正面。将原信封正面底部的两个矩形删除，然后将彩色方块图案复制一份，放置在信封正面的下方位置并进行缩放，效果如图15-65所示。

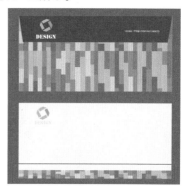

图15-65

实例205 制作信纸

操作步骤

01 下面在"画板9"中制作信纸。使用"文字工具"输入文字，效果如图15-66所示。

图15-66

02 选择工具箱中的"矩形工具"，在画面中绘制一个白色矩形，然后将其复制一份，放置在原矩形的右侧，效果如图15-67所示。

图15-67

图15-70

图15-73

03 将标志进行复制并调整其大小，然后分别摆放在矩形的左上角，效果如图15-68所示。

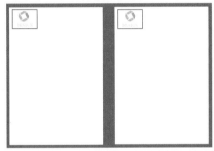

图15-68

04 在左侧矩形的下方绘制两个矩形，分别填充黄色和青绿色，并将其排列整齐，效果如图15-69所示。

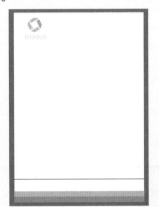

图15-69

05 将彩色方块图案再次复制，然后将复制得到的图案移动到右侧矩形的下方并进行缩放，效果如图15-70所示。

06 使用"文字工具"在白色矩形的左下角输入文字，效果如图15-71所示。

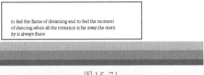

图15-71

07 将此处文字复制一份，放置在另一个白色矩形的左下角位置，信纸完成效果如图15-72所示。

图15-72

实例206 制作公文袋

操作步骤

01 在"画板10"中制作公文袋，首先制作公文袋的背面。在"画板10"中输入文字，效果如图15-73所示。

02 使用"矩形工具"在"画板10"中绘制一个亮灰色矩形，效果如图15-74所示。

图15-74

03 使用"钢笔工具"在亮灰色矩形内的上方位置绘制一个灰蓝色的不规则图形，如图15-75所示。

图15-75

04 选择工具箱中的"椭圆工具"，在控制栏中设置"填充"为白色、"描边"为无，然后按住Shift键在灰蓝色图形的中间绘制一个正圆形，效果如图15-76所示。

图15-76

05 选中白色正圆形，按快捷键Ctrl+C进行复制，再按快捷键

Ctrl+F将其粘贴到原正圆形前面，按住Shift键和Alt键向正圆形内部拖动控制点，将正圆形等比缩小一些，并将其填充为黑色，公文袋的扣子制作完成，效果如图15-77所示。

图15-77

06 将这两个正圆形选中，按快捷键Ctrl+G进行编组，然后复制一份并向下进行移动，效果如图15-78所示。

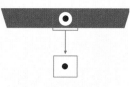

图15-78

07 选择工具箱中的"直线段工具"，在控制栏中设置"填充"为黑色、"描边"为无，然后按住Shift键在两个正圆形组中间绘制一条直线，效果如图15-79所示。

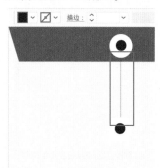

图15-79

08 将标志复制一份，放置在公文袋的左下角，效果如图15-80所示。

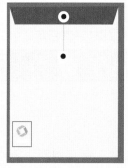

图15-80

09 使用"文字工具"输入合适的文字，效果如图15-81所示。

10 下面制作公文袋的正面。将亮灰色矩形复制一份并移动到右侧，效果如图15-82所示。

图15-81   图15-82

11 选中左侧公文袋上方的灰蓝色四边形，右击，在弹出的快捷菜单中选择"变换>镜像"命令，在弹出的"镜像"对话框中选中"水平"单选按钮，单击"复制"按钮，将灰蓝色四边形复制一份并移动到右侧矩形的顶部，效果如图15-83所示。

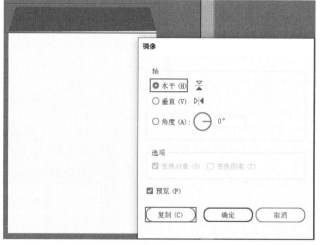

图15-83

12 将左侧公文袋的扣子复制一份，放置在右侧灰蓝色四边形的中间位置，效果如图15-84所示。

13 使用"矩形工具"在右侧亮灰色矩形中绘制一个青绿色矩形，效果如图15-85所示。

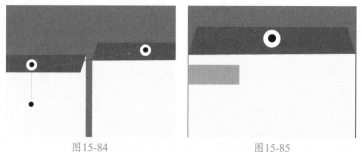

图15-84   图15-85

14 将标志复制一份，移动到青绿色矩形中，按快捷键Shift+Ctrl+G将其取消编组，然后选择文字，将其放置在标志图形的右侧，调整标志图形和文字的大小及位置，效果如图15-86所示。

图15-86

15 使用"文字工具"输入合适的文字，再次选择"直线段工具"，按住Shift键在文字的右侧绘制直线，然后使用"椭圆工具"在文字的左侧绘制正圆形，效果如图15-87所示。

SUNFLOWER
● BLISS
● SUNFLOWER
● BUTTERFLY
● BLISS
● SUNF

图15-87

16 使用"矩形工具"在右侧亮灰色矩形的下方绘制两个矩形，公文袋完成效果如图15-88所示。

图15-88

实例207 制作工作证

🎤 操作步骤

01 下面在"画板11"中制作工作证。使用"文字工具"输入相应的文字，效果如图15-89所示。

图15-89

02 使用"圆角矩形工具"在画面中单击，在弹出的"圆角矩形"对话框中设置"宽度"为35mm、"高度"为50mm、"圆角半径"为2mm，单击"确定"按钮，如图15-90所示。

圆角矩形

宽度(W)：35 mm

高度(H)：50 mm

圆角半径(R)：2 mm

确定　取消

图15-90

03 选中绘制的圆角矩形，设置"填色"为无，然后单击"描边"按钮，使之置于前面，双击工具箱中的"渐变工具"按钮，在弹出的"渐变"面板中设置"类型"为"线性"渐变，编辑一个灰色系的渐变，如图15-91所示。

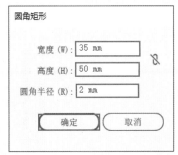

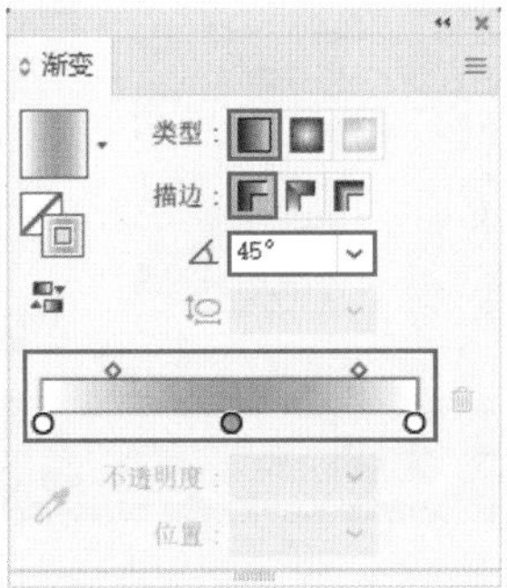

图15-91

04 接着在控制栏中设置描边"粗细"为5pt，效果如图15-92所示。

05 选择圆角矩形，执行"对象>扩展"命令，在弹出的"扩展"对话框中选中"填充"和"描边"复选框，单击"确定"按钮，如图15-93

所示，此时效果如图15-94所示。

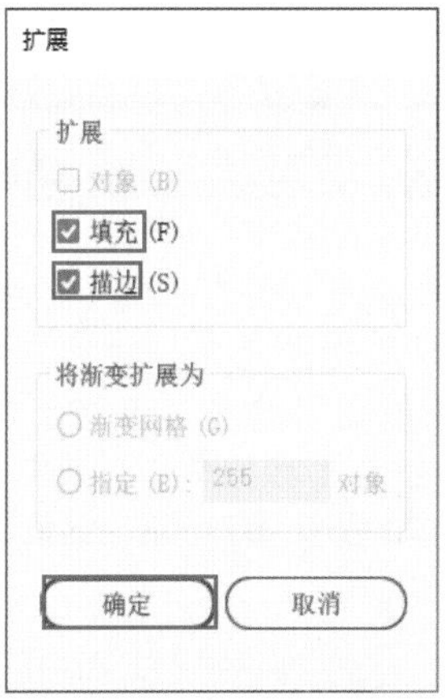

图15-92

扩展

扩展
□ 对象(B)
☑ 填充(F)
☑ 描边(S)

将渐变扩展为
○ 渐变网格(G)
○ 指定(B)：255　对象

确定　取消

图15-93

图15-94

06 使用"圆角矩形工具"在渐变描边圆角矩形中绘制一个稍小的圆角矩形，然后填充灰色系渐变，效果如图15-95所示。

07 下面制作工作证顶部的孔。使用"圆角矩形工具"在灰色系渐变圆角矩形的上方绘制一个黑色的小圆角矩形，效果如图15-96所示。

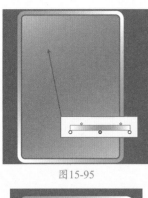

图15-95

图15-96

08 将灰色系渐变圆角矩形和黑色圆角矩形选中，执行"窗口>路径查找器"命令，在弹出的"路径查找器"面板中单击"减去顶层"按钮，如图15-97所示，此时效果如图15-98所示。

图15-97

图15-98

09 使用"圆角矩形工具"在减去的圆角矩形上绘制一个比其略大一些的圆角矩形，设置"填色"为

无、"描边"为灰色系渐变，效果如图15-99所示。

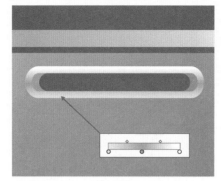

图15-99

10 使用"矩形工具"在灰色系渐变圆角矩形中绘制一个白色的矩形，效果如图15-100所示。继续绘制另外几个矩形，效果如图15-101所示。

图15-100

图15-101

11 下面绘制工作证上的人物形象。使用"椭圆工具"在灰色矩形中绘制正圆形，将其填充为黑灰色，效果如图15-102所示。

12 使用"钢笔工具"在正圆形的下方绘制不规则图形，将其作为人物的身体部分，并将其填充为黑灰色，效果如图15-103所示。

图15-102

图15-103

13 使用"钢笔工具"绘制一个灰色倒三角形和一个灰色四边形，将其移动至合适的位置，作为人物的领带部分，效果如图15-104所示。

图15-104

14 使用"文字工具"输入相应的文字，效果如图15-105所示。

图15-105

15 下面制作工作证上的挂绳。在画面中相应的位置绘制一个青色的矩形，效果如图15-106所示。

图15-106

16 在青色的矩形上绘制一个稍小的矩形，并填充为浅灰色系的渐变，效果如图15-107所示。

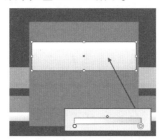

图15-107

17 选择浅灰色系渐变的矩形，执行"窗口>透明度"命令，在弹出的"透明度"面板中设置"混合模式"为"正片叠底"、"不透明度"为100%，如图15-108所示，此时效果如图15-109所示。

图15-108

图15-109

18 使用"钢笔工具"绘制一个图形，效果如图15-110所示。

19 选中这个图形，设置"填色"为无、"描边"为灰色系渐变，在控制栏中设置其描边"粗细"为3pt，效果如图15-111所示。

图15-110   图15-111

20 在该图形被选中的状态下，多次按快捷键Ctrl+[，将该图形移动到青色矩形的后面，效果如图15-112所示。

21 继续使用"钢笔工具"绘制挂绳的绳子部分，效果如图15-113所示。

图15-112   图15-113

22 选择刚绘制的图形，将其后移一层，使其在灰色图形的后面。使用同样的方法，绘制另一个绳子图形，此时工作证效果如图15-114所示。

23 下面制作工作证的投影。使用"椭圆工具"在工作证的下方绘制一个椭圆形，然后填充灰色系渐变，效果如图15-115所示。

图15-114   图15-115

24 选择这个椭圆形，多次执行"对象>排列>后移一层"命令，将其移动至工作证的后面，单击控制栏中的"不透明度"按钮，在其下拉面板中设置"混合模式"为"正片叠底"，投影效果制作完成，效果如图15-116所示。

图15-116

25 将工作证内所有的图形、文字选中，然后按快捷键Ctrl+G将其编组并复制一份，放置到原工作证右侧的位置，效果如图15-117所示。

26 将右侧工作证下方的青绿色矩形和黄色矩形选中，按Delete键删除，将之前做好的彩色方块图案复制一份并缩小，放置在右侧工作证中的下方位置，然后将其移到文字的后面，效果如图15-118所示。

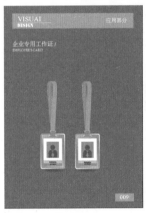

图15-117　　　　　　　图15-118

27 工作证制作完成，效果如图15-119所示。

图15-119

🎙️操作步骤

01 下面在"画板12"中制作办公用品。使用"椭圆工具"绘制一个椭圆形，设置"填色"为浅青色、"描边"为无，如图15-120所示。

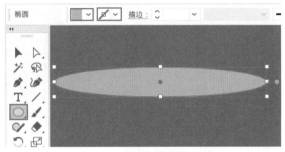

图15-120

02 选择青色椭圆形，按快捷键Ctrl+C进行复制，按快捷键Ctrl+F将其粘贴到原椭圆形的前面，多次按↓键，将复制得到的椭圆形向下移动少许，并将其填充为稍深一些的青色，效果如图15-121所示。

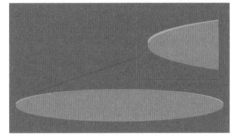

图15-121

03 选择椭圆形，使用同样的方法，将椭圆形复制一份到原椭圆形的前面。选择工具箱中的"直接选择工具"，单击椭圆形右边的锚点，出现控制柄，选择其中一个控制柄的锚点，按住鼠标左键向椭圆形方向拖动，另一个控制柄也用同样的方法拖动。将椭圆形两边的形状制作完成后，将椭圆形填充为深青色，杯口效果制作完成，效果如图15-122所示。

图15-122

04 选择工具箱中的"钢笔工具"，在椭圆形的下方绘制一个杯身形状的图形，为其填充灰色系的渐变，效果如图15-123所示。

05 将该图形多次后移至椭圆形的后面，然后使用同样的方法绘制杯子的把手，效果如图15-124所示。

图15-123

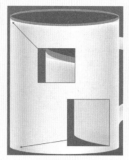

图15-128

图15-124

06 选择杯身图形，将其复制一份到原杯身圆形的前面，并调整图形的形状，将其填充为黑色，效果如图15-125所示。

图15-125

07 选择工具箱中的"网格工具"，在黑色图形上方左侧的位置单击，出现一条横向的线，继续在黑色图形上方中间的位置单击，出现一条纵向的线，然后选中上方中间的点，设置"填色"为浅灰色，在图形上方出现一条灰色的亮边，效果如图15-126所示。

图15-126

08 选中此图形，将其移动到椭圆形的后面，单击控制栏中的"不透明度"按钮，在其下拉面板中设置"混合模式"为"滤色"、"不透明度"为100%，如图15-127所示，此时效果如图15-128所示。

图15-127

09 使用之前制作工作证投影的方法制作杯子的投影，效果如图15-129所示。

10 将标志复制一份，调整合适的大小并摆放在杯身中的合适位置，效果如图15-130所示。

图15-129

图15-130

11 将杯子图形中的所有元素框选，复制一份摆放在原杯子图形的右侧，然后将杯口更改为黄色，效果如图15-131所示。

图15-131

12 打开素材"1.ai"，选中其中的钢笔图形和铅笔图形，按快捷键Ctrl+C进行复制，切换到刚刚操作的文档中，按快捷键Ctrl+V进行粘贴，然后将其移动到杯子图形的下方，调整其至合适的大小，效果如图15-132所示。

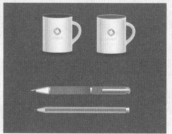

图15-132

13 将标志中的图形进行复制，然后将复制的图形移动到钢笔图形和铅笔图形的尾部位置，效果如图15-133所示。

图15-133

14 使用同样的方法为钢笔图形和铅笔圆形添加投影，效果如图15-134所示。

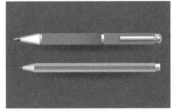

图15-134

15 办公用品的页面效果如图15-135所示。最终完成效果如图15-136所示。

图15-135

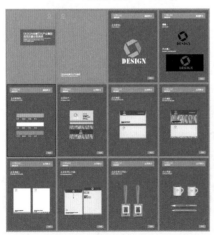

图15-136

15.2 商务酒店导视系统

文件路径	第15章\商务酒店导视系统
难易指数	★★★★★
技术掌握	● 矩形工具 ● 钢笔工具 ● 文字工具 ● 置入命令 ● "渐变"面板 ● 椭圆工具

🔍 扫码深度学习

💡 操作思路

本案例中的导视系统虽然包含很多部分，但是各个部分的版面布局及制作方法都非常相似。首先使用"矩形工具"与"钢笔工具"绘制导视牌的基本形态，输入文字后添加花纹素材，完成第一块导视牌的制作。圆形导视牌的制作需要利用到"剪切蒙版"功能，使导视牌只显示圆形的区域。其他矩形的导视牌与第一块导视牌的制作方法相同，复制其中可使用的部分，并更换内容即可。

🖱 案例效果

案例效果如图15-137所示。

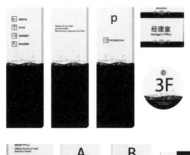

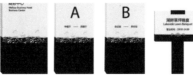

图15-137

实例209 制作立式导视牌正面

🎙 操作步骤

01 新建一个A4（210mm×297mm）大小的横向空白文档。选择工具箱中的"矩形工具"，设置"填色"为亮灰色、"描边"为无，在使用"矩形工具"的状态下，在画面的左侧单击，在弹出的"矩形"对话框中设置"宽度"为50mm、"高度"为180mm，单击"确定"按钮，如图15-138所示，此时效果如图15-139所示。

图15-138

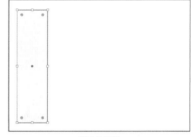

图15-139

02 选择工具箱中的"钢笔工具"，设置"填色"为深酒红色、"描边"为无，在亮灰色矩形的下方绘制一个不规则图形，效果如图15-140所示。

图15-140

03 继续使用"钢笔工具",在亮灰色矩形的右侧绘制一个同色的四边形,效果如图15-141所示。使用同样的方法,在该四边形的下方绘制一个深酒红色的四边形,效果如图15-142所示,得到侧面图形。

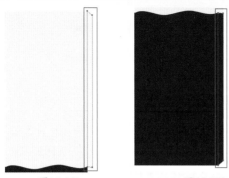

图15-141　　　　　图15-142

04 继续使用"钢笔工具"绘制一个与侧面图形一样的黑色图形,效果如图15-143所示。选中黑色图形,然后单击控制栏中的"不透明度"按钮,在弹出的下拉面板中设置"混合模式"为"正片叠底"、"不透明度"为20%,此时效果如图15-144所示。

图15-143

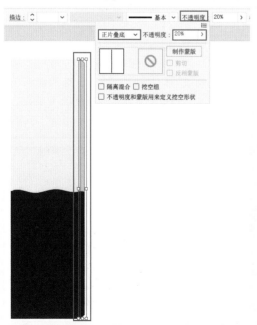

图15-144

05 下面制作标志。选择工具箱中的"椭圆工具",设置"填色"为无、"描边"为深酒红色,在控制栏中设置描边"粗细"为1pt,在亮灰色矩形的左上方单击,在弹出的"椭圆"对话框中设置"宽度"为8mm、"高度"为8mm,单击"确定"按钮,如图15-145所示,此时效果如图15-146所示。

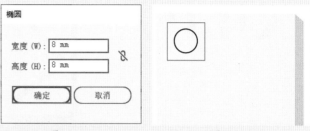

图15-145　　　　　图15-146

06 在该正圆形被选中的状态下,执行"对象>扩展"命令,将正圆形的描边扩展为图形。在弹出的"扩展"对话框中选中"填充"和"描边"复选框,单击"确定"按钮,如图15-147所示,此时效果如图15-148所示。

图15-147　　　　　图15-148

07 选择工具箱中的"矩形工具",设置"填色"为深酒红色、"描边"为无,在正圆形的内部绘制一个矩形,效果如图15-149所示。使用同样的方法,在正圆形的内部绘制多个不同长度的矩形,效果如图15-150所示。

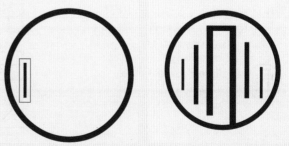

图15-149　　　　　图15-150

08 在工具箱中选择"星形工具",设置"填色"为深酒红色、"描边"为无,在矩形的上方绘制一个合适大小的星形,效果如图15-151所示。

图15-151

09 选择星形，按住Alt键拖动鼠标指针，将其进行复制。使用同样的方法，多次将星形进行复制，效果如图15-152所示。

图15-152

10 选择工具箱中的"文字工具"，在正圆形的右侧单击插入光标，删除光标占位符，设置"填色"为深灰色、"描边"为无，然后在画面中输入文字，按快捷键Ctrl+Enter确认输入操作完成，效果如图15-153所示。

Melissa Business Hotel
蒙丽莎商务酒店

图15-153

11 使用"矩形工具"，按住Shift键在画面中绘制一个深酒红色正方形轮廓，效果如图15-154所示。

Melissa Business Hotel
蒙丽莎商务酒店

图15-154

12 选择工具箱中的"钢笔工具"，设置"填色"为无、"描边"为深酒红色，在矩形的内部绘制箭头图形，效果如图15-155和图15-156所示。

图15-155

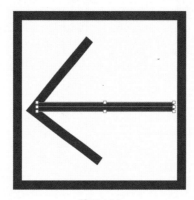

图15-156

13 按住Shift键加选矩形和箭头图形，然后右击，在弹出的快捷菜单中选择"编组"命令。在按住Shift键和Alt键的同时向下拖动鼠标指针，将图形组平移并复制三个，分别将复制的三个组进行旋转，效果如图15-157所示。

图15-157

14 使用"文字工具"在图形组的右侧输入文字，效果如图15-158所示。

 温泉泳池
 停车场
 湖畔西餐厅
 维也纳酒吧

图15-158

15 打开素材"1.ai"，选中上方的素材图形，按快捷键Ctrl+C将其进行复制，切换到刚刚操作的文档中，按快捷键Ctrl+V将其粘贴在画面中，放置在合适的位置并调整至适当的大小，效果如图15-159所示。

图15-159

实例210　制作立式导视牌背面

🎤 操作步骤

01 按住Shift键加选立式导视牌正面的所有元素，然后右击，在弹出的快捷菜单中选择"编组"命令。在按住Shift键和Alt键的同时拖动鼠标指针，将其向左平移并复制，效果如图15-160所示。

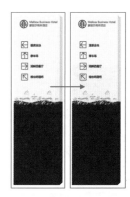

图15-160

02 按住Shift键加选图形组和文字部分，然后按Delete键将其删除，效果如图15-161所示。

图15-161

03 选择工具箱中的"文字工具"，在亮灰色矩形中的空白处单击插入光标，删除光标占位符，设置"填色"为深酒红色、"描边"为无，在控制栏中设置合适的字体、字号，设置"段落"为"左对齐"，然后输入文字，按快捷键Ctrl+Enter确认输入操作完成，效果如图15-162所示。

图15-162

04 此时整体效果如图15-163所示。

图15-163

实例211　制作停车场导视牌

🎤 操作步骤

01 使用同样的方法，将立式导视牌背面进行复制，然后将文字删除，效果如图15-164所示。

图15-164

02 使用工具箱中的"文字工具"在亮灰色矩形中输入文字，效果如图15-165所示。

图15-165

03 选中最左侧导视牌中的箭头图形组，然后按住Alt键拖动鼠标指针，将其复制到停车场导视牌的中心位置，效果如图15-166所示。

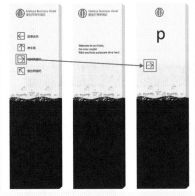

图15-166

04 使用"文字工具"在箭头图形组的右侧输入文字，效果如

图15-167所示。

图15-167

实例212　制作楼层导视牌

🎤 操作步骤

01 将之前制作的导视牌中的背景部分复制一份，效果如图15-168所示。使用"椭圆工具"，按住Shift键在其中绘制一个正圆形，效果如图15-169所示。

 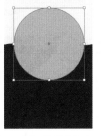

图15-168　　　　图15-169

02 按住Shift键加选背景部分和正圆形，然后右击，在弹出的快捷菜单中选择"建立剪切蒙版"命令，使导视牌只显示正圆形内部的形态，效果如图15-170所示。

图15-170

03 使用"文字工具"输入文字并添加标志，效果如图15-171所示。

图15-171

04 选择工具箱中的"椭圆工具"，设置"填色"为无、"描边"为浅灰色，在控制栏中设置描边"粗细"为1pt，按住Shift键在图形的外侧绘制一个正圆形轮廓，将其摆放在合适的位置，效果如图15-172所示。

图15-172

实例213 制作办公区导视牌

🎙️ **操作步骤**

01 选择工具箱中的"矩形工具"，在工具箱的底部设置"填色"为亮灰色、"描边"为无，在画面的右侧单击，在弹出的"矩形"对话框中设置"宽度"为60mm、"高度"为70mm，单击"确定"按钮，如图15-173所示，此时效果如图15-174所示。

图15-173

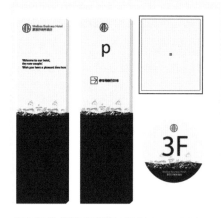

图15-174

02 使用"矩形工具"在亮灰色矩形中绘制两个深酒红色的矩形，并放置在合适的位置，效果如图15-175所示。

图15-175

03 选择工具箱中的"钢笔工具"，设置"填色"为亮灰色、"描边"为无，在矩形的右侧绘制四边形，效果如图15-176所示。

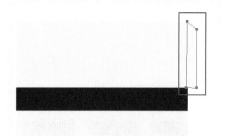

图15-176

04 使用同样的方法绘制不同颜色的四边形。选中刚刚绘制的四个四边形，然后右击，在弹出的快捷菜单中选择"编组"命令，效果如图15-177所示，得到侧面图形。

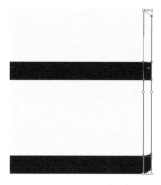

图15-177

05 下面将侧面图形的亮度压暗。使用"钢笔工具"绘制一个与侧面图形等大的图形。在该图形被选中的状态下，单击工具箱底部的"填色"按钮，将其置于前面，然后执行"窗口>渐变"命令，在弹出的"渐变"面板中设置"类型"为"线性"渐变、"角度"为90°，在面板底部编辑一个灰色系的半透明渐变，如图15-178所示，此时效果如图15-179所示。

图15-178

图15-179

06 保持该图形的选中状态，单击控制栏中的"不透明度"按钮，在弹出的下拉面板中设置"混合模式"为"正片叠底"、"不透明度"为100%，效果如图15-180所示。

图15-180

07 将标志和标志右侧的文字进行复制，然后使用工具箱中的"选择工具"将其纵向排列，效果如图15-181所示。

图15-181

08 选择工具箱中的"文字工具"，在适当的位置单击插入光标，删除光标占位符，设置合适的参数并输入文字，效果如图15-182所示。

图15-182

09 将素材"1.ai"中下方的花纹图形复制到文档中，并放置在合适

的位置，效果如图15-183所示。

图15-183

实例214 制作酒店区域导视牌

操作步骤

01 选择工具箱中的"画板工具"，在控制栏中单击"新建画板"按钮，此时画面中出现一个与"画板1"等大的画板，效果如图15-184所示。

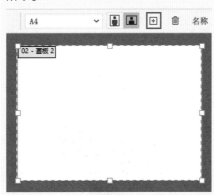

图15-184

02 选择工具箱中的"矩形工具"，设置"填色"为亮灰色、"描边"为无，在"画板2"中单击，在弹出的"矩形"对话框中设置"宽度"为60mm、"高度"为100mm，单击"确定"按钮，如图15-185所示，此时效果如图15-186所示。

图15-185

图15-186

03 选择工具箱中的"钢笔工具"，设置"填色"为深酒红色、"描边"为无，在亮灰色矩形的下方绘制一个不规则图形，并将绘制的不规则图形摆放在合适的位置，效果如图15-187所示。

图15-187

04 使用"钢笔工具"绘制导视牌左侧面的图形，效果如图15-188所示。

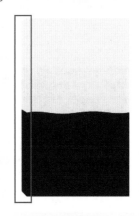

图15-188

05 按照之前压暗侧面图形亮度的方法，将该导视牌左侧面的亮度进行压暗，效果如图15-189所示。

图15-189

06 将之前使用过的花纹图形复制一份，进行适当调整并摆放在亮灰色矩形与深酒红色不规则图形交界的位置，效果如图15-190所示。

图15-190

07 使用"文字工具"在亮灰色矩形的左上方输入文字，效果如图15-191所示。

图15-191

08 使用同样的方法制作另外两个导视牌，效果如图15-192所示。

09 使用"矩形工具"，设置合适的填充颜色，绘制导视牌的基本形状，效果如图15-193所示。

图15-192

图15-193

10 使用"钢笔工具"绘制导视牌的侧面，效果如图15-194所示。压暗该侧面的亮度，效果如图15-195所示。

图15-194

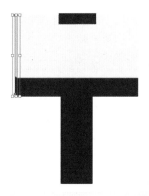

图15-195

11 在合适的位置输入三组文字，效果如图15-196所示。

图15-196

12 将花纹素材复制一份，放置在导视牌中，效果如图15-197所示。

图15-197

13 商务酒店导视系统设计制作完成，最终完成效果如图15-198和图15-199所示。

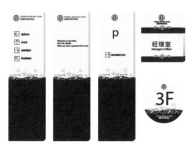

图15-198

图15-199

15.3 房地产企业VI

文件路径	第15章 \ 房地产企业VI
难易指数	★★★★☆
技术掌握	● 矩形工具 ● 矩形网格工具 ● 文字工具 ● 钢笔工具

🔍 扫码深度学习

操作思路

本案例中的VI系统画册包含的页面较多，但是制作方法相似。首先使用"矩形工具""文字工具""变形工具"制作企业标志、标准色、标准字、名片以及页面的版式等。画册各页面的版式相同，内容有所不同，可以复制制作好的页面版式，并利用"矩形工具""钢笔工具""文字工具"等制作各个页面中的内容。

案例效果

案例效果如图15-200所示。

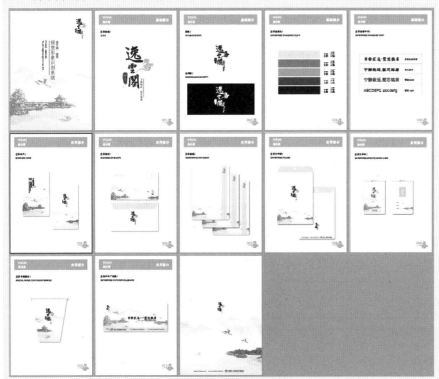

图15-200

实例215 制作企业标志

操作步骤

01 首先新建一个A4（210mm×297mm）大小的竖向空白文档。选择工具箱中的"矩形工具"，绘制一个与画板等大的白色矩形。效果如图15-201所示。

图15-201

02 接着制作主体文字。选择工具箱中的"文字工具"，在控制栏中设置"填充"为黑色、"描边"为无，设置合适的字体、字号，在画面中输入文字，效果如图15-202所示。继续输入两个不同大小的文字，使标志文字在大小对比中增强层次感。效果如图15-203所示。

字符：🔍 书体坊兰亭体 ∨ | – | ∨ | 170 pt

图15-202

图15-203

03 接下来制作标志主体文字左下角的印章文字。选择工具箱中的"圆角矩形工具",设置"填色"为深红色、"描边"为无,在画板外绘制一个圆角矩形,然后在控制栏中设置"圆角半径"为5mm。效果如图15-204所示。

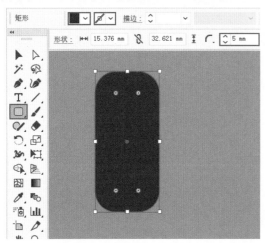

图15-204

04接着对圆角矩形形态进行调整,使其呈现出边缘随意变化的自然状态。在图形选中状态下,双击工具箱中的"变形工具",在"变形工具选项"对话框中对相应的数值进行设置,设置完成后单击"确定"按钮,如图15-205所示。(注:此处设置没有固定参数,随着操作的进行,我们可以随时随地对数值进行调整,使其为制作效果提供便利。)

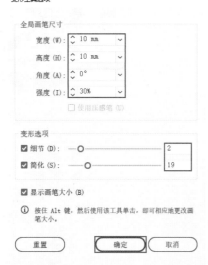

图15-205

05选择工具箱中的"变形工具",将光标放在深红色矩形右上角,向右上方拖动鼠标指针,如图15-206所示。

06释放鼠标后图形产生变化,同时可以看到在拖动部位出现了一些锚点,如图15-207所示。

07也可以使用工具箱中的"直接选择工具"选中锚点,拖动锚点进行变形操作,如图15-208所示。

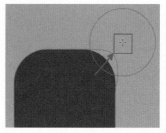
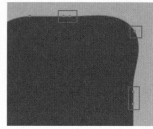

图15-206　　　　　　　　　图15-207

图15-208

08使用同样的方式对圆角矩形其他部位进行变形操作,并结合使用"直接选择工具"对局部细节效果进行调整,效果如图15-209所示。(最终的变形效果无须与案例效果一致,只要具有一定的视觉美感,且与整体格调相一致即可,最重要的是要掌握具体的操作方法。)

09下面在深红色变形图形上方添加文字。使用"直排文字工具"在深红色图形上方输入文字,效果如图15-210所示。

图15-209　　　　　　　　　图15-210

10接着需要将文字对象转换为图形对象。将文字选中,执行"对象>扩展"命令,在弹出的"扩展"对话框中单击"确定"按钮,即可将文字对象转换为图形对象,文字效果如图15-211所示。

11接下来制作镂空文字效果。将文字对象和底部图形选中,打开"路径查找器"面板,单击"减去顶层"按钮,效果如图15-212所示。然后将其移动至主体文字左下角位置，效果如图15-211所示。

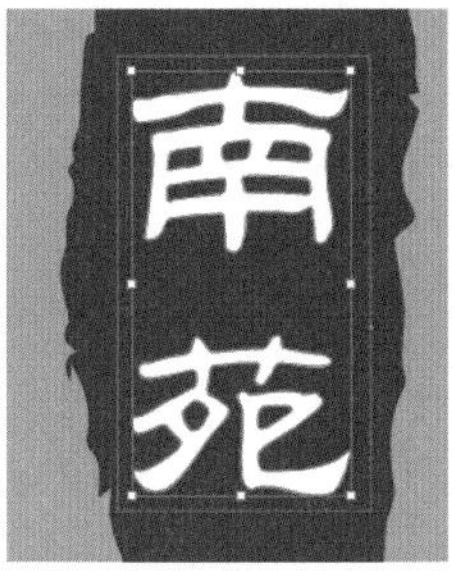

图15-211

图15-212

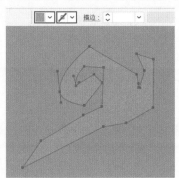

图15-213

12下面制作主体文字右侧的祥云图形。选择工具箱中的"钢笔工具"，设置"填色"为土黄色、"描边"为无，在画面中绘制出祥云图形的大致轮廓，效果如图15-214所示。

图15-214

13接着选中祥云图形，使用"直接选择工具"选中锚点，将尖角锚点调整为圆角锚点，拖动控制手柄对图形进行变形操作。效果如图15-215所示。

图15-215

14使用同样的方式制作另外一个祥云图形，将两个图形选中，移动至主体文字右侧位置。效果如图15-216所示。

15继续使用"直排文字工具"在主体文字右下角添加小文字，丰富标志的细节效果，此时标志制作完成，效果如图15-217所示。此时可以将标志编组并复制，以备后面使用。

图15-216   图15-217

实例216 制作标准色

操作步骤

01新建一个A4（210mm×297mm）大小的竖向空白文档。接着将制作完成的标志文档打开，将标志复制一份放在当前文档中，将其适当缩小后放置在合适的位置，如图15-218所示。

图15-218

02接下来在画面下半部分绘制标准色图形。选择工具箱中的"矩形工具"，设置"填色"为米灰色、

"描边"为无，设置完成后绘制一个长条矩形，效果如图15-219所示。

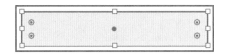

图15-219

03 接着在矩形右侧输入相应的颜色参数。选择工具箱中的"文字工具"，在控制栏中设置"填充"为黑色、"描边"为无，设置合适的字体、字号，设置"段落"为"左对齐"，在灰色矩形右侧输入文字，效果如图15-220所示。

R : 230	C : 012
G : 220	M : 011
B : 227	Y : 014
	K : 000

图15-220

04 将制作完成的矩形色块和数值文字选中，按住Alt键和Shift键的同时向下拖动，进行平移及复制，效果如图15-221所示。

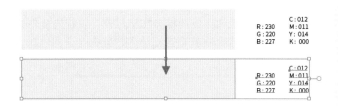

图15-221

05 在当前复制状态下，多次按快捷键Ctrl+D将图形与文字复制出另外的三份，效果如图15-222所示。

06 接着对复制得到的矩形与文字进行填充颜色与文字内容的更改，此时标准色制作完成，效果如图15-223所示。（注：先复制再更改的目的在于省去了后续的对齐操作，也保证了多个图形及文字的尺寸相同。）

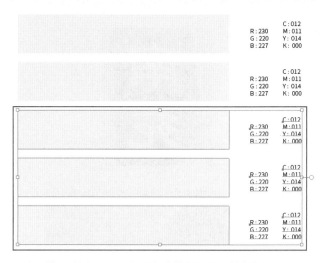

图15-222

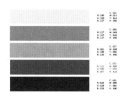

图15-223

实例217　制作标准字

操作步骤

01 从案例效果中可以看出，画面上半部分为由网格精准呈现的标志，底部为在制作过程中使用的标准字体。新建一个A4大小的空白文档，选择工具箱中的"矩形网格工具"，在画面的空白位置单击，在"矩形网格工具选项"对话框中设置"宽度"为160mm、"高度"为160mm、"水平分隔线数量"为20、"垂直分隔线数量"为20。设置完成后单击"确定"按钮，如图15-224所示。

02 将制作完成的矩形网格移动至画板中。在控制栏中设置"填充"为无、"描边"为黑色、"粗细"为0.25pt。效果如图15-225所示。

03 接着将制作完成的标志文档打开，把标志复制一份放在当前操作文档的矩形网格上方，并将标志适当缩小，以网格线作为限制范围进行精准呈现。效果如图15-226所示。

矩形网格工具选项

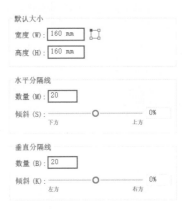

默认大小
宽度 (W): 160 mm
高度 (H): 160 mm

水平分隔线
数量 (M): 20
倾斜 (S): ————○———— 0%
下方 上方

垂直分隔线
数量 (B): 20
倾斜 (K): ————○———— 0%
左方 右方

☑ 使用外部矩形作为框架 (O)
☐ 填色网格 (F)

确定 取消

图15-224

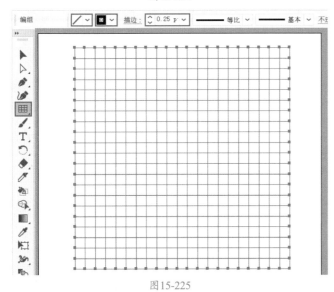

图15-225

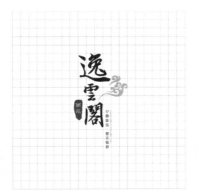

图15-226

04 接着绘制矩形边框。选择工具箱中的"矩形工具"，在控制栏中设置"填充"为无、"描边"为黑色、"粗细"为0.25pt。设置完成后在网格底部绘制图形。效

果如图15-227所示。

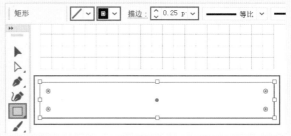

图15-227

05 选择工具箱中的"文字工具"，在矩形边框左侧输入文字。选中文字，在控制栏中设置"填充"为黑色、"描边"为无，同时设置合适的字体、字号。效果如图15-228所示。

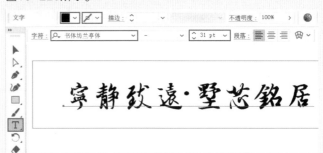

图15-228

06 继续使用"文字工具"在已有文字右侧输入文字使用的字体名称。效果如图15-229所示。

图15-229

07 移动复制第一组标准字的各个部分到下方位置，并使用两次再制快捷键Ctrl+D，得到另外两个相同的模块。效果如图15-230所示。

图15-230

08 使用文字工具对这几部分文字的内容和字体进行更改，此时企业标准字制作完成，效果如图15-231所示。

图15-231

实例218 制作企业名片

🎙️ 操作步骤

01 执行"文件>新建"命令，在"新建文档"窗口中设置"宽度"为55mm、"高度"为90mm、"方向"为"竖向"、"画板"为2。设置完成后单击"创建"按钮，如图15-232所示，创建两个空白画板，效果如图15-233所示。

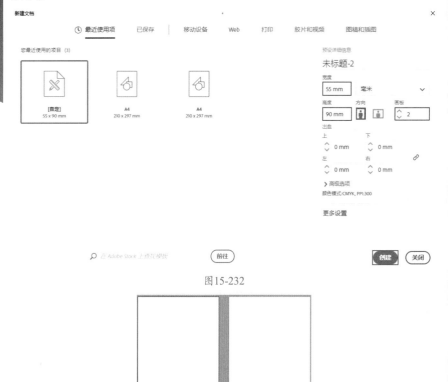

图15-232

图15-233

02 制作名片正面。选择工具箱中的"矩形工具"，在控制栏中设置"填充"为白色、"描边"为无。设置完成后绘制一个与画板等大的矩形，效果如图15-234所示。

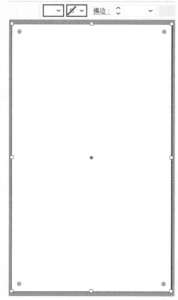

图15-234

03 接下来在名片正面文档底部添加山水画。打开素材"1.ai"选中需要使用的素材部分，按快捷键Ctrl+C进行复制，切换到当前文档中，使用快捷键Ctrl+V进行粘贴，移动至画面底部位置。效果如图15-235所示。

图15-235

04 下面在画面顶部添加文字。选择工具箱中的"直排文字工具"，在画面顶部单击添加文字。选择该文字，在控制栏中设置"填充"为黑色、"描边"为无，并设置合适的字体、字号。效果如图15-236所示。

05 继续使用"直排文字工具"在人名文字左侧继续添加其他文字。效果如图15-237所示。

图15-236

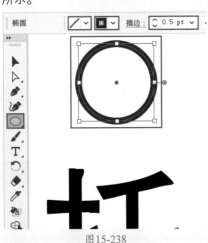

图15-237

06 选择工具箱中的"椭圆工具"，设置"填色"为无、"描边"为深红色、"粗细"0.5pt。设置完成后在人名文字上方按住Shift键的同时拖动鼠标绘制正圆形。效果如图15-238所示。

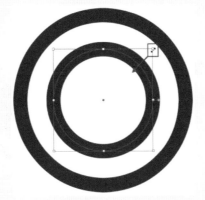

图15-238

07 将制作完成的正圆形选中，按快捷键Ctrl+C进行复制，再按

快捷键Ctrl+F进行原位粘贴。然后将光标放在复制得到的正圆形定界框一角，按住Shift+Alt键的同时按住鼠标左键向左下角拖动，将图形进行等比例中心缩小。效果如图15-239所示。

图15-239

08 接着将制作完成的标志文档打开，把祥云图形复制一份，粘贴在当前操作的文档中，移动到人名下方。此时名片正面制作完成，效果如图15-240所示。

图15-240

09 下面制作名片背面效果。将名片正面的白色背景矩形复制一份，放在右侧画板中。然后在打开的素材"1.ai"文档中选中并复制另外一部分背景素材，切换到当前文档中进行粘贴，然后移动到画面底部。效果如图15-241所示。

10 接着在画面顶部空白位置添加标志。此时名片正反面制作完成，效果如图15-242所示。

图15-241

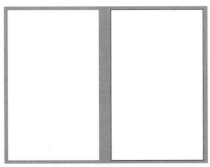

图15-242

实例219 制作工作证

🎙️操作步骤

01 执行"文件>新建"命令，新建一个"宽度"为54mm、"高度"为85.5mm、"方向"为竖向、"画板"为2的空白文档。效果如图15-243所示。

图15-243

02 选择工具箱中的"矩形工具"，在控制栏中设置"填充"为白色、"描边"为无。设置完成后绘制一个与画板等大的矩形，效果如图15-244所示。

03 选择素材"1.ai"中的部分背景进行复制，放在当前画面中的底部位置。效果如图15-245所示。

图15-244　　　　图15-245

04 将素材选中，在"透明度"面板中设置"不透明度"为50%，如图15-246所示。效果如图15-247所示。

图15-246　　　　图15-247

05 选择工具箱中的"矩形工具"，设置"填色"为米灰色、"描边"为无。在画板顶部绘制一个长条矩形，效果如图15-248所示。

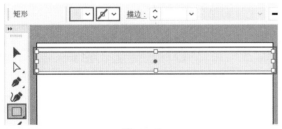

图15-248

06 将制作完成的标志文档打开，把标志复制一份，放在当前操作文档中。效果如图15-249所示。

图15-249

07 下面在标志右上角和左下角添加折线，增强视觉聚拢感。选择工具箱中的"钢笔工具"，设置"填色"为无、"描边"为土黄色、"粗细"为1pt。设置完成后在右上角绘制一个折线，效果如图15-250所示。（注：绘制90°转角的折线时可以按住Shift键绘制。）

图15-250

08 接着制作左下角的折线。将右上角的折线复制一份，放在左下角。然后在复制得到的折线为选择状态下，单击右键，执行"变换>镜像"命令，在"镜像"对话框中选中"垂直"单选按钮，设置完成后单击"确定"按钮，如图15-251所示，将折线进行垂直方向的对称。效果如图15-252所示。

图15-251

图15-252

09 在当前折线状态下，再次执行"变换>镜像"命令，在"镜像"对话框中选中"水平"单选按钮，设置完成后单击"确定"按钮,如图15-253所示。将折线进行水平方向的对称,并对其摆放位置进行调整。效果如图15-254所示。

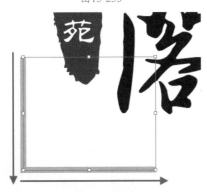

图15-253

图15-254

10 下面在画面底部添加文字。选择工具箱中的"文字工具",在画面底部输入文字。选择该文字,在控制栏中设置"填充"为深灰色、"描边"为无,同时设置合适的字体、字号。效果如图15-255所示。

图15-255

11 继续使用"文字工具"在已有文字底部输入相应的英文,效果如图15-256所示。

12 接着制作工作证的另外一面。将工作证背面的白色矩形背景和顶部米灰色长条矩形复制一份,放在右侧空白画板上方。效果如图15-257所示。

图15-256　　　　　图15-257

13 接下来从素材"1.ai"中复制部分背景元素摆放在画板底部,然后在控制栏中设置"不透明度"为50%,效果如图15-258所示。

图15-258

14 下面在正面工作证顶部空白位置绘制放置照片的矩形载体。选择工具箱中的"矩形工具",在控制栏中设置"填充"为浅灰色、"描边"为亮灰色、"粗细"为2pt。设置完成后在画面中的合适位置绘制图形,效果如图15-259所示。

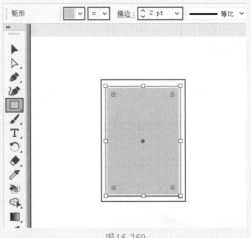

图15-259

15 使用"直排文字工具"在矩形内部输入文字。选择该文字，在控制栏中设置"填充"为亮灰色、"描边"为无，同时设置合适的字体、字号。效果如图15-260所示。

图15-260

16 继续使用"文字工具"在山水素材左侧输入文字，效果如图15-261所示。

图15-261

17 接着对输入文字的行间距进行调整。在文字选中状态下，在打开的"字符"面板中增大"行间距"，如图15-262所示。

图15-262

18 选择工具箱中的"直线段工具"，在控制栏中设置"填充"为无、"描边"为黑色、描边"粗细"为

0.5pt。设置完成后在文字"部门"右侧按住Shift键的同时按住鼠标左键，拖动绘制一条水平直线段。效果如图15-263所示。

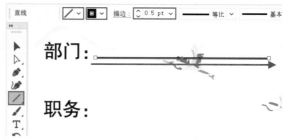

图15-263

19 将制作完成的直线段复制两份，放在其下方位置。此时工作证正面制作完成。效果如图15-264所示。

20 接下来制作工作证立体展示效果。选择工具箱中的"圆角矩形工具"，在控制栏中设置"填充"为无、"描边"为黑色、描边"粗细"为1pt。设置完成后在画面空白位置单击，在"圆角矩形"对话框中设置"宽度"为55mm、"高度"为85.5mm、"圆角半径"为3mm，单击"确定"按钮，如图15-265所示。效果如图15-266所示。

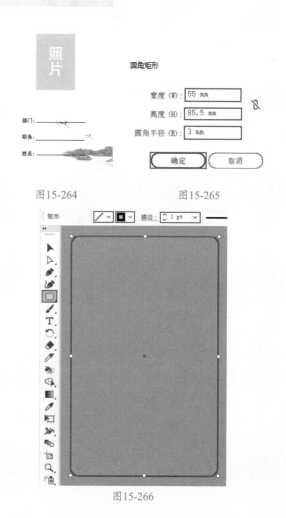

图15-264　　　　　　　　图15-265

图15-266

21 继续使用"圆角矩形工具"在已有图形的内部顶端再次
绘制一个小一些的圆角矩形，效果如图15-267所示。

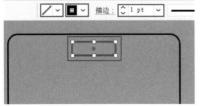

图15-267

22 接着制作镂空效果。将两个圆角矩形选中，在打开的
"路径查找器"面板中单击"减去顶层"按钮，将小
圆角矩形从大圆角矩形上方减去。效果如图15-268所示。

图15-268

23 将第一款工作证平面图选中，使用快捷键Ctrl+G进行
编组。效果如图15-269所示。

图15-269

24 接着复制一份，放在文档空白位置。然后将镂空圆角矩
形复制一份，放在平面图上方。效果如图15-270所示。

图15-270

25 接着将顶部的镂空图形和底部编组的平面图选中，
使用快捷键Ctrl+7创建剪切蒙版。效果如图15-271
所示。

图15-271

26 使用同样的操作方式，制作另外一款工作证的展示效
果。工作证展示效果制作完成，如图15-272所示。

图15-272

实例220　制作文件袋

操作步骤

01 新建一个A4（210mm×297mm）大小的竖向空白文
档。接着选择工具箱中的"矩形工具"，在控制栏中
设置"填充"为白色、"描边"为无。设置完成后绘制一
个与画板等大的矩形，效果如图15-273所示。

图15-273

02 接着在白色矩形下半部分添加山水素材。将素材"1.ai"打开，把较宽的山水素材选中并复制到当前文档中，调整至合适的大小后移动到画面底部。效果如图15-274所示。

图15-274

03 接下来制作文件袋顶部的封口图形。选择工具箱中的"钢笔工具"，设置"填色"为米灰色、"描边"为无。设置完成后在白色矩形顶部绘制图形，效果如图15-275所示。

图15-275

04 下面制作文件袋封口的卡扣。选择工具箱中的"椭圆工具"，在控制栏中设置"填充"为无、"描边"为白色、描边"粗细"为5pt。设置完成后在米灰色不规则图形中间部位绘制一个描边正圆形，效果如图15-276所示。

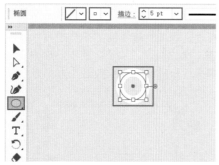

图15-276

05 将制作完成的标志文档打开，把标志复制一份放在当前操作文档中间部位，并将标志适当缩小。此时文件袋正面制作完成，效果如图15-277所示。

06 接下来制作文件袋背面效果。将正面效果图中的背景矩形、顶部不规则图形、白色描边正圆形以及标志复制一份，放在右侧部位。同时将标志适当缩小，放在中间偏下部位。效果如图15-278所示。

图15-277　　　　　图15-278

07 将封口图形和小正圆形选中。右击，在弹出的快捷菜单中选择"变换>镜像"命令，在"镜像"对话框中选中"水平"单选按钮，设置完成后单击"确定"按钮，如图15-279所示。将图形进行上下翻转，效果如图15-280所示。

图15-279

图15-280

08 接着在两个图形选中状态下，将其向下移动，使其顶部边缘与白色矩形边缘重合。效果如图15-281所示。

图15-281

09 下面在文件袋背面底部添加文字。选择工具箱中的"文字工具"，在版面底部左侧输入文字。选择该文字，在控制栏中设置"填充"为灰色、"描边"为无，同时设置合适的字体、字号。效果如图15-282所示。

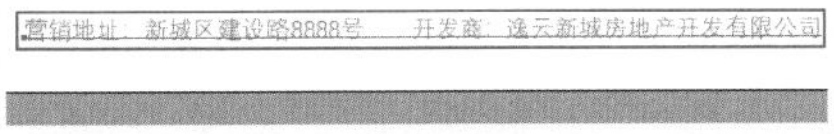

营销地址：新城区建设路8888号 开发商：逸云新城房地产开发有限公司

图15-282

10 接着对部分文字的字体粗细状态进行调整。在"文字工具"使用状态下将部分文字选中，在控制栏中设置一种稍粗的"字体样式"。效果如图15-283所示。

字符：等线 Bold 9 pt 段落

营销地址：新

图15-283

11 使用同样的方式对另外的部分文字进行更改，效果如图15-284所示。

开发商：逸云

图15-284

12 继续使用"文字工具"在已有文字右侧单击输入其他文字。此时文件袋正反两面制作完成，效果如图15-285所示。

图15-285

实例221 制作信封

🎙 操作步骤

01 新建一个A4（210mm×297mm）大小的竖向空白文档。接着选择

工具箱中的"矩形工具"，设置"填色"为灰色、"描边"为无。设置完成后绘制一个与画板等大的矩形，效果如图15-286所示。（注：这里填充灰色，是为了让浅色信封效果更加明显。）

图15-286

02 接着制作信封正面。继续使用"矩形工具"在灰色矩形中间部位绘制一个白色矩形，效果如图15-287所示。

图15-287

03 接下来从素材"1.ai"中复制部分元素粘贴到当前文档白色矩形底部位置，并将其适当放大。效果如图15-288所示。

图15-288

04 下面在信封正面左上角绘制用于填写邮政编码的小矩形。选择工具箱中的"矩形工具"，在控制栏中设置"填充"为无、"描边"为深

灰色、"粗细"为0.5pt。设置完成后在白色矩形左上角绘制图形，效果如图15-289所示。

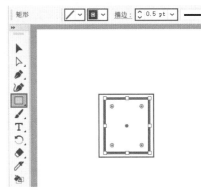

图15-289

05 将绘制的小矩形选中，按住Alt键和Shift键的同时向右拖动鼠标指针将矩形进行平移及复制。效果如图15-290所示。

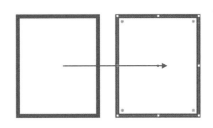

图15-290

06 在当前图形复制状态下，使用四次快捷键Ctrl+D将图形进行相同移动方向、相同移动距离的复制。效果如图15-291所示。

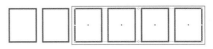

图15-291

07 接着在右上角绘制粘贴邮票的正方形。继续使用"矩形工具"在信封正面右上角绘制一个深灰色描边正方形，效果如图15-292所示。

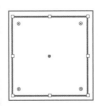

图15-292

08 在正方形选中状态下，将其复制一份放在已有图形右侧位置，使两个图形边缘位置相连接。效果如图15-293所示。

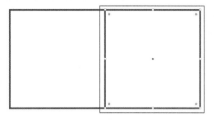
图15-293

09 下面制作信封顶端的封口图形。选择工具箱中的"钢笔工具"，设置"填色"为米灰色、"描边"为无。设置完成后在白色矩形顶部绘制图形，效果如图15-294所示。使用同样的方法，继续在信封正面左侧绘制图形。效果如图15-295所示。

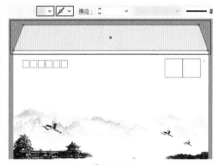
图15-294

图15-295

10 由于左右两侧的粘贴图形是相对的，因此只需将左侧图形进行复制与对称操作即可。将左侧图选中，右击，在弹出的快捷菜单中选择"变换>镜像"命令，在"镜像"对话框中选中"垂直"单选按钮，设置完成后单击"复制"按钮，如图15-296所示。将

复制得到的图形移动至右侧位置，效果如图15-297所示。

图15-296

图15-297

11 接下来制作背面效果。将信封正面的白色背景矩形复制一份放在其下方位置，效果如图15-298所示。

图15-298

12 下面在复制得到的白色矩形中间部位添加标志，并将其适当缩小。效果如图15-299所示。

图15-299

13 由于本案例制作的是信封展开平面图，因此在背面呈现的标志是相反状态。在标志选中状态下，右击，在弹出的快捷菜单中选择"变换>镜像"命令，在"镜像"对话框中选中"水平"单选按钮，设置完成后单击"确定"按钮，如图15-300所示。此时信封的平面展开图制作完成，效果如图15-301所示。

图15-300

图15-301

实例222 制作信纸

🎙️操作步骤

01 首先新建一个A4（210mm×297mm）大小的竖向空白文档。接着选择工具箱中的"矩形工具"，在控制栏中设置"填充"为白色、"描边"为无。设置完成后绘制一个与画板等大的矩形，效果如图15-302所示。

02 接着在文档底部添加山水素材。打开素材"1.ai"，将第二行较宽的山水素材选中，复制一份放在当前文档中的白色矩形底部，并将其适当放大，效果如图15-303所示。

图15-302

图15-303

03 将素材选中，在打开的"透明度"面板中设置"不透明度"为50%，如图15-304所示。效果如图15-305所示。

图15-304

图15-305

04 接着在画面右侧绘制图形。选择工具箱中的"矩形工具"，设置"填色"为米灰色、"描边"为无。设置完成后在画板右侧绘制一个长条矩形，效果如图15-306所示。

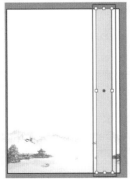

图15-306

05 将制作完成的工作证文档打开，选中带有折线的标志，按快捷键Ctrl+C进行复制，切换到当前操作的文档中，按快捷键Ctrl+V进行粘贴，并将其适当缩小。此时信纸制作完成，效果如图15-307所示。

图15-307

实例223　制作纸杯

操作步骤

01 新建一个A4（210mm×297mm）大小的竖向空白文档。接着选择工具箱中的"矩形工具"，设置"填色"为中灰色、"描边"为无。设置完成后绘制一个与画板等大的矩形，效果如图15-308所示。

02 接下来制作杯身。选择工具箱中的"钢笔工具"，在控制栏中设置"填充"为白色、"描边"为无。设置完成后在灰色矩形中间部位绘制图形，效果如图15-309所示。

图15-308　　　　　　　图15-309

03 选择工具箱中的"圆角矩形工具"，设置"填色"为米灰色、"描边"为无，在图形顶部绘制一个圆角矩形，然后在控制栏中设置"圆角半径"为1mm，效果如图15-310所示。

04 接着在杯身底部添加山水图形。打开素材"1.ai"，复制部分背景并粘贴到当前文档底部位置，然后将其适当缩小。效果如图15-311所示。

图15-310

图15-311

05 山水素材有超出杯身的部分，需要将其进行隐藏处理。将白色的杯身图形复制一份，放在山水素材上方位置。将复制得到的图形和素材选中，按快捷键Ctrl+7创建剪切蒙版，将素材不需要的部分隐藏。效果如图15-312所示。

图15-312

06 接下来在纸杯上方添加标志。将制作完成的标志文档打开，把标志复制一份放在杯身中间部位，并将其适当缩小。此时纸杯制作完成，效果如图15-313所示。

图15-313

实例224 制作企业广告

操作步骤

01 新建一个"宽度"为3500mm、"高度"为1500mm的横向空白文档。选择工具箱中的"矩形工具"，在画面中绘制一个与画板等大的白色矩形，效果如图15-314所示。

图15-314

02 接下来在文档中添加山水图形。打开素材"1.ai"，选中较宽的背景元素，复制一份放在当前操作文档上方并将其适当放大，效果如图15-315所示。

图15-315

03 将素材选中，在"透明度"面板中设置"不透明度"为50%，如图15-316所示。效果如图15-317所示。

图15-316

图15-317

04 下面在文档左上角添加标志，并将其适当缩小，效果如图15-318所示。

05 接着在文档中添加文字。选择工具箱中的"文字工具"，在画面中间偏右位置输入文字。选择该文字，在控制栏中设置"填充"为黑色、"描边"为无，同时设置合适的字体、字号。效果如图15-319所示。

图15-318

图15-319

06 继续使用"文字工具"在主标题文字下方输入其他文字。通过文字的大小对比，增强版面的灵活感。效果如图15-320所示。

图15-320

07 将标志中的祥云图形选中复制一份，放在主标题文字中间的空白部位，调整图形摆放顺序并将其适当放大，效果如图15-321所示。

图15-321

08 选中主标题文字中间的祥云图形，将其复制一份并镜像翻转，放置在副标题文字左侧部位。效果如图15-322所示。

360

图15-322

09 使用"矩形工具"在画面底部绘制一个米灰色长条矩形，效果如图15-323所示。

图15-323

10 接着在长条矩形上方添加文字。将制作完成的文件袋打开，选中文件袋背面底部的文字，复制一份放在当前文档中的矩形中，并适当调大文字字号。效果如图15-324所示。

图15-324

11 接下来将副标题文字左侧的祥云图形选中，复制三份放在底部文字之间的空白位置，并对图形大小进行适当调整。此时广告牌制作完成，效果如图15-325所示。

图15-325

实例225　制作VI画册封面

🎙️**操作步骤**

01 执行"文件>新建"命令，在"新建文档"对话框中单击"打印"按钮，在窗口中选择A4。设置"方向"为竖向、"画板"为13，单击"创建"按钮，如图15-326所示。效果如图15-327所示。

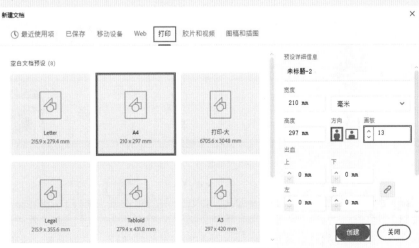

图15-326

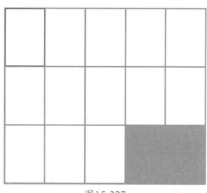

图15-327

02 接着制作画册封面。使用"矩形工具"绘制一个与"画板1"等大的矩形，效果如图15-328所示。

03 接下来在白色矩形底部添加山水素材，在控制栏中设置"不透明度"为50%。效果如图15-329所示。

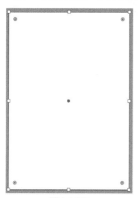

图15-328   图15-329

04 下面在封面右上角添加标志。将制作完成的标志文档打开，把标志复制一份放在当前画板右上角位置，并将标志适当缩小。效果如图15-330所示。

05 接着在封面中间位置添加文字。使用"直排文字工具"在封面中间位置输入三组文字，效果如图15-331所示。

图15-330   图15-331

06 选择工具箱中的"直线段工具"，在控制栏中设置"填充"为无、"描边"为黑色、描边"粗细"为0.01pt。设置完成后在文字中间部位按住Shift键的同时按住鼠标左键，自上向下拖动绘制一条垂直直线段，效果如

图15-332所示。此时画册封面制作完成，效果如图15-333所示。

图15-332   图15-333

实例226   制作VI画册内页版式

操作步骤

01 下面制作画册内页效果。从案例效果中可以看出，内页的版式是统一的格式，因此只需制作一个内页的页眉与页脚效果，将其复制多份放在其他内页上方即可。将封面的白色背景矩形复制一份放在"画板2"中，效果如图15-334所示。

图15-334

02 接着绘制在页眉上方用于呈现文字的矩形载体。使用"矩形工具"在"画板2"顶部绘制一个土黄色矩形，效果如图15-335所示。

图15-335

03 下面在土黄色长条矩形上方添加文字。使用"文字工具"在土黄色矩形左侧输入文字。选择该文字，在控制栏中设置"填充"为白色、"描边"为白色、描边"粗细"为0.5pt，并设置合适的字体、字号，效果如图15-336所示。

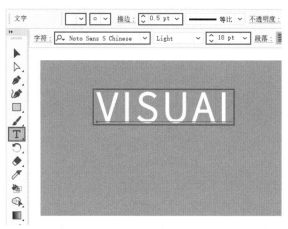

图15-336

04 继续使用"文字工具"在已有文字下方和右侧单击输入其他文字，效果如图15-337所示。

图15-337

05 选择工具箱中的"直线段工具"，在控制栏中设置"填充"为无、"描边"为白色、描边"粗细"为0.75pt。设置完成后在左侧文字中间部位绘制一条直线段，效果如图15-338所示。

图15-338

06 接下来制作页脚。将封面标志中的祥云图形复制一份放在"画板2"右下角位置，将其适当放大并旋转，效果如图15-339所示。

图15-339

07 接着在图形左上角添加页码数字。选择工具箱中的"文字工具"，在祥云图形左上角输入文字。选择该文字，设置"填色"为土黄色、"描边"为无，并设置合适的字体、字号，效果如图15-340所示。

图15-340

08 将内页所有文字以及图形对象选中，复制三份放在画板3、4、5上方，同时对相应的页码数字进行更改，效果如图15-341所示。

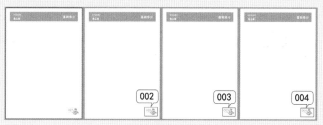

图15-341

09 再次复制七份，放在画板5、6、7、8、9、10、11上方。然后将页眉中的"基础部分"文字更改为"应用部分"，同时对页码数字也进行相应的调整，效果如图15-342所示。

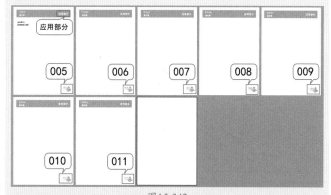

图15-342

实例227　制作标志的不同展示效果

🎙️操作步骤

01 下面制作内页第一页——标志的呈现效果。选择工具箱中的"文字工具"，在土黄色矩形下方输入文字。选择该文字，在控制栏中设置"填充"为黑色、"描边"为无，并设置合适的字体、字号，"对齐方式"为"左对齐"，效果如图15-343所示。

图15-343

02 将文字选中，在打开的"字符"面板中设置"行间距"为27pt，如图15-344所示。

图15-344

03 将在封面右上角的标志选中，复制一份放在该画板中间位置，并将其适当放大。此时标志展示内页制作完成，效果如图15-345所示。

图15-345

04 接着制作内页第二页——墨稿和反白稿的呈现效果。将标志内页左上角的主标题文字复制一份，放在当前画板左侧，并对文字内容进行更改，效果如图15-346所示。

05 将标志内页的标志复制一份，放在主标题文字下方位置，然后将标志整体填充为黑色，此时标志墨稿制作完成，效果如图15-347所示。

VISUAI
逸云阁

墨稿/
INK MANUSCRIPT

图15-346

图15-347

06 接下来制作反白稿。将左上角的标题文字复制一份，放在下方位置，对文字内容进行更改，效果如图15-348所示。

图15-348

07 选择工具箱中的"矩形工具"，在画面下方绘制一个黑色矩形作为标志呈现载体，效果如图15-349所示。

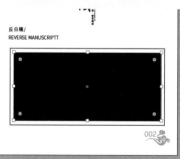

图15-349

08 将墨稿标志复制一份放在黑色矩形上方，并将其填充为白色。此时墨稿和反白稿内页制作完成，效果如

图15-350所示。

VISUAI
逸云阁
基础部分
墨稿/
INK MANUSCRIPT
反白稿/
REVERSE MANUSCRIPTT
002

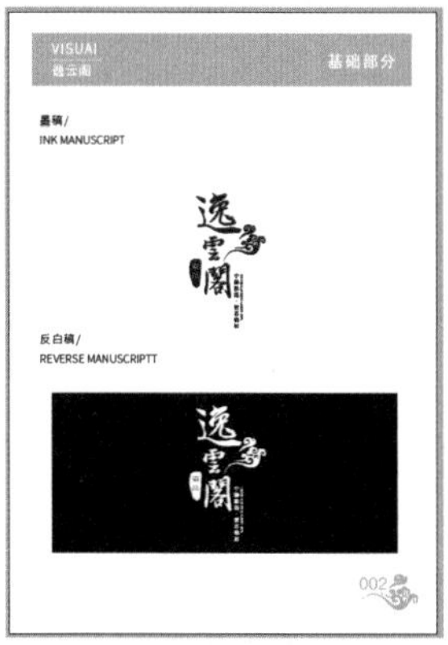

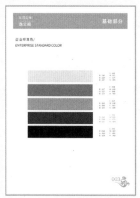

图15-350

实例228 制作VI画册的其他页面

操作步骤

01 下面制作内页第三页——标准色的呈现效果。将墨稿内页的主标题文字复制一份放在标准色内页左侧位置，并对文字内容进行更改，效果如图15-351所示。

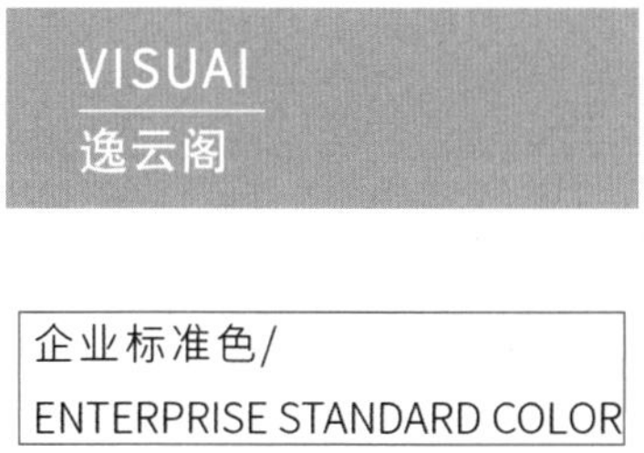

VISUAI
逸云阁
企业标准色/
ENTERPRISE STANDARD COLOR

图15-351

02 将制作完成的标准色文档打开，把不同颜色的长条矩形和相应的色块数值文字选中，复制一份放在当前操作画板中间部位。此时企业标准色内页制作完成，效果如图15-352所示。

VISUAI
逸云阁
基础部分
企业标准色/
ENTERPRISE STANDARD COLOR
003

图15-352

03 使用同样的方法制作标准字内页，效果如图15-353所示。

VISUAI
逸云阁
基础部分
企业标准字体/
ENTERPRISE STANDARD FONT
宁静致远.墅芯铭居
宁静致远.墅芯铭居
宁静致远.墅芯铭居
等线 Bold
ABCDEFG abcdefg
等线 Light
004

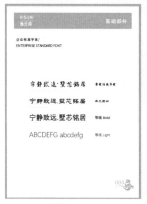

图15-353

04 下面制作内页第五页——企业名片的呈现效果。将标准字内页的主标题文字复制一份放在当前画板左侧位置，并对文字内容进行更改，效果如图15-354所示。

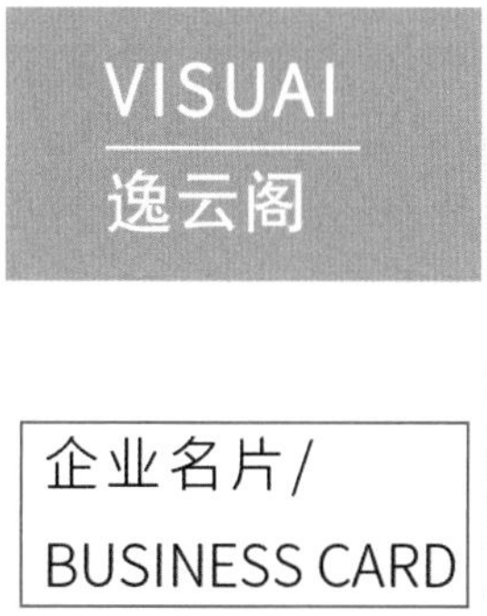

VISUAI
逸云阁
企业名片/
BUSINESS CARD

图15-354

05 将制作完成的名片文档打开，把名片正面所有对象选中复制一份。接着回到当前操作画板，放在中间偏左部位，并将其适当放大，然后使用快捷键Ctrl+G进行编组，效果如图15-355所示。

企业名片/
BUSINESS CARD
托马斯

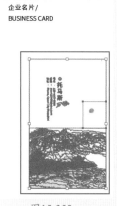

图15-355

06 接着为名片添加投影效果，增强层次立体感。在名片编组图形选中状态下，执行“效果>风格化>投影”命令，在“投影”对话框中设置“模式”为“正片叠底”、“不透明度”为70%、“X位移”为1mm、“Y位移”为1mm、“模糊”为1mm、选中“颜色”单选按钮，颜色设置为黑色，设置完成后单击“确定”按钮，如图15-356所示。效果如图15-357所示。

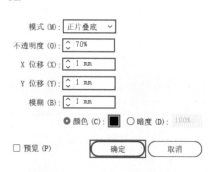

投影
模式(M): 正片叠底
不透明度(O): 70%
X 位移(X): 1 mm
Y 位移(Y): 1 mm
模糊(B): 1 mm
颜色(C):
暗度(D): 100%
预览(P)
确定
取消

图15-356

托马斯

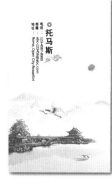

图15-357

07 使用同样的方式制作名片背面立体展示效果，此时名片内页制作完成，效果如图15-358所示。

VISUAI
逸云阁
应用部分
企业名片/
BUSINESS CARD
005

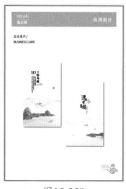

图15-358

08 下面使用同样的方式制作企业信封、信纸、文件袋、工作证、纸杯、户外广告牌的展示效果，效果如图15-359所示。

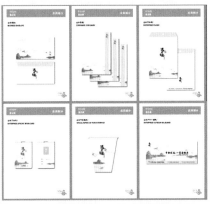

图15-359

09 接下来制作画册封底。将封面的白色背景矩形复制一份放在最后一个画板上方。复制背景素材放在封底下方位置，并将其适当放大，效果如图15-360所示。

图15-360

10 将封面右上角的标志复制一份放在封底中间部位，并将其适当缩小。接着在封面底部添加文字，丰富版面细节效果，效果如图15-361所示。

图15-361

11 房地产VI画册制作完成，效果如图15-362所示。

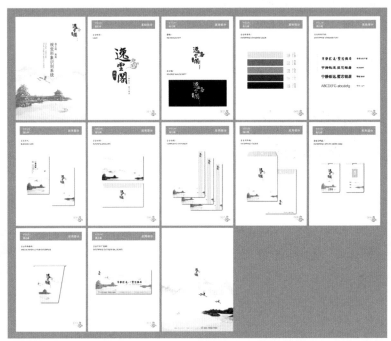

图15-362